谨以此书献给我的导师黄祖洽先生！

量子力学的奥秘和困惑

丁鄂江 著

科学出版社

北京

内 容 简 介

在量子力学中,粒子的运动可以被分为三个阶段研究:首先根据粒子的初始条件确定初始波函数;然后由薛定谔方程计算波函数的演化;最后用测量仪器来发现粒子的所测物理量最终的状态。本书以量子力学三阶段论为主线,通过几个典型实验的研究,深入浅出地论述了量子力学基本概念和方法,揭示了量子力学的奥秘,同时也介绍了量子力学理论中存在的争论和令人困惑之处。本书的讨论基于量子力学的哥本哈根诠释,但是也简略地涉及了量子力学中的其他诠释。

本书适合有较好数学基础的高中生、大学本科生、研究生和其他科研工作者使用,一些较详细的相关的数学物理推演,则收集在本书附录中,供有兴趣并且又具备更好的数学物理基础的读者参考。

图书在版编目(CIP)数据

量子力学的奥秘和困惑/丁鄂江著. —北京:科学出版社,2019.9
ISBN 978-7-03-062174-0

Ⅰ.①量⋯　Ⅱ.①丁⋯　Ⅲ.①量子力学　Ⅳ.①O413.1

中国版本图书馆 CIP 数据核字(2019)第 182630 号

责任编辑:刘凤娟　孔晓慧/责任校对:杨　然
责任印制:吴兆东/封面设计:无极书装

科学出版社 出版
北京东黄城根北街 16 号
邮政编码:100717
http://www.sciencep.com

北京虎彩文化传播有限公司 印刷
科学出版社发行　各地新华书店经销
＊

2019 年 9 月第　一　版　开本:720×1000 1/16
2022 年 1 月第三次印刷　印张:16 1/2
字数:332 000

定价:99.00 元
(如有印装质量问题,我社负责调换)

序　言

　　量子力学是最有争议的物理学理论。从 1900 年 12 月 14 日普朗克向柏林物理学会提出黑体辐射公式的推导开始算起，量子力学已经有了一百多年的历史。一般认为，到 1926 年薛定谔方程的建立和哥本哈根诠释的提出，量子力学的理论体系已经基本完成。但是直到今天，物理学家对量子力学却有各种不同的解释，仍然争论不休。量子世界的奥秘一直吸引着物理学家不停地探索，同时也激发了众多科学爱好者的兴趣。

　　量子力学在一些人看来非常神秘。没有系统地学习过量子力学的人，也可以通过各种途径对这门学科有些了解，听到过各种各样的说法。例如，关于 "波动-粒子二象性"，有些人说 "电子既像波动，又像粒子，它同时表现出波动和粒子两种性质"，这种说法不能解答初学者的疑问，他们无法理解波动和微粒这两种互相矛盾的行为如何可以同时表现出来。也有些人说 "电子或者像波，或者像粒子，它有时呈现波动的性质，有时呈现微粒的性质"，初学者听到这种解释，又会生出 "什么时候像波，什么时候像粒子" 的问题。或许有些人又会向他们解释，"在干涉实验中，电子表现得像波；在散射实验中，电子表现得像微粒" 等，这种说法只会令初学者更加无所适从，产生 "电子为什么会变来变去" 的疑问。当初学者提出他们的疑问时，就会有人告诉他们，"量子力学描述的是微小尺度世界里的行为，在我们日常生活的宏观尺度根本找不到任何相似的现象，所以我们无法想象波粒二象性，也是非常合理的事"；或者 "微观世界普遍存在波粒二象性，两者统一在所有微观物质上"。对于波粒二象性的这些说法或许都有一些道理，但是也不见得都正确。对初学者来说，这样的回答如同 "隔靴搔痒"，不能彻底消除他们心中的疑惑，他们却又不知道如何再进一步提出问题。对于量子力学的其他概念，如物理量观察值的分立性 (不连续性) 和不确定度关系 (测不准关系) 等，初学者也常常苦于找不到确切答案。为了寻找答案，最好的办法就是找一本合适的书来看。

　　现在已经出版了很多关于量子力学的书，其中有供中学生阅读的科普读物，也有供物理专业的本科生和研究生阅读的教科书，还有介绍量子力学最新进展的专著。科普读物必须照顾到读者的基础，常常侧重于介绍名人轶事和历史故事，但是对物理概念却难以作仔细的讲解。物理专业的本科生和研究生使用的教科书，对量子力学的理论作了系统的讲解，但是对读者的数学和物理基础要求较高。这些教科书充满了各种抽象的数学符号和微分方程式，相关专业的本科生和研究生阅读这些教科书不成问题，对量子力学有兴趣但缺乏足够数学和物理基础的许多读者却被挡在门外。至于介绍量子力学最新进展的专著,更让多数读者望而生畏。该书对普及量子力学知识作了新的尝试。与一般的科普读物不同,该书基本上不涉及名人轶事,而是侧重对量子力学理论的主要概念作比较系统的描述。该书与量子力学教科书也不同,它不要求读者具备较深厚的高等数学和物理学基础。它从实验出发,对实验结果进行分析,再通过逻辑推理,解释量子力学的概念的含义。有一些读者觉得"看科普不过瘾、读教材太吃力",该书的深度介乎科普读物和大学教材之间,正好满足了这一部分读者的求知欲望。

早在 1983 年,米勒和惠勒用一条"龙"的形象对基本量子现象作了生动的解释 [87]。在他们的描述中,量子现象这条龙的头部和尾巴是可见的,头部和尾巴分别相当于实验初始条件的准备以及实验测量和观察的结果。但是,在它的头尾之间,其身体是不为人知的。从米勒和惠勒的这个论述,可以自然地引出量子力学三阶段论的表述,三阶段分别对应龙的头部、身体和尾巴。该书在介绍量子力学时,就沿着这条途径作出了新的尝试。

量子力学三阶段论兼顾了科学性和通俗性。在科普读物中,为了让读者明白一个物理概念,有的时候不介绍概念的精确定义,而是用一些浅显易懂的比喻对概念进行描述,这样就不容易把概念的真正含义说清楚。仅仅阅读科普读物的读者,通常对量子力学的一些基本概念产生误解。量子力学三阶段论则不是一种比喻,而是对量子力学基本方法的正确和易于理解的概括。三阶段论本身是一个可深可浅的理论框架,三阶段中每一个阶段的具体内容可以随着学习过程逐渐丰富。读者在刚开始学习量子力学的时候,在这个框架里可能只看到若干零星展品,但是这几件展品可以在最初等的水平上展示量子力学三阶段里每个阶段的要素。看到这几件展品,初学者就可能对量子力学有了初步的正确的了解。在大学本科甚至研究生课程学习的过程中,学生可以把学到的新知识嵌入三阶段论的框架之中,逐渐加深对量子力学的基本概念的理解,在更高的层次上掌握量子力学的方法。作者在该书第 1 章就对量子力学三阶段论作了最初步的介绍。以后的各章节里,在介绍量子力学各种简单模型和典型实验的过程中,不断丰富每一阶段的内容。在第 10 章对全书内容作了比较系统的总结,读者可以从中看到作者对量子力学三阶段论的清晰的理解及对量子力学中存在的各种困惑和相关讨论的认识与心得。该书对三阶段论的讲解,避开了艰深的数学推导,展示了量子力学的清晰的物理图像。尽管该书比较通俗地介绍了量子力学原理,但是仍然有必要提醒读者,量子力学是一门深奥的学问,不是轻轻松松就可以弄懂的。该书的读者只需要高中的数学和物理知识,可以没有高等数学和理论物理基础,但是学习量子力学所需要的逻辑思维能力和对待科学的认真态度仍然是必不可少的。如果在阅读过程中有一些数学问题弄不明白,不妨暂时搁置,把注意力集中在物理概念上,等到补习一些必要的数学知识之后再来仔细阅读,也许就会豁然开朗,但该书附录也包含了对一系列关键问题的数学物理推演, 可供具有较好数理基础而又感兴趣于深入理论探讨的读者参考。

　　量子力学三阶段论清楚地区分了经典物理和量子力学, 同时也形象地展示了经典物理与量子力学之间的联系。对比量子力学三阶段论, 经典物理也可以与之平行地把物理过程划分为三个阶段。经典物理和量子力学在描述物理过程的时候, 最重要的区别是, 在第二阶段, 经典物理描述粒子的运动, 而量子力学描述波函数的演化。由于第二阶段不同, 第一阶段和第三阶段也就相应地有所区别。在第一阶段, 经典物理和量子力学都需要准备初始条件, 经典物理准备的初始条件就是粒子的初始状态 (如坐标和动量等), 但是量子力学的初始条件必须是波函数的初始状态。在第三阶段, 经典物理和量子力学都需要测量所研究系统的物理量的值, 经典物理可以直接测量粒子的状态, 包含同时测量多个物理量。但是量子力学必须有自己的测量理论, 说明如何从波函数里得到某个确定的物理量的测量结果。初学者最关心的问题之一, 就是量子力学在处理宏观粒子的运动时, 如何得到与经典物理一致的结果。对于这个问题, 量子力学三阶段论提供了形象的解释: 在第二阶段, 如果波函数在粒子状态空间始终是一个非常尖锐的波包, 粒子状态的分布就被局限在非常确切而集中的位置, 波函数的演化就几乎精确地描述了粒子状态的运动, 量子力学预言的结果就会与经典物理非常接近。

　　该书在讲解量子力学中许多概念的时候, 紧密结合量子力学的三阶段论。例如, 对于双缝干涉实验中的波动-粒子二象性, 作者简洁地总结为

　　　　在量子力学三阶段论的第二阶段里, 波函数按照薛定谔方程的演化, 具有波动性; 在第三阶段的测量 (如测量位置) 过程中, 波函数发生 "坍缩", 单个粒子仅在某个具体的位置被发现, 呈现粒子性。由于粒子在每个特定的位置被发现的几率正比于该位置波函数模的二次方, 所以对大量粒子的测量可以在统计意义上观察到波动性。

再如, 关于能量守恒定律, 作者把守恒定律和不确定度关系的角色明确地区分开来:

　　　　在第二阶段, 无论是微观粒子或是宏观粒子, 由于波函数遵循薛定谔方程, 粒子能量的平均值一定满足能量守恒定律。但在第三阶段对单个系统实施测量时, 粒子能量就可能违背能量守恒的约束, 守恒定律仅仅在不确定度关系所限制的精确度范围内成立。

读者不难发现许多这样的例子。全书贯穿着三阶段论, 不厌其烦地解释第二阶段与第三阶段的区别和物理内容, 从而把物理概念在两个阶段中的不同含义解释得清清楚楚。

　　综上所述, 该书深入浅出地介绍了艰深难懂的量子力学, 所以很值得一读。该书的内容取舍和讲解方法都考虑到了不同读者的需要, 因此会有广泛的读者群。

　　对于正在学校读书的学生, 我推荐该书。该书的读者可以包括高中和大学物理

类专业低年级的学生，他们渴望了解量子力学，但是不满足于现有的科普读物，希望对量子力学的基本概念有进一步的了解。该书可以为这批读者提供初步的量子力学知识。当然，这批读者也许不能一下子就完全理解该书的全部内容，但是一定会比仅仅阅读现有的科普读物收获更多。文科大学生的数学和物理基础与这部分读者的水平相似，他们可能对量子力学的基本概念及其解释有浓厚兴趣，也可以成为该书的读者。大学物理专业的本科生和研究生在学习量子力学时，也可能希望对量子力学的基本概念有更深入的理解。有一些 (不是全部) 教科书仅着重于数学推导而忽略了物理概念的解释，该书更加重视物理意义的描述，对于波动–粒子二象性、不确定度关系、守恒定律、测量、叠加态等概念都有清楚的解释，可以作为各类学生学习量子力学有用的参考书。

对于多年以前学习过量子力学但不了解量子力学几十年以来新进展的读者，我也推荐该书。从 20 世纪 60 年代以来，量子力学理论有了不少新的进展，该书对于近年来有关纠缠态、贝尔不等式等内容也作了较详细的介绍。现在量子力学理论已经应用于许多学科，如量子化学、光学、通信等。在这些应用量子力学的学科中，学者常常能够使用从量子力学理论出发导出的一些概念和算法 (有时是一些理论近似，如量子化学中的分子轨道计算等) 来完成计算，却可能不十分理解量子力学的理论。相信该书也会为这些学者了解和初步掌握量子力学理论提供合适的参考，有利于他们在本领域的发展。

对于关心量子力学中的哲学问题的读者，我同样推荐该书。量子力学的成就引发了哲学上的大讨论，其中一些人所持有的观点来自对量子力学理论的不正确理解。哲学界一些学者由于缺乏量子力学基础知识而难辨是非。当下流传着一些对量子力学的错误解读，包括诸如 "未来决定过去" 之类的佯谬。这些佯谬出现的一个重要原因，是在量子力学三阶段论的第二阶段解释量子力学系统的演化时，部分或全部地使用了经典粒子的概念。作者把这种用粒子观点解读量子力学第二阶段的理论归结为 "经典直观逻辑"。"经典直观逻辑" 和量子力学三阶段论对物理过程的理解完全不同，而一些哲学家对于量子力学的许多错误解读和糊涂观念，其根源正是 "经典直观逻辑"。掌握了量子力学三阶段论，就掌握了解开量子力学佯谬的钥匙。该书没有直接介入哲学观点之争，但是为量子力学的哲学解释提供了必要的物理知识基础。相信该书的出版对哲学和自然辩证法的讨论会有所帮助。

我与该书作者同在北京师范大学任职多年，经常在一起讨论学术问题，我们的学术领域也有很多交集。该书作者曾经参与了黄祖洽先生主持的研究项目 "中子和稀薄气体的非平衡输运和弛豫过程"，也曾经参与了中国科学院非线性科学项目的研究工作，对于非线性动力学系统的混沌行为、控制混沌、自组织临界性等都有研究成果。他还主持过浸润相变的国家自然科学基金项目。在美国工作期间，他在晶格玻尔兹曼方程的研究中又取得许多有特色和价值的成果，为此郑志刚和我于

2008 年邀请他来北京师范大学物理系进行学术交流。

　　该书内容丰富,语言简练,反映了该书作者对量子力学理论的理解。当然,有一些读者可能不完全赞同该书作者的看法,也并不赞同我本人的一些评述,书中可能有一些观点会引起争论,我认为这是正常现象,因为量子力学理论本身就存在争议。我相信该书的出版将对量子力学的传播和普及起到一些推动作用。

北京师范大学物理系　胡　岗

2018 年夏

目　　录

第1章　一维势垒实验和量子力学"三阶段论"

　　通常量子力学教材在一开始会介绍黑体辐射、光电效应、原子光谱和低温固体比热等在历史上对量子力学的建立起过重要作用的理论和实验研究。了解这些内容对于物理专业的本科生和研究生是非常有益的，但是对于初次接触量子力学而且并不熟悉上述物理概念的读者来说，或许不很必要，也不见得有用。本书不谈论这段历史，而是开门见山，通过量子力学里最简单的一维势垒实验来说明经典力学与量子力学的区别和联系。

　　在讨论微观粒子的势垒穿透问题时，经典力学与量子力学预言了不同的结果，实验证明量子力学是正确的；在讨论宏观粒子的势垒穿透问题时，经典力学与量子力学预言了相同的结果，然而两者的描述方式完全不同。结合一维势垒的具体例子，本章扼要地介绍了量子力学的基本方法，即量子力学的"三阶段论"。量子力学三阶段论将会贯穿全书，并且在以后各章里逐步丰富其内容。

　　"一维方势垒"问题的量子力学求解在附录 A 中介绍，供具备一定数学和物理基础的读者参考。

1.1　引　　言

　　本书要向读者介绍量子力学。在物理学进化的历史上，先有经典力学 (classical mechanics)，后有量子力学 (quantum mechanics)。在量子力学创立之前，许多物理模型都已经被经典力学研究过了。例如，月球如何绕地球运动；地球又如何绕太阳运动；高尔夫球在被猛烈击打之后如何在空中飞跃，在轻轻拨动之后又如何沿着地面滚动；等等。所有这些问题，只要知道了物体的初始条件和受力情况，经典力学都可以计算其运动轨迹，预言其最终状态。但是，从 20 世纪初开始，物理学家发现，在研究微观粒子的时候，经典力学有时无法得到正确的结果。量子力学正是在研究微观世界运动规律的过程中发展起来的。本章将介绍量子力学里最简单的一维势垒实验，并且用它来说明经典力学与量子力学的区别和联系。

　　关于如何学习量子力学，笔者的建议就是要多思考。在接触一个具体的物理模型 (例如本章将要讨论的一维势垒模型) 时，一定要深入思考以下三个问题：

　　第一，经典力学在研究这个模型的时候得到什么结论？这些结论是否与实验结果相符合？1.2 节将用经典力学讨论一维势垒问题。如果读者学习过高中物理，对于牛顿三定律有初步了解，就会知道经典力学已经是很成熟的科学，对日常生活常见的现象都有正确的解释。经典力学研究这些现象时，都假定它们发生在宏观尺度的物体上，读者会比较熟悉这些现象。在本书用经典力学讨论物理现象的时候，应当比较容易接受。

第二，量子力学如何研究这个模型？得到什么结论？与经典力学的结论有什么不同？如果量子力学和经典力学无论何时何地总是得到相同的结果，物理学中就不会出现量子力学了。但是，读者将会发现，在微观尺度上，量子力学会得到与经典力学不同的结果。1.3 节将介绍微观世界里一维势垒实验的结果，1.4 节将用量子力学对实验结果作理论解释。同经典力学一样，量子力学也是建立在实验基础上的科学。由于量子力学的一些实验结果看起来完全违背日常生活的常识，所以有些读者可能会觉得难以接受这些实验结果，担心实验有错误，甚至进而怀疑量子力学的正确性。可以说，这样的担心是多余的。在量子力学经历的近一个世纪的发展过程中，许多具有关键意义的实验已经被反复推敲而且公认其结果是可靠。当我们的旧观念与这些实验结果不一致的时候，应当果断地摈弃过时的概念，尊重这些看起来难以置信的量子力学实验结果。

第三，也是最重要的一个问题，经典力学和量子力学之间是什么关系？在学习量子力学的时候，不要把经典力学和量子力学当作互不相干的两门学科来学习。除非某些量子力学概念不存在经典力学对应，否则学习的时候都要看到量子力学和经典力学之间的紧密联系，力求理解两者之间如何过渡。通过 1.5 节的讨论，读者将会看到，在讨论微观粒子的势垒穿透问题时，经典力学与量子力学预言了不同的结果，实验证明量子力学是正确的；在讨论宏观粒子的势垒穿透问题时，经典力学与量子力学预言了相同的结果，然而两者的描述方式完全不同。

以上三个问题，不仅对于本章所讨论的一维势垒模型需要仔细思考，对于本书讨论的其他模型也要仔细思考。理论界对于量子力学的许多问题也不一定都有公认的结论，所以读者也不要希望读完本书就把所有问题都弄清楚。现在已经出版了许多量子力学的教科书，网络上也有许多博客和评论，读者不妨多看看，依靠独立思考得出自己的答案。

1.2　经典力学一维势垒问题

本节从高尔夫球谈起，介绍经典力学中的一维势垒问题。当击球点远离球洞时，球员必须挥杆猛击高尔夫球，让它高高跃起，飞过一段抛物线，落到球洞附近。当击球点靠近球洞时，就需要仔细控制击球的方向和力度，让它沿地面滚动，准确地落到球洞里。可以忽略摩擦力以简化问题。设想球已经靠近球洞，它的前方有一道土坎凸出地面，就像图 1.1 所描绘的那样。进一步假定球员可以正确控制击球方向，使得球直扑球洞，不向左或右偏离。这种情况下，高尔夫球的运动就只有两种可能性。一种可能性是,如果击打的力度不够大,球会在到达土坎的顶点之前的某一高度就停止,然后沿原路返回。如果增大击打的力度,球就会到达更高的位置才停止,然后沿原路返回。如果击打的力度足够大,就会出现另一种可能性,即球会越过土坎,滚向前方,最后落入球洞。

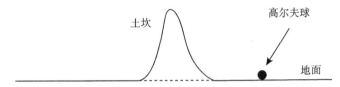

图 1.1　高尔夫球被击打后,有两种可能的运动路径:越过土坎或原路返回,这在物理学中被称为一维势垒问题

凸出地面的土坎,在物理上被称为 “势垒”(potential barrier)。在这里的势垒形状是固定的,不随时间改变。如果势垒的形状 (宽窄、高低、坡度等) 随时间发生任何变化,情况就不同了。在本书中讨论的所有问题,都限制在势函数不随时间变化的情况。这个高尔夫球运动的例子称为 “一维势垒”(one dimensional potential barrier) 问题。尽管一维势垒问题很简单,但是这个例子可以用来很好地解释经典力学和量子力学的区别。

经典力学可以用来讨论一维势垒问题。在高尔夫球的例子里,球的初始动能由球员的击打力度决定。在物理实验中必须避免各种人为的因素,因此需要安置一个发射器来代替球员发射高尔夫球。从现在起可以把高尔夫球改称为粒子。如果高尔夫球越过土坎,就称为 “粒子穿透势垒”;如果高尔夫球沿原路返回,就称为 “粒子被势垒反射”。假如这个发射器是第一次启用,我们不知道它的结构,只知道它发射的每个粒子所具有的动能 (kinetic energy) 大小是按照某种几率分布 (probability distribution) 来随机确定的。此外,在土坎的前后各挖一个坑,称为穿透坑或反射坑,分别用来收集越过土坎的粒子和原路返回的粒子。穿透坑和反射坑分别起到穿透探测器和反射探测器的作用。现在这个实验系统就由发射器、粒子、势垒、穿透探测器和反射探测器五个部分组成。

粒子穿透势垒的几率称为 “穿透几率”(transmission probability),而被势垒反射的几率称为 “反射几率”(reflection probability)。进一步假定,通过多次测量 (measurement),已经确切知道这个发射器发出的粒子的穿透几率是 64%,反射几率是 36%。在发射下一个粒子的时候,就可以预言,该粒子有 64% 的几率穿透势垒,36% 的几率被势垒反射。但是实验前暂时还不能预言该粒子到底将穿透势垒还是被势垒反射,实验者对该粒子的认识只限于这个几率分布。该粒子被发射之后,通过观察它落入穿透坑或反射坑,才知道它究竟是穿透了势垒,还是被势垒反射。

作为科学实验,自然不会满足于"该粒子有 64% 的几率穿透势垒,36% 的几率被势垒反射"的认识。实验者一定会问,为什么"这个粒子"会穿透势垒,而"那个粒子"会被势垒反射?这两个粒子究竟有什么不同?为了回答这个问题,可以再安装一个"动能测定仪",位于发射器出口处,用以测量粒子的动能。在机械运动中,粒子的能量等于势能与动能之和。假定除了势垒之外地面是平坦的,并且把势能的零点定在发射器出口的高度,那么粒子在出口处的能量也就等于粒子的初始动能。每个粒子发射之后,都查看一下它的动能,再对照它最终是穿透还是被反射。通过多次实验就可以发现粒子是穿透还是被反射,完全由初始动能所决定。这里,"初始能量"就是决定粒子穿透或反射的物理量。经过对测量结果的分析,很容易发现一个"阈值"(threshold)。根据初始动能大于或小于阈值,就可以预言这个粒子会在穿透探测器或反射探测器中收集到。"这个粒子会穿透势垒"的原因可以被解释为"这个粒子的初始动能大于阈值",而"那个粒子会被势垒反射"的原因可以归结为"那个粒子的初始动能小于阈值"。所以,粒子的行为 (穿透或被反射) 是由初始条件决定的,粒子的运动是确定性的。上一段讨论中提到的穿透或被反射的不确定性,完全是由对"初始动能"缺乏掌控和了解所引起的。当然,在粒子的初始动能恰好精确地等于势垒的阈值时,粒子将会静止在土坎的顶点,粒子和土坎只在一个点相接触。这是不稳定的平衡状态,粒子只有"零几率"具备这样的动能,因此在我们的讨论中可以忽略这种"零几率"。

综上所述,经典力学对粒子如何运动的问题作如下描述:

> 当一个粒子从发射器被发射时,它具有确定的初始动能。经过一段路程后,抵达势垒。如果初始动能高于阈值,粒子就穿透势垒,然后奔向穿透探测器;反之,如果初始动能低于阈值,粒子就被势垒反射,然后奔向反射探测器。粒子最终被其中一个探测器俘获,过程结束。

以上的讨论使用了牛顿力学的知识。牛顿力学和爱因斯坦的相对论统称为经典力学。在经典力学里,每一时刻粒子都具有确定的位置和速度。如果已经知道粒子在初始时刻的位置和速度,那么用经典力学运动方程就能够计算出粒子在以后每一时刻的位置和速度。粒子的运动有确定的轨道,就是粒子运动在相空间 (即位置和动量空间) 经过的路径。观察者可以用肉眼或仪器观察粒子运动的轨道。经典力学、经典统计力学和经典电动力学合在一起组成经典物理学。经典物理学曾经被认为是放之四海而皆准的真理,直到发现一些与经典物理理论不一致的实验结果,包括黑体辐射、光电效应、原子光谱和低温固体比热等,物理学家才认识到经典物理学并不完美。这些新结果的发现,立即触发了人们探索微观世界奥秘的好奇心。经过一代物理学家的努力,量子力学最终创立。

1.3 量子力学一维势垒问题

在量子力学一维势垒实验中，需要利用微观粒子做实验，才能够明显地观察到量子力学效应。本书讨论的微观粒子主要是电子 (electron) 和光子 (photon)。原则上任何一种微观粒子都可以用来讨论势垒模型。为确定起见，本节假定使用电子来做实验。电子可以由盒子里的一个发射器发射，见图 1.2。盒子的一边开一个小孔，电子从小孔射出。图 1.1 里的土坎被一个电势垒代替，它也可以定义"阈值"，就是势垒的最高电势能。与经典势垒问题一样，讨论被限制在势函数不随时间变化的情况。至于穿透探测器和反射探测器，可以用"盖革计数器"(Geiger counter)，它每接收到一个电子，就会被激发而发出"咔啦"一声响。发射器每发射一个电子，最终都会被穿透探测器或者反射探测器收到，二者必居其一。若被穿透探测器收到，就知道电子已经穿透了势垒；若被反射探测器收到，就知道电子已经被势垒反射。经过大量电子的实验，穿透几率和反射几率就可以被统计出来。

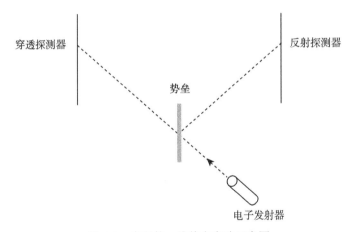

图 1.2 电子的一维势垒实验示意图

与经典势垒不同，在量子势垒的实验中，电子是穿透还是被反射，并非完全由初始动能所决定。如果发射器发射的每个电子都具有大于阈值的初始动能，实验观察到电子的穿透几率依然不到 100%，总有一些电子被反射。反过来，如果发射器发射的每个电子都具有小于阈值的初始动能，实验观察到电子的穿透几率依然大于 0%，总有一些电子穿透势垒。电子的初始动能越大，穿透几率就越大，反射几率就越小；反之，电子的初始动能越小，穿透几率就越小，反射几率就越大。不妨假定电子发射器发射的电子都具有某个确定的初始动能 E(实验中只能够近似地做到每个电子的初始动能都很接近一个预定的能量 E，在 4.3 节还会谈到这一点)。通过实验将会发现，对于确定初始动能的电子，其穿透几率和反射几率是确定的。如果实验发现穿透几率是 64%，反射几率是 36%，那么每一次在发射一个具有初始动能 E 的电子之前，实验者只知道它有 64% 的几率穿透，36% 的几率被反射，而不能预知这个电子会穿透还是会被反射。

用经典物理的思维习惯来看，对于同一个势垒系统，如果先后发射了两个能量相同的电子并且分别做了两次测量，某一次测量得到穿透的结果，但是另一次测量却得到反射的结果，人们就很可能会怀疑在两个测量结果中至少有一个是错误的。但是，在量子力学中，不同的测量结果并不意味着某次测量正确而另一次测量错误。测量得到两种不同结果的真正原因是系统本身就存在这两种可能性，所以两次测量结果都可以是正确的。

请读者注意，为了简洁地解释势垒模型中的量子力学原理，上面所描述的 "实验" 是被大大简化了的，实际的实验装置不会这么简单，但是直接讨论复杂的实验设备只会冲淡理论分析。实际上，物理学家已经进行过各种各样的实验，证实了以上所述量子力学理论的正确性。本书其他各章节还将描述一些这类简化的 "实验"，即理想化实验，其目的也是在介绍量子力学理论时避免纠缠细节。如果真的有机会做这些理想化的实验，都应当看到本书所描述的实验结果。

1.4　量子力学 "三阶段论"

已经出版的许多优秀的著作 [1-15] 系统地介绍了量子力学。其中多数是教科书 (例如，很多高等学校的理论物理专业已经采用多年的教科书 [1-4,6,8-14])，详细讲解量子力学原理，基本不涉及量子力学中有争议的部分。但是也有一些书 (如文献 [5, 7, 15]) 在介绍量子力学原理的同时作了一些评论，提出自己的见解。每部著作各有特色，本书写作过程参考了这些著作。虽然初学量子力学的读者很难在一开始就读懂这些书对理论的讲解，但是通过阅读本书内容，读者或许可以对量子力学基本方法有初步了解。

对于微观粒子来说，运动轨道的概念并不适用。在量子力学中用 "波函数"(wave function) 描述粒子的运动，波函数在每个地点都有 "振幅"(amplitude) 和 "相位"(phase) 两个值。根据粒子产生的方式 (如发射粒子的设备及条件) 就知道粒子的初始条件，于是描述这个粒子的初始状态的波函数就给定了。以后每一时刻的波函数演化就由薛定谔方程 (Schrödinger equation) 所决定。如果观察者想要知道粒子在某一时刻的状态，就必须使用某种仪器来测量。所以，量子力学对于粒子运动的描述，有这样的 "三阶段论"：

(1) 根据粒子的初始条件确定这个粒子的初始波函数；

(2) 由薛定谔方程计算波函数随时间的演化；

(3) 用测量仪器来发现粒子的所测物理量最终的状态。

在三个阶段里, 量子力学关注的焦点在粒子和波函数之间的转移。在第一阶段, 必须设法确定初始波函数, 否则量子力学就无法开始讨论。在这个阶段, 量子力学关注的焦点从粒子转移到波函数。在第二阶段, 量子力学关注的是波函数的演化, 避免直接讨论粒子的行为。在第三阶段, 关注的焦点再从波函数回到对粒子的各种物理量的测量, 预言物理量的观察结果。量子力学的 "三阶段论" 用波函数和粒子分别描述系统演化的不同阶段。这里对于三阶段论的描述还是很粗略的, 未能精确地刻画每一阶段的功能。随着讨论的深入, 本书对三阶段论的表述将逐渐具体化和精确化。

作为一个例子, 现在用量子力学来描述一维量子势垒模型中电子的运动[15]。当一个电子被发射时, 它的初始状态就由发射器所决定了。至于如何根据初始条件确定初始波函数, 在后面的章节里将逐渐说明。现在不妨假定已经有了初始波函数, 如图 1.3(a) 所示, 这是 "三阶段论" 之第一阶段。在 "三阶段论" 之第二阶段,

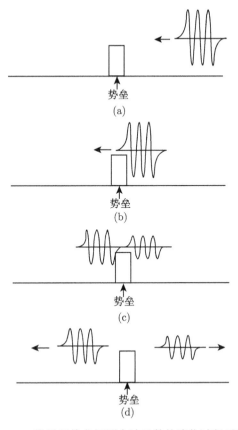

图 1.3 一维量子势垒问题中波函数的演化过程示意图

波函数由薛定谔方程所决定的方式演化。波函数首先向势垒运动，当波函数到达势垒时分裂为两部分，一部分穿透势垒继续前行，另一部分则被势垒反射而返回。整个波函数就是这两个部分波函数的叠加 (superposition)。图 1.3(b)~(d) 大致反映了波函数按照薛定谔方程演化的三个瞬间。最后，在 "三阶段论" 之第三阶段，电子被两个探测器所探测。在每一边探测到电子的几率，由波函数在两边的分布决定。如果穿透探测器探测到电子，波函数就由图 1.3(d) 的两部分突然变成唯一的穿透部分 (图中的左边部分)，右边那部分反射波函数就不存在了。反之，如果反射探测器探测到电子，那么波函数就由图 1.3(d) 的两部分突然变成唯一的反射部分 (图中的右边部分)，左边的穿透波函数就不存在了。测量之前，波函数在势垒两边广阔的范围内分布着，在测量电子位置的过程中波函数会从这种广阔分布的状态突然收缩到空间某个特定区域，这个过程称为波函数的 "坍缩"(collapse)。

这里需要介绍一下玻恩 (Max Born) 提出的对波函数的几率解释 [16]。玻恩认为，波函数在某处绝对值的二次方，正比于电子在该处被发现的几率。玻恩的这个解释被称为 "玻恩法则"(Born rule)。由于波函数与几率相联系，波函数也被称为 "几率幅"(probability amplitude)，它通常是个复数。几率幅的绝对值称为 "波函数的模"(modulus of the wavefunction)。由于波函数的模的二次方正比于几率密度 (probability density)，而电子穿透势垒或被势垒反射的总几率应当是 100%，因此把每一处波函数的模加倍，或乘以任意常数，波函数所代表的电子状态是相同的。通常情况下总是假定波函数的模的二次方在空间各处之和是 1，或者说得更专业一些，波函数是归一化的。图 1.4 大致描述了在势垒穿透问题第二阶段中几率密度分布的演化过程，其中四个步骤分别与图 1.3 的四个步骤相对应。

利用玻恩法则可以把量子力学 "三阶段论" 对势垒问题的描述更加定量化。在第二阶段，波函数分裂为两部分，不妨假设穿透部分波函数的系数是 0.8，反射部分波函数的系数是 0.6，那么在抵达盖革计数器之前，整个波函数 $\psi(\text{before})$ 就是这两个部分波函数的叠加：

$$\psi(\text{before}) = 0.8\varphi(T) + 0.6\varphi(R) \tag{1.1}$$

其中，$\varphi(T)$ 是波函数的穿透部分，$\varphi(R)$ 是波函数的反射部分。请读者注意，这里的系数 0.8 和 0.6 只是为了说明问题方便而假定的数值。实际上，它们应当由薛定谔方程计算出来。(1.1) 式里假定的系数满足归一化条件 (normalization condition)，即在两个探测器位置，波函数模的二次方之和是 $0.8^2 + 0.6^2 = 1$。最后，在第三阶段，每个电子被两个探测器之一所探测到。按照玻恩的统计解释，被每个探测器探测到的几率，正比于构成叠加态波函数的每一项的系数绝对值的二次方。这里，电子穿透势垒的几率就是 0.8 的二次方，即 64%；电子被势垒反射的几率就是 0.6 的二次方，即 36%。如果穿透探测器探测到电子，那么波函数就由图 1.3(d) 的两部

分 "坍缩" 成唯一的穿透部分 (图中的左边部分)，所以在测量之后的波函数就是

$$\psi(\text{after}) = \varphi(T) \tag{1.2}$$

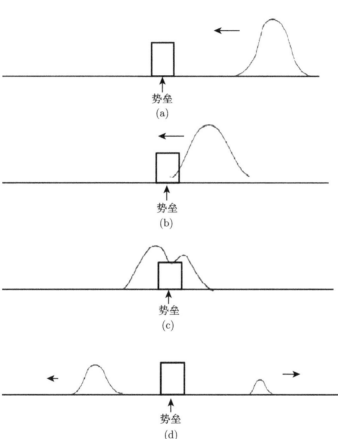

图 1.4　在势垒穿透问题第二阶段中几率密度分布的演化过程示意图

该电子的穿透几率就从 64% 变为 100%；反之，如果反射探测器探测到电子，那么波函数就由图 1.3(d) 的两部分 "坍缩" 成唯一的反射部分 (图中的右边部分)，测量之后的波函数就是

$$\psi(\text{after}) = \varphi(R) \tag{1.3}$$

该电子的反射几率就从 36% 变成 100%。

　　经典力学讨论粒子的势垒穿透问题时，粒子有穿透和被反射两种可能性。无论粒子穿过势垒或是被势垒反射，粒子最终的能量仍然等于初始的能量。这是能量守恒定律 (law of conservation of energy) 所决定的。在量子力学中，这个结论是否仍然正确呢？也许有人猜想，波函数有一部分穿透了势垒，另一部分被势垒反射，每

部分波函数应当各自携带一部分能量, 因此, 无论是穿透探测器或是反射探测器捕获的粒子的能量, 都应当比入射粒子的能量低。但是这种猜想不正确。在这个问题上, 量子力学计算的结果与经典力学一致: 如果电子发射器发射的电子具有某个初始能量, 那么无论是穿透探测器捕获到的粒子, 还是反射探测器捕获到的粒子, 粒子的能量都等于初始的能量 (见 4.4 节更细致的讨论)。入射波函数分成两支, 一支穿透, 另一支反射, 仅仅反映了在测量的时候将分别有一定的几率在两个地方发现粒子, 而不是每个粒子的能量被分配到穿透和反射两部分波函数中。

1.5　普朗克常量

用经典力学讨论一维势垒时, 给定初始动能之后, 粒子或者穿透, 或者被反射, 完全是确定的, 这个理论符合人们的日常生活经验。在同样的初始条件下, 量子力学对于一维势垒问题的解答具有随机性, 粒子可能穿透势垒, 也可能被势垒反射。看起来, 量子力学与经典力学的结论是互不相容的。为什么人们日常生活中观察不到量子力学效应呢? 如果说经典力学适用于宏观尺寸的物体, 量子力学适用于微观尺度的物体, 那么介于宏观尺寸和微观尺度之间的物体, 哪种学说适用呢? 如果把量子力学应用在日常生活的尺度上, 能够得到与经典力学一致的结果吗?

在量子力学三阶段论的第三阶段进行测量的时候, 测量结果有随机性, 其几率分布是由第二阶段的波函数决定的。如果波函数广阔地分布在空间各处, 位置测量结果就很不确定, 量子效应就比较明显。反过来, 如果波函数聚集在空间某一狭小的范围内, 位置测量结果就会比较确定, 量子力学预言的结果就可能与经典力学接近甚至完全一致。例如, 在一维势垒问题里, 如果量子力学计算出来的结果显示, 粒子穿透的几率极小, 而粒子被反射的几率接近 100%, 那么测量的结果就几乎可以被预测了。所以, 尽管量子力学与经典力学是完全不同的理论体系, 二者所得到的结论却并非水火不相容。

量子力学中最重要的参数, 就是普朗克常量 (Planck constant), 通常记为 $\hbar$。当研究对象的参数在数量级上与普朗克常量接近时, 量子力学效应才变得明显起来。目前被物理学界采用的普朗克常量的值是

$$\hbar = 1.054572 \times 10^{-27} 克 \cdot 厘米^2/秒 \tag{1.4}$$

它大约是 1 克·厘米²/秒的一千亿亿亿分之一。1921 年, 叶企孙先生和他当时的指导教师 W. Duane 及 H. Palmer 合作测定普朗克常量值[17], 得到 $h = 2\pi\hbar = (6.556 \pm 0.009) \times 10^{-27}$ 克·厘米²/秒。这个结果相当于 $\hbar = h/(2\pi) = 1.0434 \times 10^{-27}$ 克·

厘米 ^{2}/秒，是当时测量得最精确的值，被物理学界沿用达 16 年之久。"厘米""克""秒" 分别是日常生活中常用的长度、质量、时间的单位。用这些基本单位的组合来观察，普朗克常量实在是太小了，所以只有在微观世界里才可以观察到量子力学效应。

举例来说，对于微观粒子，考虑一个质量是 9.109×10^{-28} 克的电子。假定势垒平均宽度是 2×10^{-8} 厘米，势垒的阈值是 2 电子伏特 (1 电子伏特 $=1.6 \times 10^{-12}$ 克 · 厘米 ^{2}/秒 ^{2})，电子的初始动能是 1 电子伏特。附录 A 的计算结果表明，电子的穿透几率大约是 0.40，这意味着大约有 40% 的电子穿透了势垒。由此可见，在微观世界里，即使粒子的初始动能只达到阈值的一半，穿透几率仍然是可观的，所以可以容易地观察到量子力学效应。

另一方面，对于宏观粒子，考虑一个质量为 $m = 10^{-13}$ 克、半径几乎为零的球。假定势垒的平均宽度为 $a = 10^{-4}$ 厘米，高度是 10^{-4} 厘米。这个小球在势垒最高处的势能大约是 $V_0 = 9.8 \times 10^{-15}$ 尔格 (1 尔格 $=1$ 克 · 厘米 ^{2}/秒 ^{2})，这就是势垒的阈值。假定小球的初始动能比阈值仅仅低了 "一点点"，例如，这 "一点点" 是阈值的 10^{-18} 倍 (即 100 亿亿分之一)。附录 A 的计算结果表明，如果用量子力学方法计算，这个宏观小球的穿透几率是 3.6×10^{-19}(以下称为 "几乎 0")，而反射几率为 1 与 3.6×10^{-19} 之差 (以下称为 "几乎 1")。这么小的穿透几率意味着，平均在三千亿亿次实验中，可能发现一个小球穿透势垒。从这个例子可以看出，在宏观世界里，只要粒子的动能稍低于阈值，即使非常接近于阈值，穿透几率就已经非常小，以致可以完全忽略不计。因此，在日常生活中观察不到量子力学效应。

本节的论述表明，在讨论微观粒子的势垒穿透问题时，经典力学与量子力学预言了不同的结果，实验证明量子力学是正确的。在讨论宏观粒子的势垒穿透问题时，经典力学与量子力学预言了相同的结果，然而两者的描述方式完全不同。这两种讨论方式在每一阶段的比较见表 1.1。两种理论的主要区别是，在经典力学中自始至终讨论粒子的运动，但是量子力学在第二阶段只讨论波函数的演化，不直接讨论粒子的运动。经典力学描述是决定性的，穿透几率或反射几率的值 "非 1 即 0"；而量子力学中尽管几率是 "几乎 1" 或 "几乎 0"，它们仍然属于随机性的描述。在这里，量子力学是精确的，经典力学则是一种极好的近似。不要因为经典力学与量子力学对于宏观粒子的势垒穿透问题预言了相同的结果，就忽视了二者在理论上的根本区别。

表 1.1　　在讨论宏观粒子的势垒穿透问题时经典力学与量子力学的比较

经典力学的描述	量子力学的描述
由发射器发射一个宏观粒子, 其初始动能略低于势垒高度	由发射器发射一个宏观粒子, 其初始动能低于势垒高度, 确定相应的初始波函数
粒子抵达势垒	波函数抵达势垒
由于初始动能低于势垒高度, 粒子被势垒反射	波函数分裂成两支, 其中一支 (几率几乎 1) 被反射, 但是另外一支 (几率几乎 0) 穿透势垒
粒子到达反射探测器附近	波函数的两支分别到达反射探测器和穿透探测器附近, 反射波函数占有了几乎全部几率
粒子被反射探测器俘获	经过测量, 波函数几乎总是 "坍缩" 到反射探测器附近。坍缩后, 反射波函数真正占有了全部几率, 粒子被反射探测器俘获

1.6　量子力学挑战了经典物理学

本章介绍了经典力学和量子力学对同一个简单力学模型的不同处理方式, 比较了这两种方法。读者可以发现量子力学至少在以下几方面提出了新的问题, 从实质上挑战了经典物理学。

首先, 量子力学提出了波函数的概念。经典力学没有波函数的概念, 它直接讨论粒子本身的运动, 在日常生活中人们也习惯于经典力学的描述。但是, 在量子力学的三阶段论中, 第二阶段所讨论的波函数在空间延伸的范围可以远大于粒子的尺寸, 甚至可以弥散在整个空间。例如, 在一维势垒问题中, 波函数可以同时存在于势垒的两侧。人们自然要问, 波函数和粒子之间是什么关系? 粒子是否也像波函数一样弥散在空间? 在量子力学中, 粒子究竟是如何运动的?

其次, 量子力学对 "测量" 作了自己特有的解释。在量子力学三阶段论的第三阶段, 对物理量 (如位置) 进行测量的作用是把弥散在空间各处的波函数 "坍缩", 从而得到确定的结果。例如, 在一维势垒实验中, 在穿透探测器或反射探测器探测到粒子之前, 波函数分布在势垒的两侧, 测量才把波函数 "坍缩" 到穿透探测器或反射探测器的附近。那么, 在测量之前的瞬间, 粒子是否已经到达了某一个特定的探测器附近呢? 如果测量结果显示粒子在反射探测器被发现, 粒子是否曾经到达过穿透探测器附近呢?

再次, 量子力学中粒子的运动具有不确定性。在经典力学中, 粒子的运动是确定性的, 确定的 "因" 导致确定的 "果", 只要粒子的初始条件以及所受到的外力已经给定, 粒子的运动就完全被确定了。但是, 在量子力学三阶段论的第三阶段, 测量结果可以是随机的。测量得到每个特定结果的几率是由波函数的模的二次方决定的。在量子力学建立之前, 物理学家已经习惯于决定论 (determinism), 即确定性的因果关系。一种根深蒂固的观念是，在看起来只是偶然性的事件中一定存在着某种必然性的东西。爱因斯坦的名言"上帝不会掷骰子"就反映了他对客观世界确定性的信念。科学家这种信念来自经验而不是来自逻辑推理。如果研究者在实验中"偶然"发现了什么现象，那么他一定会刨根问底，搞清楚这种现象发生的特定条件，而且坚信，一旦这些特定条件被满足，这种现象就必然会发生，偶然性就变成了必然性。在自然科学的发展史上，这样的例子屡见不鲜。从经典物理的角度来看，一个电子不论是穿透势垒或是被势垒反射，都不会是无缘无故的，必定有它的原因。那么量子力学如何回答"为什么这个电子会穿透势垒而那个电子会被势垒反射"这样的问题呢？有一种观点认为，一个电子的穿透几率和反射几率不仅取决于电子的初始动能和势垒的阈值，还取决于另外的变量。至于这个"另外的变量"究竟是什么，它描述电子的什么性质，现在虽然还不知道，但是从经典物理的观点分析，某种"另外的变量"必然存在，姑且称之为"隐变量"(hidden variables)。持隐变量观点的物理学家认为，一旦找到了这个隐变量，就可以回答"为什么这个电子会穿透势垒而那个电子会被势垒反射"这样的问题了。人们自然会问，在量子力学中，粒子的运动还是确定性的吗？"隐变量"真的存在吗？

最后，在经典物理学中，任何过程的传播都不能超过光速。在量子力学三阶段论的第三阶段，测量之前波函数弥散在空间各处，测量后波函数只存在于某个特定的位置，这个"坍缩"过程是"瞬时"发生的，还是逐渐传播的？如果是有限速度传播的，它的速度是多少？它可能是超光速的吗？如果它的传播比光还快，它可以传播信息吗？因果关系可以颠倒吗？

以上疑问几乎是所有初学者都会提出的，有一些读者现在心中可能已经有了自己的答案。在阅读本书之后，这些读者不妨再回过头来看看自己的答案是否有了改变。随着对量子力学学习的深入，疑问将会越来越多。黄祖洽先生在北京师范大学"现代物理学前沿选讲"课程中曾经说过[18]：

> 经典物理学中隐含着两个基本思想：一个是决定论的思想；另一个是客观性思想。一个物质世界怎样运行，如地球怎样绕太阳转，木星怎样绕太阳转，太阳怎样在银河系中运动，都不应该因为人的观测而改变。经典物理学的这种思想与我们日常生活中形成的观念是相符的。我们日常考虑问题时也都如此想。什么事情都可以确定，可以做计划，客观世界客观存在，不随人们的观测与否而转移。所以经典物理学的思想容易被我们接受。但在微观世界，人们发现这两条都不成立：微观现象确实会受到观测的影响；对一个微观现象，我们确实不能确切地预言它的结果，而只能给出出现某种结果的概率。当然，物理学家的量子观念是逐步确立的。而且直到现在，不光普通的人，即使是学过物理的人，也并非全都真正理解了或者接受了量子观念。

到现在为止，物理学家对这些问题仍然有不同的解答，讨论仍在进行中。在多数量子力学的教科书中对这些疑问给出的答案，基本上反映了玻尔 (Niels Henrik David Bohr) 等量子力学创始人的观点。历史上，这种观点被称为量子力学的 "哥本哈根诠释"(Copenhagen interpretation)，而以玻尔等为代表人物的量子力学学派被称为 "哥本哈根学派"。哥本哈根学派的理论，也被称为量子力学的正统理论 (orthodox theories)。本书将基本上遵循正统理论，借助量子力学三阶段论，尽可能以浅显但是精确的语言介绍正统理论对这些疑问的解释。

思　考　题

在日常生活中说 "某省考生有 64% 的几率被录取，有 36% 的几率不被录取"，在量子力学中说 "电子有 64% 的几率穿透势垒，有 36% 的几率被势垒反射"，这两种表述都是在谈论随机性，它们之间有什么区别吗？

第 2 章　双缝干涉实验和波粒二象性

双缝干涉实验是许多量子力学教材都重点介绍的一个实验，因为这个实验可以很好地解释量子力学中的"波动–粒子二象性"(常常简单地称为"波粒二象性")的含义。在量子力学三阶段论的第二阶段里，波函数按照薛定谔方程演化，具有波动性；在第三阶段的测量过程中，波函数发生"坍缩"，坐标测量中单个粒子仅在某个具体的位置被发现，呈现粒子性。又由于粒子在每个特定的位置被发现的几率正比于该位置波函数模的二次方，所以对大量粒子的测量可以在统计意义上观察到波动性。微观粒子 (光子、电子等) 经过双缝时的干涉现象已经被实验证实。宏观粒子经过双缝时也可能发生干涉现象，但是受到实验条件的限制，目前还没有观察到宏观粒子的干涉现象。为了帮助读者更好地理解双缝干涉的量子力学理论，除了讲解有关的实验和理论之外，本章还介绍了数值模拟的方法和结果。

计算机数值模拟的程序和双缝干涉问题的量子力学计算分别在附录 B 和附录 C 中介绍。

2.1　水波通过双缝时的干涉现象

双缝干涉 (double-slit interference) 现象可以在日常生活的许多波动行为中观察到。在平静的水面上投下一枚石子，就可以观察到水波。为了观察水波的干涉现象，可以让水波同时穿过两条狭缝。在刚刚穿过狭缝时，两束水波是相互分离的。但是在传播一段距离之后，两束水波就互相重叠。有些地方两束波的相位一致，振幅加强，另一些地方两束波的相位是相反的，振幅消减，因此出现了干涉条纹。例如，在图 2.1 中，实线半圆和虚线半圆分别表示某一时刻波峰和波谷的位置。从狭缝 A 和狭缝 B 分别穿过的水波在相位相同的位置振幅加强，在相位相反的位置振幅消减。从这个图可以看出，以狭缝 A 为中心的一个实线半圆与以狭缝 B 为中心的一个实线半圆在 Q 点相交，这表明两束波到达 Q 点时具有相同的相位，所以在该点的振幅加强 (图 2.1 上边的亮纹 Q)。两束波到达 P 点时也具有相同的相位，振幅也加强 (图 2.1 中间的亮纹 P)。在两者中间某处 S，以狭缝 A 为中心的一个虚线半圆与以狭缝 B 为中心的一个实线半圆相交，两束波相位相反，振幅消减 (图 2.1 暗纹 S)。图 2.1 中其他位置的条纹，可以类似解释。从两狭缝出发路程差为波长的整数倍的地方振幅加强，路程差为波长的半整数 (即整数加 1/2) 倍的地方振幅消减。如果某位置从两个缝出发的路程差既非波长的整数倍，亦非波长的半

整数 (即整数加 1/2) 倍, 该处的振幅就介乎 "加强" 和 "消减" 之间。

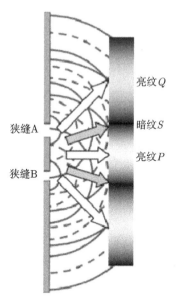

图 2.1　　水波通过双缝时的干涉现象。图的右方条纹浅灰色处表示振幅
加强的位置, 深灰色处表示振幅消减的位置

　　波动不同于粒子的运动。粒子运动有确定的路径, 但是波动没有。我们不能说到达亮纹 Q 的波来自上面的缝, 也不能说它来自下面的缝, 因为途经上下两条缝的波束都到达该处。如果在水面上放一个木块, 它会随水面的波动而上下起伏, 但是通常不会随着波动漂移。这说明每处的水只是在平衡位置附近振动。观察到的水波, 只是运动形式的传播, 而粒子 (水分子) 本身实际上并没有随着波动移动到远处。水波是一种机械波。粒子性和波动性在机械波中共存, 波动是由大量粒子在各自的平衡位置附近往复运动所形成的集体运动形态。

2.2　电子束通过双缝时的干涉现象

　　从经典力学观点看来, 像电子这样的微观粒子穿过双缝, 不应当观察到只有波动才会发生的干涉条纹。但是, 物理学家在电子双缝实验中却观察到干涉现象。用来观察电子干涉现象的实验装置, 可以用图 2.2 大致描绘。从电子枪射出的电子束穿过两条狭缝, 最后到达屏幕, 在屏幕上就可以观察到干涉条纹。

　　在学习量子力学的过程中, 有些人习惯于经典力学的思想方式, 希望在第二阶段里不依靠波函数, 而把微观粒子的行为归结为符合经典力学的直观描述。现在试着用经典物理的直观来讨论双缝干涉现象, 看看能否发现粒子是如何运动的。从直

观上可以设想对每个电子有如下描述:

一个电子从发射器被发射,经过一段路程后,抵达双缝。电子这时面临 "选择":是走左边的缝还是走右边的缝。如果电子 "选择" 走左边缝,电子的运动就与右边缝的存在无关。反之,如果电子 "选择" 走右边缝,电子的运动就与左边缝的存在无关。最后,电子到达屏幕,过程结束。

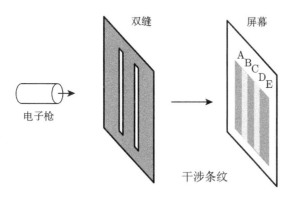

图 2.2 电子通过双缝时的干涉现象

这里的 "选择",可以理解为根据隐变量的状态所作的确定性 "选择",也可以是纯粹随机性的 "选择"。上面这种描述使用经典物理 "粒子" 的概念代替在 "量子力学三阶段论" 的第二阶段里的波函数来解释量子现象。这种描述似乎很直观,也显得很合理,不妨称之为 "经典直观逻辑"。但是这种描述与实验结果相符合吗?

为了方便说明问题,把屏幕分成五个小区,分别称为 A,B,C,D 和 E。当左边的缝被遮挡但是右边的缝未被遮挡的时候,假设共搜集到 210 个电子,其中五个小区上搜集到的电子数分别为 20,40,70,50 和 30,如图 2.3(a) 所示。当右边的缝被遮挡但是左边的缝未被遮挡的时候,又搜集到 210 个电子,五个小区上搜集到的电子数分别为 20,50,80,40 和 20,如图 2.3(b) 所示。在左右两个缝都没有被遮挡的情况下,若总共搜集到 420 个电子,按照经典直观逻辑,电子在到达双缝时,应当 "选择" 一个狭缝穿过,所以,

到达屏幕每一区的电子数目 =穿过左边缝隙到达屏幕该区的电子数目

+ 穿过右边缝隙到达屏幕该区的电子数目 (2.1)

经典直观逻辑预测的结果是在 B 区上搜集到的电子数目应当等于图 2.3 (a) 和图 2.3 (b) 在 B 区搜集的电子数目之和,即 40+50=90。按照这样估计,五个小区上搜集到的电子数应当分别为 40,90,150,90 和 50,大致如图 2.3(c) 所示。统计数字已经归纳在表 2.1 中。

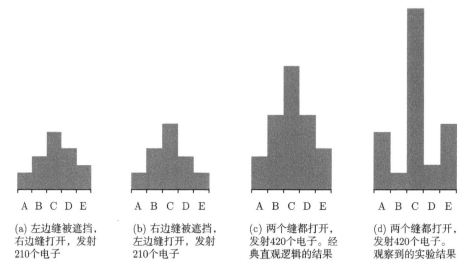

(a) 左边缝被遮挡，右边缝打开，发射210个电子

(b) 右边缝被遮挡，左边缝打开，发射210个电子

(c) 两个缝都打开，发射420个电子。经典直观逻辑的结果

(d) 两个缝都打开，发射420个电子。观察到的实验结果

图 2.3　在四种不同条件下五个小区搜集到的电子数

表 2.1　五个小区上搜集到的电子数

	A	B	C	D	E	总计
图 2.3 (a) 左边缝被遮挡，右边缝打开	20	40	70	50	30	210
图 2.3 (b) 右边缝被遮挡，左边缝打开	20	50	80	40	20	210
图 2.3 (c) 两个缝都打开，"经典直观逻辑" 的预想结果	40	90	150	90	50	420
图 2.3 (d) 两个缝都打开，观察到的实验结果	70	20	220	30	80	420

　　但是，实验上观察到的结果却是像图 2.3(d) 那样，与经典直观逻辑所期待的图 2.3(c) 大不相同。如果关注在 B 区上搜集到的电子数目，就会发现，当左闭右开时为 40，当左开右闭时为 50，但是在左右皆开的时候只有 20 个，比任何一种只开单缝的情况下在 B 区搜集的电子数目都要少。另一方面，如果关注 A 区上搜集到的电子数目，就会发现，当只有一个缝打开的时候 (无论左闭右开，或者左开右闭) 皆为 20 个，但是当左右两缝皆开的条件下则是 70 个，比两缝分别打开的两种情况下在 A 区搜集的电子数目的总和还要多。当然，图 2.3 的例子并不是真实的实验结果，而只是一组虚构的数据。但是，图 2.3(d) 里 "在某处搜集到的电子数目可能比图 2.3(a) 和 (b) 中任何一种情况下在该处搜集的电子数目都要少"，或 "在某处搜集到的电子数目可能比图 2.3(a) 和 (b) 两种情况下在该处搜集的电子数目的总和还要多" 这两种情况，则真实地存在于双缝干涉实验测量之中 [2,15]。从人们日常生活的经验出发，电子的这种行为是不可思议的。所以 "经典直观逻辑" 不能解释电子的双缝干涉现象。

2.3 微观粒子的波粒二象性

微观粒子的波粒二象性 (wave-particle duality) 是初学者最不容易理解的量子力学现象之一。经典物理中的水波，是大量粒子某种规则运动所表现出来的整体行为。但是，这样的经典概念完全不适用于量子力学。双缝干涉实验对于微观粒子波粒二象性提供了极有说服力的例子。

量子力学三阶段论的第一阶段应当根据电子的状态确认初始波函数。当一个电子从电子枪射出后，它相应的波函数在到达双缝时被分为两部分，分别穿过两个缝。初始波函数就是在两条缝隙处的两束波函数的叠加。在第二阶段，这两束波函数会向屏幕方向移动。在第二阶段刚刚开始的时候，由于双缝之间有一段距离，所以两束波函数在空间是互相分开的。随着时间推移，这两部分波函数汇合，最终到达屏幕。所以，与经典直观逻辑 (2.1) 式不同，在量子力学中，应当把经典直观逻辑里的 "粒子数" 换成 "波函数"，也就是

到达屏幕每一区的波函数 =从左边缝隙到达屏幕该区的波函数

+ 从右边缝隙到达屏幕该区的波函数 (2.2)

这个公式适用于从 A 到 E 每一个区。(2.2) 式所要完成的事，就是遵循薛定谔方程计算屏幕上各点的波函数。为了更好地理解这个公式，熟悉计算机程序语言的读者不妨自己动手编写一个程序来计算双缝干涉问题。程序的大致轮廓已经写在附录 B 中。

波函数与水波的情况有类似之处：它们不仅有振幅，也有相位。在双缝干涉实验里，到屏幕的不同位置，穿过双缝的两束波函数传播的路程之差不同。在路程差为波长的整数倍的地方，振幅加强，波函数模的二次方就会比较大；而在路程差为波长的半整数 (即整数加 $1/2$) 倍的地方，振幅消减，波函数模的二次方就会比较小。有关这个结论的量子力学计算，见附录 C。把 (2.2) 式用于从 A 到 E 的每一个区，可以计算出到达屏幕每一区的波函数。到达屏幕时的波函数分为从 A 到 E 五个部分，整个波函数就是这五个部分波函数的叠加。想象我们能够像看到水波一样 "看到" 波函数，或者发明一种照相机能够 "拍摄" 波函数，那么在屏幕上的波函数就会被 "观察" 到。但是，量子力学里的波函数是无法直接观察到的。想要知道波函数在到达屏幕时成为什么样子，就需要依靠第三阶段的测量。

由于在量子力学的第二阶段里只讨论波函数如何演化，所以在这段时间里我们对于粒子如何运动一无所知。波函数可以弥散在空间各处。为了观察到粒子出现在什么地方，就要使用一个可以测量粒子位置的仪器，例如，用一个探测器先后在五个区里探测，或者在五个区里分别安装五个探测器同时探测，也可以用一张屏幕探测所有五个区。假定电子被五个探测器所探测，按照玻恩法则，被每个探测器

探测到的几率正比于构成叠加态波函数的每一项的系数绝对值的二次方。利用薛定谔方程可以精确计算电子的波函数，但是眼前不妨暂时绕过这个计算过程，因为图 2.3 的例子并不是一个真实的实验结果，而是为了说明问题方便而假想的一个简化的实验。针对这一简化实验做计算，电子的波函数应当是五部分波函数之和：

$$\psi(\text{before}) = 0.408\varphi(A) + 0.218\varphi(B) + 0.724\varphi(C) + 0.267\varphi(D) + 0.436\varphi(E) \quad (2.3)$$

其中 $\varphi(A)$ 是在 A 区的波函数，其他符号含义类推。注意每一项系数不代表几率，系数绝对值的二次方才是在相应区域找到电子的几率。这里的系数只是为了说明问题方便而假定的数值，它们的值与表 2.1 的数据保持一致。例如，在 A 区探测到电子的几率就是 $0.408^2 \approx 16.65\%$，在 B 区探测到电子的几率就是 $0.218^2 \approx 4.75\%$，等等。每发射 420 个电子，在 A 区探测到电子的平均数就是 $420 \times 16.65\% \approx 70$；在 B 区探测到电子的平均数就是 $420 \times 4.75\% \approx 20$。即使建立一个真实的双缝干涉实验模型，并且进行详细的量子力学计算，得到的波函数仍然与 (2.3) 式类似，当然等号右边的项数可能会有变化。

如果测量在 B 区发现了一个电子，那么波函数 (2.3) 式就由五个部分"坍缩"成唯一的部分，即

$$\psi(\text{after}) = \varphi(B)$$

"这个"电子在 B 区被发现的几率就从 4.75% 变为 100%。如果"那个"电子在 A 区被发现，那么波函数 (2.3) 式就由五个部分"坍缩"成

$$\psi(\text{after}) = \varphi(A)$$

"那个"电子在 A 区被发现的几率就从 16.65% 变为 100%。实验中每一个电子只能在屏幕上某一个区被发现，不会同时在两个区被发现，这个现象显示了粒子性。显然，仅仅测量一个电子是不可能观察到干涉条纹的。

如果在实验中先后发射了大量具有相同初始条件的电子，在量子力学三阶段论的第一阶段，每一个电子就有相同初始条件的波函数。在第二阶段，每一个波函数都会经历完全相同的演化过程，在测量前的瞬间，所有波函数就都是同样的波函数，因此在第三阶段测量时，在 A 到 E 任何一个区里发现电子的几率都是由 (2.3) 式决定的。每发射一个电子，探测器就会在某区发现这个电子，例如，在某个区的探测器留下一个记录，或者在屏幕上留下一个光斑。当电子的数目很多时，这些记录或光斑的分布就反映了波函数模二次方在五个区的分布，如图 2.3(d) 显示的那样。所以对大量电子的测量，得到的结果可以在统计意义上反映电子的波动行为。

总之，在量子力学中"波粒二象性"的含义是具体的和明确的。波动性和粒子性有其各自的表现形式，彼此之间并不发生冲突。根据本节的讨论，微观粒子的波粒二象性可以简要地描述如下：

在量子力学三阶段论的第二阶段里，波函数按照薛定谔方程的演化，具有波动性；在第三阶段的测量 (如测量位置) 过程中，波函数发生 "坍缩"，单个粒子仅在某个具体的位置被发现，呈现粒子性。由于粒子在每个特定的位置被发现的几率正比于该位置波函数模的二次方，所以对大量粒子的测量可以在统计意义上观察到波动性。

2.4 单个电子的干涉现象

光的双缝干涉现象早在 1801 年就已经被托马斯·杨 (Thomas Young) 所发现。但是，在此后长达 160 年里，双缝干涉现象都仅仅在光学实验中观察到。虽然电子的干涉现象可以在电子束穿过晶体的时候被观察到，但是电子的双缝干涉还只是个思想实验。直到 1961 年，电子的双缝干涉实验才由 Claus Jönsson 首次完成。微观粒子的双缝干涉现象是任何经典理论所不能解释的。微观粒子的双缝干涉现象为量子力学提供了有力的证据。

为了 "挽救" 经典直观逻辑，有人提出另一种可能性，那就是，干涉条纹是由于许多电子同时被发射所形成的，因为这些电子在狭缝附近拥挤在一起，电子之间会有相互作用。他们猜测，如果电子不是被成批发射的，就不应当看到干涉条纹。但是，按照量子力学，即使电子一个一个被发射，互不相干，其波函数仍然按照薛定谔方程演化，每个电子仍然会按照波函数模二次方的几率击打在屏幕上，并且在逐个发射大量电子之后，仍然可以期待在屏幕上看到干涉条纹。因此，物理学家期待有一个实验确切地证实单个电子会发生双缝干涉。这个实验于 1974 年由莫里 (P. G. Merli) 等三人完成，并于 1976 年发表在《美国物理杂志》上 [19]。这个实验做得很漂亮，在 2012 年被评为物理学史上十个最漂亮的实验之一 [20]。

在实验中，电子束的电流密度最低为 10^{-15} 安培/厘米^2，按照实验装置的尺寸，这样的电流密度意味着平均每 0.04 秒有一个电子到达屏幕。增大电流密度可以在相同的时间间隔内有更多的电子到达屏幕。采用一系列不同电流密度做实验，就可以得到一系列不同数目电子击打在屏幕的照片。其中六张 "照片" 列在图 2.4 中。

仅仅用不同的电流密度得到这些照片，还不能证实单个电子会发生干涉，因为电流密度很大时，电子是被成批发射的。为了确切地证实单个电子会发生双缝干涉，莫里等又用另一个实验方式留下照片。在实验中，他们保持电子束的电流密度为 10^{-15} 安培/厘米^2，平均每 0.04 秒只有一个电子被发射，因此避免了两个电子之间的相互碰撞，原则上保证了每个电子都是单个地通过狭缝。类似于光学照相的曝光时间，莫里等选择 "曝光时间" 最短为 0.04 秒，最长为 120 秒。不同的 "曝光时间" 得到不同的 "照片"，他们得到的这组照片与图 2.4 几乎相同。莫里等的论文没有展示这些不同 "曝光时间" 的照片，也许他们认为没有必要重复展示类似的照片。

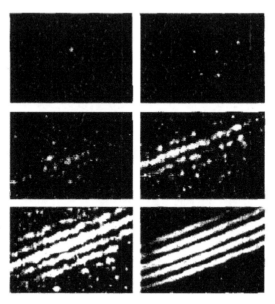

图 2.4   从左上到右下，六张照片相当于记录了实验观察到的六个瞬间 [19](见正文解释)。这一实验证实了干涉条纹是大量的单个电子的行为

从上面的实验结果不难推测，如果电子一个接一个地击打到屏幕上，而且它们在屏幕上留下的亮斑可以长时间保持，那么我们持续观察屏幕就可以按顺序看到像图 2.4 这样的六张照片。因此，对于电子的双缝干涉行为的观察，可以想象如下的图像：在实验进行的初始阶段，电子星星点点地击打在屏幕上，形成相互孤立的亮斑。随着实验的进行，屏幕上的亮斑越来越多，干涉条纹也渐趋明显。图 2.4 就可以看作是这个过程的六个 "瞬间"。

由于这个实验，物理学家确信微观粒子的干涉现象并非由密集的粒子之间的相互作用所造成。波函数是单个电子的波函数，每个电子都按照波函数所给定的几率分布，在屏幕上留下亮斑。所有粒子都是相同的。干涉条纹之所以会出现在屏幕上，是由于描述单个粒子的两部分波函数之间发生干涉，而不是两个粒子之间发生干涉。

托马斯·杨在 1801 年完成光的双缝干涉实验，为光的波动说提供了证据。但是爱因斯坦提出光量子的概念之后，光的双缝干涉现象就需要用光量子的概念重新解释。在很弱的光强度下完成的光的干涉实验证实，类似于电子的干涉现象，每一个光子都按照波函数所给定的几率分布在屏幕上生成光斑。因此，光的干涉条纹不是由分别经过两个缝的不同光子之间的干涉生成的, 而是由描述单个光子的两部分波函数之间发生干涉生成的。狄拉克 (Paul Adrien Maurice Dirac) 曾说 [3]: 在光子双缝干涉实验中, "每个光子都仅仅与它自己发生干涉。两个不同光子之间的干涉从来没有发生过"。(Each photon then interferes only with itself. Interference between two different photons never occurs.) 这个论断也适用于本节所讨论的双缝电子干涉现象, 就是说, 每个电子都仅仅与它自己发生干涉。(注: 有关双光子干涉问题不在本书讨论。)

2.5　干涉条纹的计算机模拟

在量子力学三阶段论的第二阶段中, 波函数有波长和频率, 但是没有动量和能量。在第三阶段测量的时候, 粒子有动量和能量, 但是没有波长和频率。为了在测量粒子的动量和能量时得到有意义的结果, 必须把粒子的动量和能量与波函数的波长和频率联系起来。在量子力学中, 粒子具有的动量 p 是与波函数的波长 λ 相联系的:

$$p = \frac{2\pi\hbar}{\lambda} \tag{2.4}$$

从测量过程中得到了粒子动量, 就可以知道波函数的波长。波函数的波长称为粒子的 "德布罗意波长"(de Broglie wavelength)。粒子的动量越大, 德布罗意波长就越短。另一方面, 粒子的能量 E 是与波函数的频率 ν 相联系的:

$$E = 2\pi\hbar\nu \tag{2.5}$$

在测量过程中得到了粒子能量, 就得到波函数的频率。波函数的频率就称为粒子的 "德布罗意频率"(de Broglie frequency)。粒子的能量越大, 德布罗意频率就越高。(2.4) 式和 (2.5) 式称为 "德布罗意关系"(de Broglie relations)。

光子和电子都是微观粒子, 一个能量为 2 电子伏特的光子, 它的德布罗意波长大约就是 6.2×10^{-5} 厘米, 而同样能量的一个电子, 它的德布罗意波长大约只有 10^{-7} 厘米, 比光子的德布罗意波长小得多。通常情况下, 宏观粒子的德布罗意波长远小于微观粒子的德布罗意波长。如果考虑一个很小的宏观粒子, 质量为 10^{-13} 克, 速度是 1 厘米/秒, 它的德布罗意波长就只有 6.6×10^{-14} 厘米, 还不到电子的德布罗意波长的百万分之一。微观粒子和宏观粒子之所以显示不同的现象, 原因在于它们的德布罗意波长不同。

为了探讨干涉条纹如何依赖于德布罗意波长这个参数, 最好的办法就是采用各种德布罗意波长的粒子分别做双缝干涉实验。但是实验方法受到当前实验设备和技术条件的限制, 并非对任何德布罗意波长的粒子都可以完成。另一种办法就是用计算机模拟, 在目前的计算机条件下, 一台普通的家用计算机就可以很方便地实现这一目标。按照附录 B 里介绍的计算机程序, 可以计算双缝干涉条纹的位置和宽度。本节就通过这种方法分四步研究干涉条纹对于德布罗意波长的依赖关系。在所有四步研究中, 都设定每个狭缝的宽度是 10^{-4} 厘米, 两个狭缝中心的距离是 4×10^{-4} 厘米, 双缝到屏幕的垂直距离是 10 厘米, 在程序中可以改变的参数只有德布罗意波长。这个计算程序把粒子看成质点, 因此仅适用于直径远小于狭缝宽度的粒子。

第一步, 观察典型的电子干涉条纹。对于电子的情况, 在计算程序中输入德布罗意波长为 3×10^{-7} 厘米, 计算得到的结果如图 2.5 所示。在本节的以下四个图 (图 2.5~ 图 2.8) 中位于上部的图里, 横坐标都表示屏幕上的位置, 以厘米为单位, 纵坐标都是波函数模的二次方, 并且假定最大值为 1; 而位于下部的图显示干涉条纹, 其条纹的亮度正比于在该处发现粒子的数目。从图 2.5 中可以看到, 干涉条纹的所有主要亮线都分布在双缝的中心位置附近 0.1 厘米范围内。

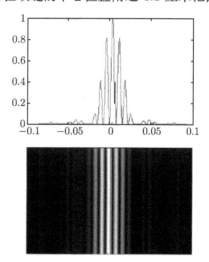

图 2.5　模拟德布罗意波长为 3×10^{-7} 厘米的电子时, 观察到典型的干涉条纹

第二步, 考虑宏观粒子的情况。输入德布罗意波长为 3×10^{-14} 厘米, 它大约是电子的德布罗意波长的一千万分之一。计算机模拟得到的结果如图 2.6 所示, 请注意它与图 2.5 里横坐标的标度相差 100 倍。屏幕上出现两条亮带, 它们的宽度与双缝的宽度几乎相等, 完全看不到干涉条纹。这说明波函数几乎是直线传播的, 两条亮带只是双缝的影子。经过左边狭缝的波函数到达屏幕上左边的亮带的位置, 经过右边狭缝的波函数到达屏幕上右边的亮带的位置。由于波函数仅存在于这两条孤立狭小的带状范围内, 在测量时所有粒子就都集中在这两处被发现。可见量子力学不仅可以解释微观粒子通过双缝时观察到的干涉条纹, 也可以解释宏观粒子通

过双缝时观察到的两条亮带。从理论上分析，左右两条亮带都是由非常多而且密集的亮暗相间的条纹组成的，每条亮线之间的间隔是在德布罗意波长的数量级上。

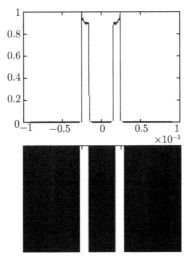

图 2.6　德布罗意波长为 3×10^{-14} 厘米时，完全看不到干涉条纹，两条亮带只是双缝的影子

　　第三步，考察电子和宏观粒子两种干涉条纹之间是如何过渡的。这需要从电子的德布罗意波长开始把波长逐渐缩小。波长为 3×10^{-8} 厘米，3×10^{-9} 厘米和 3×10^{-11} 厘米这三种情况的计算结果已经收集在图 2.7 中。当波长为 3×10^{-8} 厘米时，仍然可以观察到清楚的干涉条纹，但是与电子干涉条纹 (图 2.5) 相比，干涉条纹的主要亮线的分布缩小到宽度约 0.01 厘米的范围内。当波长缩短到 3×10^{-9} 厘米时，亮线的分布范围继续缩小到宽度约 0.001 厘米的范围内，而且干涉条纹开始分为两组，不过这两组条纹依然交织在一起。当波长缩短到 3×10^{-11} 厘米的时候，两组干涉条纹完全脱离接触，成为两个亮带，只是边缘有些模糊。再进一步缩短波长，得到的两条亮带的边缘越来越清楚，如果计算的精度进一步提高，还可能发现亮带中的精细条纹。这一组模拟结果表明，微观粒子和宏观粒子之间没有绝对的分界线，它们的干涉条纹是随着德布罗意波长的变化逐渐过渡的。

　　第四步，从电子的德布罗意波长开始把波长逐渐增大，考察干涉条纹的变化。输入光子的德布罗意波长 3×10^{-5} 厘米，计算结果见图 2.8 (a)。从该图可见，干涉条纹仍然很清楚，但是亮纹分布的范围拓宽到 10 厘米左右。进一步增大波长，如果粒子的德布罗意波长是 3×10^{-3} 厘米，它比双缝之间的距离还要大许多，干涉条纹就不复存在了，见图 2.8(b)。屏幕上的亮度完全由波函数投射到屏幕上的入射角所决定。在屏幕上中心位置 (正对双缝的位置)，波函数垂直射到屏幕，入射角为零，是屏幕上最亮的位置。在离开中心的地方，波函数斜射到屏幕上，亮度就比较暗。离开中心位置越远，入射角就越大，亮度也就越暗。

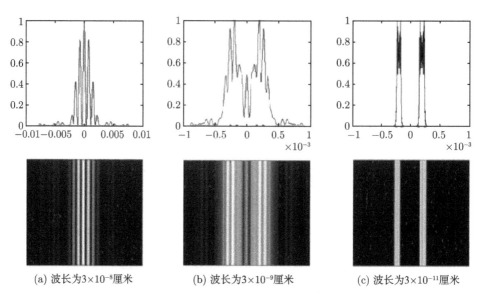

(a) 波长为3×10⁻⁸厘米　　　(b) 波长为3×10⁻⁹厘米　　　(c) 波长为3×10⁻¹¹厘米

图 2.7　德布罗意波长从 3×10^{-7} 厘米到 3×10^{-14} 厘米过渡。注意每个图里的 x 轴的尺度不同。在图 (a) 中干涉条纹分布的范围远大于狭缝的尺寸，但是图 (c) 中两条光带的宽度大致与狭缝宽度相同

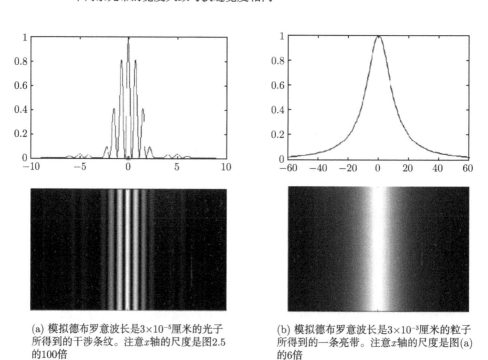

(a) 模拟德布罗意波长是3×10⁻⁵厘米的光子所得到的干涉条纹。注意x轴的尺度是图2.5的100倍

(b) 模拟德布罗意波长是3×10⁻³厘米的粒子所得到的一条亮带。注意x轴的尺度是图(a)的6倍

图 2.8　从电子的德布罗意波长开始把波长逐渐增大时干涉条纹的变化

计算机程序模拟的是波函数按照薛定谔方程演化的行为。在实验中是无法观察波函数本身的，但是计算机模拟可以显示波函数的所有细节，包括它在每个位置的模和相位。本节所展示的模拟计算得到的亮纹或亮带，其亮度都正比于波函数模的二次方，按照玻恩法则，它就表示测量时粒子在该位置被发现的几率。

按照量子力学三阶段论，第二阶段里波函数的行为是量子力学里所有波动性的根源。但是波动行为在不同实验中可以有不同的表现形式。双缝干涉实验中在屏幕上显示的图像随着粒子的德布罗意波长变化。有的时候两束波函数交汇在一起并且互相干涉，所以可以观察到图 2.5 所示的明暗相间的干涉条纹；有的时候波函数就是几乎互相平行的两束平面波，还没有来得及交汇就到达了屏幕，所以只看到图 2.6 所示双缝的影子。有些人仅仅在屏幕上显示出明暗相间的干涉条纹的时候才承认电子显示了波动性，而在屏幕上显示两道亮带的时候就把电子的行为归结为粒子性，这种认识是不正确的。在任何实验条件下，第二阶段里都需要用薛定谔方程计算波函数演化过程，而不是描述"粒子"的运动轨迹。不论在屏幕上显示明暗相间的干涉条纹还是双缝的影子，都是第二阶段里波函数演化结果的统计表现，而不是粒子运动轨迹的终点。

2.6 对于宏观粒子干涉现象的探索

从上面的分析可以看出，宏观粒子经过双缝时仍然可能发生干涉现象。目前实验中尚未看到宏观粒子的干涉现象，最重要的原因是宏观粒子的德布罗意波长太短。要想观察到宏观粒子的双缝干涉条纹，缝隙的宽度以及双缝之间的距离应当在比德布罗意波长高 1~4 个数量级的尺度上。如果一个宏观粒子的德布罗意波长是 $\lambda = 10^{-12}$ 厘米，那么实验设备里双缝中心之间的距离 d 需要在 $10^{-8} \sim 10^{-11}$ 厘米这个数量级。目前准备这样的仪器是很困难的。

没有观察到宏观粒子的干涉现象的另一个原因，是宏观粒子通常由许多微观粒子组成，有复杂的结构。只有当两个宏观粒子完全相同时，它们才会有相同的德布罗意波长。"完全相同"是指它们必须具有相同的结构，而且组成每个宏观粒子的微观粒子种类及个数都一样。如果宏观粒子的组成稍有不同，它们的德布罗意波长就不同，干涉条纹可能就看不到了。宏观粒子的德布罗意波长越短，对"完全相同"的要求也就越严格。为了在实验中观察到干涉条纹，必须制备大量"完全相同"的宏观粒子，这也增加了实验的难度。

此外，在从双缝到屏幕的途中，必须避免实验粒子与其他粒子 (如空气分子或光子) 发生相互作用，否则粒子的波函数就会发生变化，干涉条纹就会被破坏。然而在实验中很难完全避免宏观粒子与环境中粒子的相互作用。

但是，对于宏观和微观之间尺度粒子的一些研究，已经证实干涉现象可以在介观尺度的粒子实验中观察到，其中 C_{60} 的双缝干涉实验最为引人注目。C_{60} 是一种由 60 个碳原子构成的分子，形似足球，又名巴基球，其分子量为 720，所以 C_{60} 分子的质量是 $m = 1.2 \times 10^{-21}$ 克。C_{60} 的双缝干涉实验于 2003 年由 O. Nairz 等三人完成 [21]。为了保证粒子基本上满足 "完全相同" 的条件，实验中过滤掉了速度过大或过小的 C_{60} 分子，保留下来的 C_{60} 分子的入射速度大约是 $v = 1.17 \times 10^4$ 厘米/秒，因此德布罗意波长是 $\lambda = 4.7 \times 10^{-10}$ 厘米。实验设备里双缝中心之间的距离 $d = 10^{-5}$ 厘米，双缝距离屏幕大约 120 厘米。图 2.9(a) 显示了实验得到的干涉条纹，图 2.9(b) 是笔者利用本书附录 B 的程序得到的数值模拟结果，两者基本上是互相符合的。Eibenberger 等五人 2013 年用更大的粒子 ($C_{284}H_{190}F_{320}N_4S_{12}$，由 810 个原子组成，质量大约为 1.68×10^{-20} 克) 做双缝实验，结果表明干涉现象仍然是存在的 [22]。可以期待，随着技术的发展和实验仪器的改进，将会有更大尺度粒子的干涉现象被观察到。

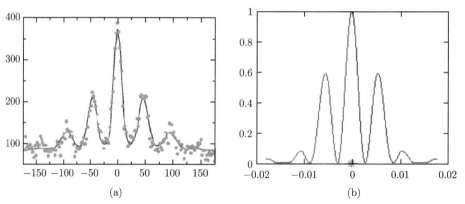

图 2.9　C_{60} 双缝干涉条纹。图 (a) 为 O.Nairz 等三人的实验结果 [21](横轴单位微米，
　　　　1 厘米 =10000 微米，纵轴为 100 秒计数)；图 (b) 为计算机模拟结果 (横轴
　　　　单位厘米，纵轴为几率，假定最大值为 1)

有些科普作品在谈到干涉现象时说 "只有微观粒子才能发生干涉现象，而宏观粒子不会发生干涉现象"。这种错误说法自然会导致 "微观粒子和宏观粒子的分界线在哪里" 的问题。从第 1 章的一维势垒问题和本章的双缝干涉问题的研究可以看到，微观粒子和宏观粒子的行为是逐渐过渡的，两者之间没有严格的分界线。正确的说法是，以目前的实验设备条件，"比较容易观察到微观粒子的干涉现象，却很难观察到宏观粒子的干涉现象"。

2.7　双缝干涉现象的三阶段论描述

对于电子双缝干涉现象的研究，丰富了量子力学三阶段论的内容。具体说来，电子双缝干涉现象可以用三阶段论描述为：

(1) 当粒子源发射的电子到达双缝的时候，初始波函数就给定了，它就是经过双缝射出的两束波函数的叠加。

(2) 波函数按照薛定谔方程演化。到达屏幕上任意一处的波函数，等于穿过上下两个狭缝的波函数之和。如果两束波函数交汇在一起，由于两条路径长度不同，它们到达屏幕时的相位可能会有差别，造成屏幕上波函数的振幅在有些位置加强，在另一些位置消减，所以波函数就形成强弱相间的条纹。如果两束波函数还没有交汇就到达了屏幕，波函数就在屏幕上留下双缝的"影子"。但是波函数本身是观测不到的。

(3) 屏幕起到测量位置的作用，根据玻恩法则，在屏幕上各处发现电子的几率正比于该处波函数模的二次方。单个粒子只会留下孤立的亮斑，如果发射了大量电子，那么在统计意义上可以表现电子的波动性。

应当特别注意，量子力学的"波动–粒子二象性"中的"波"不是"经典波"，"粒子"也不是"经典粒子"。例如，在电子双缝干涉实验中，屏幕作为测量仪器，在这个特定的实验环境中，电子的粒子性仅仅指它在屏幕上某个确定的位置被发现，而不是说电子的运动存在轨迹。这里所观测到的波动性，是指波函数的演化决定了电子被测量的时候以某种几率分布弥散在空间并且在屏幕上显示叠加干涉的结果，而不能把波函数看成大量电子运动所构成的集体运动形态。

许多教科书都用双缝干涉实验来讲解"波动–粒子二象性"，因为这个例子清楚地显示了干涉条纹，但是不要认为只有双缝干涉实验才显示"波动–粒子二象性"。在第 1 章的势垒实验中，第二阶段用波函数描述系统的演化，同样也具有波动性。如果可以给波函数"照个相"，就可以发现波函数分布在势垒两边，而不是仅仅存在于某一处。对于单个粒子的测量只能在势垒的某一侧发现粒子，这显示了粒子性；对大量粒子的测量就可以在统计意义上显示波函数模的二次方的分布。如果把反射波和穿透波重新汇聚起来，仍然可以发生干涉现象 (见 6.3 节的讨论)。"波动–粒子二象性"是在量子力学系统演化中的普遍性质，但是在每个具体问题中有各自的表现形式。不能以"没有看到干涉条纹"为理由否定"波动–粒子二象性"。

有人说，"发生双缝干涉的电子同时穿过两个缝"，或者"发生双缝干涉的电子既不途经此缝也不途经彼缝"。这种说法不恰当。量子力学在第二阶段分析量子系统行为的时候，完全不依赖粒子轨道的概念。量子力学不必回答"电子怎样从双缝穿过去"这种问题，因为它不是从实验上能够提出的问题。如果用粒子轨道的语言描述第二阶段量子力学体系的演化，就会出现各种似是而非的说法，很可能会误导读者。所以量子力学教科书尽量在第二阶段的演化过程中避免采用立足于"粒子"的表述方式。当然在有些情况下，只要不造成误解，这种说法还是允许的。但是在这样表达的前后应当把概念交代清楚，否则读者通常就会把"电子"想象为"一个有轨道的颗粒",无法理解 "同时穿过两条缝" 的含义。此外,可能有一些科普读物为了渲染量子世界的神奇性,故意使用了 "一个电子同时穿过两个缝" 甚至 "一颗子弹同时穿过两条缝" 之类的表达方式,其本意也许不是说这种现象真的会发生。总而言之,无论在哪种情况下,读者在见到 "电子同时穿过两个缝" 这类说法的时候,最好把它们理解为 "波函数被分成两束" "波函数同时穿过两个缝" 或者 "波函数的两支分别穿过两个缝",以避免陷入自相矛盾的困境。倘若哪位读者认真地以为量子力学允许 "一个粒子同时穿过两个缝",或者 "粒子不从任何一个缝穿过就到达屏幕" 这样的荒唐现象,那就错了。

思　考　题

(1) 试将经典力学中的粒子性、波动性与量子力学的波动-粒子二象性作一个比较。

(2) 从德布罗意关系知道,如果降低宏观粒子的速度,它的德布罗意波长就会增大。利用 C_{60} 的双缝干涉实验的设备,只要粒子速度足够低,应当也会看到宏观粒子的干涉条纹。这种做法可行吗?

第3章　一维势阱和束缚态能级

量子力学教科书通常以大量篇幅阐述如何用薛定谔方程计算各种可以精确求解的量子力学体系，如势阱、谐振子、氢原子等。通过研究这些例子，可以学会如何求解薛定谔方程。本章介绍其中最简单的两个例子，就是一维无限深方势阱和一维双-方势阱，并且通过这两个简单模型解释量子力学中的一些重要概念，包括定态、本征态、叠加态、能级和波包等。

本章丰富了量子力学三阶段论的内容。如果第一阶段准备的初始条件是定态，那么粒子的几率密度分布不随时间改变。如果初始条件不是定态，初始波函数可以写成若干个定态的叠加，粒子的几率密度分布就会随时间改变。以位置这个物理量而论，如果初态是一个在空间里的狭窄的波包，那么波包最可几位置的运动就近似满足经典力学方程，但是波包可能会逐渐扩散，意味着粒子被发现的位置越来越不确定。经过第三阶段的测量过程，"坍缩"之后波函数仍然存在，它可以作为新的过程的初始条件。所以一个过程的第三阶段可能就是下一个过程的第一阶段。

关于这两个模型的量子力学计算的细节，分别在附录 D 和附录 E 中介绍。

3.1　经典一维无限深方势阱模型

一维无限深方势阱 (或称 "无限深方阱"，infinite square well)，形象地说就是一口非常深的井，井壁直上直下。用更加专业的描述，宽度为 a 的一维无限深方势阱，是在从 $x = 0$ 到 $x = a$ 范围内势能为零，而在这个范围之外势能为无穷大的系统，见图 3.1。在讨论量子力学的一维无限深方势阱之前，本节先来讨论经典一维无限深方势阱模型。

设想一个经典粒子位于势阱里。如果势阱的深度有限，这个粒子即使掉到势阱底，只要它的动能足够大，就可以从势阱里面跳出来。但是，如果势阱是 "无限深"的，不管势阱里面粒子的动能有多大，它都不能跳出势阱。势阱的底部是平坦的，所以势阱里粒子的动能是恒定的，不会因粒子的位置不同而改变。如果粒子动能是零，它就静止不动。只要粒子的动能不是零，它就在两堵墙之间往返运动，而且往返之中的每一段运动都是匀速的。因此不难理解，长时间平均在势阱里任何一处发现粒子的几率都是相等的。

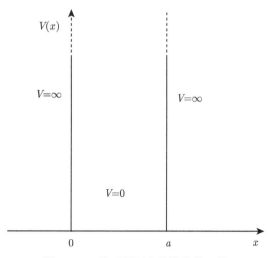

图 3.1   一维无限深方势阱的势函数

再设想经典波动的模型。可以想象两端被固定的琴弦的振动。施加在琴弦两端的边界条件与一维势阱模型施加在粒子运动的边界条件是类似的：对于粒子而言，它只能存在于势阱内部，即从 $x=0$ 到 $x=a$ 的范围内；对于一段在 $x=0$ 和 $x=a$ 两端被固定的长度为 a 的琴弦，波动仅存在于从 $x=0$ 到 $x=a$ 有限的空间范围内，而且在 $x=0$ 和 $x=a$ 两点以及这两点以外的范围均为零。显然，这样的琴弦在振动的时候波长是不可以连续变化的，琴弦的长度必须是半波长的整数倍。如果振动的波长是 λ，琴弦的长度是 $a\lambda/2$，那么 $n=2a/\lambda$ 必须是正整数，最长波长是琴弦长度的二倍 $(2a)$，其余的波长都是这个最长波长的整数分之一，例如，$a(=2a/2), 2a/3, a/2(=2a/4), 2a/5$ 等，见图 3.2。

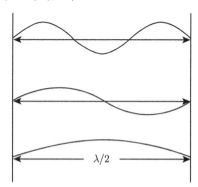

图 3.2   琴弦的长度必须是半波长的整数倍

波动分为行波 (travelling wave) 和驻波 (standing wave)。行波是向某一方向传播的波，其波腹 (即振动最强点) 和波节 (即振动最弱点) 都随着波向同一个方向传播。驻波可以看成是相向传播的两列行波所合成的。两端被固定的琴弦的振动就是驻波。驻波是停留在某地的波,其波腹和波节都停留在一系列固定的位置。如果把波动振幅大的位置用亮纹标记,振幅小的位置用暗纹标记,就可以得到亮暗相间的条纹。如果振动的波长是 $\lambda = 2a$,就只有一条亮纹,它位于势阱的中央,而两侧靠近势阱壁的区域是暗的。如果振动的波长是 $\lambda = 2a/n$,就有 n 条亮纹,它们均匀地分布在势阱内,两侧靠近势阱壁的区域总是暗的。波长越短,亮纹的数目越多。每条亮纹都代表一段驻波的波峰,而且每个波峰的高度都是相等的。

在波动传播过程中,波长和频率的乘积等于波的传播速度,而传播速度是由琴弦的物理性质 (如杨氏模量、密度等) 所决定的。因此,两端被固定的琴弦在振动的时候,频率也不可以连续变化。小提琴演奏家在演奏时,用手指按在琴弦上,控制琴弦的可振动部分的长度,就达到了控制频率的效果。同一长度的琴弦振动的频率也可以不止一个。最低的频率称为基频,其余的频率都是基频的整数倍。所有频率的组合称为频谱。

总结一下,经典粒子在一维无限深势阱中,只要动能不是零,它在势阱内各处被发现的几率就相同。两端固定的琴弦作驻波振动,其波长和频率都不能连续变化,它们只允许取某些特定的分立值。

3.2　量子一维无限深方势阱模型

所谓求解一个量子力学系统,常常是指计算这个系统的定态波函数和能级。只有极少数量子力学系统可以精确求解,它们包括氢原子及单电子离子 (一个电子和一个原子核)、氢分子离子 (一个电子和两个原子核)、谐振子、方势阱等,更多的量子力学系统可以通过近似方法或者数值计算求解。几乎每一本量子力学教科书都会详细讨论氢原子、谐振子和势阱问题的量子力学解法。这里只讨论一维无限深方势阱模型的解。

在第 1 章的势垒问题里,波函数可以分布于空间任何地方,甚至可以到达距离势垒无穷远处,量子力学把这种状态称为散射态 (scattering state)。如果波函数被限制在空间一定范围内,则称为束缚态 (bound state)。一维无限深方势阱问题提供了束缚态的最简单也是最典型的例子。

量子一维无限深方势阱这个简单模型是一种理想化近似,实际物理情况只要同时满足如下两个条件就可以用无限深方势阱描述:势阱壁的高度对应的势能远大于粒子的能量;势阱边界处的势函数从最低到最高的变化发生在远小于粒子的德布罗意波长的范围内。

对于一维无限深方势阱模型,求解薛定谔方程得到的三个主要结果是 [1,4,9]:

(1) 能量为确定值的态称为定态。一维无限深方势阱有无穷多个定态。把定态的能量从低到高依次记为 E_1, E_2, E_3 等，称为能量的 "本征值"(eigenvalue)。如果在三阶段论的第一阶段所准备的初始状态恰好是个定态，则系统将会保持在这个定态，而且此能量值将不随时间变化。

在量子力学里所有能级的组合称为能谱。具有最低能级的定态称为 "基态"(ground state)，其余的定态能量都比基态能量高，都称为 "激发态"(excited state)，按照能级由低到高依次称为 "第一激发态" "第二激发态" 等。

(2) 定态的能量。用 $\hbar^2/(ma^2)$ 作为能量单位，最低的能级 (基态)E_1 为

$$E_1 = \frac{\pi^2}{2} \cdot \frac{\hbar^2}{ma^2} \approx 4.9348 \frac{\hbar^2}{ma^2} \tag{3.1}$$

式中 m 是粒子的质量。激发态能级分别为 $E_2 = 4E_1$, $E_3 = 9E_1$，等等。可以写出一个普遍的公式：

$$E_n = n^2 E_1, \quad n = 1, 2, 3, \cdots \tag{3.2}$$

所以能级分布不是等间隔的，能级越高，能级之间的差别越大。注意，我们已经把势阱底部的势能作为零点，但是最低能级 E_1 仍然大于零。我们称 E_1 为 "零点能"(zero point energy)。在一维无限深方势阱模型中，势阱底部是平坦的，零点能不包含势能，它全部为动能。正的基态动能意味着粒子处于运动状态。不同于经典力学，在量子力学一维无限深方势阱中粒子不可能静止。

(3) 定态的波函数。对应每一个能量本征值，都有一个确定的定态波函数，称为属于这个能量本征值的 "本征态"(eigenstate)。每一个定态波函数都是空间因子与时间因子的乘积。

定态波函数中的空间因子仅依赖空间坐标，不随时间变化。一维无限深方势阱定态波函数的空间因子都满足零值边界条件，前五个波函数空间因子的波形已经显示在图 3.3 中。可以认为这些波函数在势阱内部的部分波长分别是 $\lambda = 2a/n$。波函数为零的点称为节点 (node)。在区间 $0 \leqslant x \leqslant a$ 内，基态波函数没有节点，第一激发态波函数有一个节点，一般来说，第 $n-1$ 激发态 (即第 n 个能级) 有 $n-1$ 个节点。

定态波函数中的时间因子仅依赖时间，所有位置上的时间因子都是同步变化的。时间因子的变化频率 ν_n 与能量本征值 E_n 之间的关系为 $E_n = 2\pi\hbar\nu_n$。以 $ma^2/\hbar$ 为时间单位，基态波函数的周期为

$$T_1 = \frac{4}{\pi} \cdot \frac{ma^2}{\hbar} \approx 1.2732 \frac{ma^2}{\hbar} \tag{3.3}$$

其余能级周期分别为 $T_2 = T_1/4$, $T_3 = T_1/9$，等等，一般地，$T_n = T_1/n^2$。定态的能级越高，它随时间变化的周期就越短，即变化越激烈。

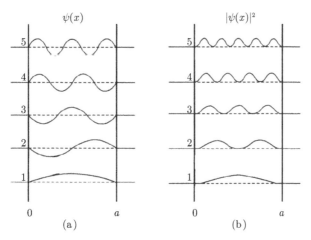

图 3.3　(a) 能量最低的五个定态波函数中的空间因子；(b) 能量最低的五个定态的几率密度

以上三个主要结果在后面几节讨论中会用到。由于求解薛定谔方程时会用到一些高等数学的知识，所以这里只介绍这些数学结果及其物理意义。有一定数学基础的读者如果愿意深究，可以阅读本书附录 D 的第一部分。

3.3　一维无限深方势阱的定态

本节集中讨论一维无限深方势阱的定态的性质。在量子力学三阶段论的第一阶段，如果在势阱内部有一个粒子，能量为基态能量 E_1，其波函数在第二阶段会如何演化呢？不要以为定态的波函数不随时间变化。波函数里的空间因子不随时间变化，但是时间因子的幅角会周期性变化，故整个定态波函数也随时间周期性变化。图 3.4 列出了半个周期 $(T_1/2)$ 里基态波函数的实部和虚部，以及模的二次方随时间的变化，图中每两个波形的时间间隔是 $T_1/12$。波函数的实部和虚部都随时间变化，但是波函数模的二次方是不随时间变化的。波函数模的二次方的曲线在空间的分布就像是扣在势阱底边上的一口钟，钟的中心就是势阱的中央，即 $x = a/2$ 处。在第三阶段，不论在什么时刻测量粒子的位置，最可能发现粒子的地方都是在势阱的中央。如果有许多处于基态的无限深方势阱的单粒子系统，对每个势阱中的粒子进行测量就会发现，找到粒子位置的概率符合这个钟形分布。

如果在量子力学三阶段论的第一阶段，在势阱内部的粒子的能量为第一激发态能量 E_2，它在第二阶段会如何变化呢？第一激发态的周期 T_2 是基态周期的四分之一 $(T_2 = T_1/4)$，因此基态的半个周期就等于第一激发态的两个周期。图 3.5 列出了第一激发态波函数的实部和虚部以及模的二次方在两个周期 $(2T_2)$ 内随时间的变化。相邻两个图之间的时间间隔为 $T_2/3$。与基态情况一样，依然可以看到波函数的实部和虚部都随时间变化, 但是波函数模的二次方仍然不随时间变化。描述波函数模的二次方的曲线在空间的分布就像是并排扣在势阱底边上的两口钟, 两口钟的中心分别在 $x = a/4$ 处和 $x = 3a/4$ 处。在第三阶段, 不论在什么时刻测量粒子的位置, 最可能发现粒子的地方就在势阱的这两个地方。如果有大量处于第一激发态的无限深方势阱单粒子系统, 对每个势阱中的粒子进行测量并作统计就会发现, 在各位置找到粒子的数目大致按照这两个钟形分布, 很少在势阱的中央 ($x = a/2$ 附近) 发现粒子, 发现粒子最多的地方在势阱的左右两半部, 即分别位于两口钟的中心位置附近。

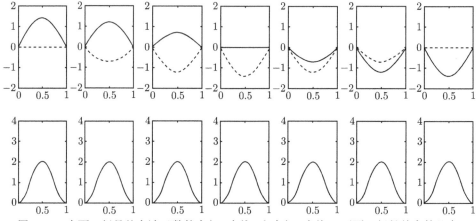

图 3.4　　上面一行是基态波函数的实部 (实线) 和虚部 (虚线), 下面一行是基态的几率密度。相邻两个图之间的时间间隔是周期的 1/12。在图 3.4～ 图 3.7 中都取势阱宽度 a 作为长度单位, 所以坐标轴已经无量纲化

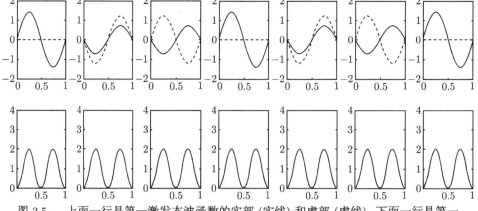

图 3.5　　上面一行是第一激发态波函数的实部 (实线) 和虚部 (虚线), 下面一行是第一激发态的几率密度。相邻两个图之间的时间间隔是第一激发态波函数变化周期的 1/3, 也就是基态波函数变化周期的 1/12

以上讨论可以推广到更高的能级。只要势阱内的粒子处于定态，其波函数的实部和虚部就都随时间作周期变化，但是波函数模的二次方则不随时间改变。如果粒子处在第二激发态，波函数演化的周期 $T_3 = T_1/9$。描述波函数模的二次方的曲线就像是并排扣在势阱底边上的三口钟，它们的中心分别在 $x = a/6$，$x = a/2$ 和 $x = 5a/6$，意味着在这三处附近发现粒子的几率最大。更一般地说，第 $n-1$ 激发态有 $n-1$ 个节点，波函数模的二次方在区间 $0 \leqslant x \leqslant a$ 形成 n 个倒扣的钟。随着 n 的增大，钟的个数越来越多。如果把势阱的范围分成 m 个相等的小区间，只要钟的个数 n 充分大于小区间的个数 m，在每个小区间里找到粒子的几率将趋于相同。回顾本章开始讨论过的经典势阱的情况，可以看出，高能级情况下量子力学极限与经典粒子的结果趋于一致。

对定态问题作个小结。如果量子力学三阶段论的第一阶段里粒子处于定态，那么在第二阶段里，波函数的模不随时间变化，幅角会作周期性变化。第三阶段测量粒子位置的时候，尽管其空间分布是不均匀的，但是在任何位置找到粒子的几率都不随时间变化。对大量相同能级粒子进行测量，会发现粒子的几率密度分布具有若干个倒扣的钟形。

3.4 本征态和叠加态

算符 (operator)、本征态和叠加态都是量子力学的重要概念，它们与数学理论密切相关。本节用不很严格的语言介绍一下这些概念，力求避免涉及过多的数学工具。

在量子力学中，每一个物理量，包括坐标、动量和能量等，都需要用一个算符表示，所有物理量的计算都要通过其特定算符完成。在所有物理量之中，能量是一个特殊的物理量，对应着系统总能量的算符称为 "哈密顿算符"(Hamiltonian)。哈密顿算符本征态相应的本征值就是能级。如果测量某个系统的能量之前，系统已经处于能量的本征态，再次测量能量，测量结果就是完全确定的，系统仍然保持在该本征态，测到的能量仍然是该本征值。例如，3.3 节讨论的基态和激发态，都是哈密顿算符的本征态。对一个处于基态的粒子，在测量它的能量时，所得的结果总是基态能量；对于第一激发态的粒子，测量它的能量时，所得的结果总是第一激发态能量；等等。本征态的概念不仅可以用于能量，还可以用于坐标、动量和角动量 (angular momentum) 等其他物理量。把粒子动量本征值为 p_A 的本征态记为 $\xi(p_A)$，把动量本征值为 p_B 的本征态记为 $\xi(p_B)$，等等。如果在粒子处于 $\xi(p_A)$ 态的时刻测量它的动量，所得的结果就一定是 p_A。如果在粒子处于 $\xi(p_B)$ 态的时刻测量它的动量，所得的结果就一定是 p_B。但是，与能量本征态不同，动量算符的本征态通常不是定态。在某时刻处于状态 $\xi(p_A)$ 的粒子，在其他时刻就可能不再处于该状态，测量它的动量所得的结果就可能不是 p_A。

　　叠加态是量子力学中极其重要的概念。在第 1 和第 2 章讨论一维势垒和双缝干涉的时候已经用到 "叠加" 这个词，但没有作解释。量子力学里两个状态的叠加态，在数学上就是这两个波函数的线性组合 (即每个波函数各乘以一个系数然后加在一起并且归一化)，但是在物理上，叠加态意味着一个新的量子力学状态 [8]，许多看来很新奇的量子力学现象常常可以从叠加态得到解释。例如，在第 2 章已经看到，在空间某处，两个波函数的叠加可能因为相位一致而使振幅加大，但在空间另一处，两个波函数却可能因为相位相反互相消减，于是叠加态显示出干涉现象。计算由两个定态构成的叠加态波函数的时间演化，不需要重新求解薛定谔方程，只要利用已经掌握的两个定态波函数的时间演化，就可以计算出叠加态波函数的演化行为。具体地说，就是在任何时刻，叠加态的波函数等于该时刻两个定态波函数的线性组合。

　　本节以下部分主要讨论基态和第一激发态的叠加。把基态波函数写成 ψ_1，把第一激发态波函数写成 ψ_2，它们都是薛定谔方程的解。薛定谔方程是线性的，线性方程的解具备可叠加性质，即方程任何解的线性叠加仍然是该方程的解。所以这两个波函数的线性组合

$$\psi = c_1\psi_1 + c_2\psi_2$$

也是薛定谔方程的解，ψ 就是基态和第一激发态的一个叠加态。这里 c_1 和 c_2 都是任意复数，它们都不随时间变化。由于前面说过的原因，波函数描述的是几率幅，如果把两个系数 c_1 和 c_2 同时扩大相同的倍数，波函数所描述的是同一个状态。所以我们可以通过同时放大或缩小这两个系数的值，使它们满足归一化条件 $|c_1|^2 + |c_2|^2 = 1$。在波函数的两项之中，每一项都是一个能量本征态波函数与一个系数的乘积，分别为 $c_1\psi_1$ 和 $c_2\psi_2$。

　　在基态和第一激发态的叠加态中，如果选择系数 c_1 和 c_2 相等，就可以得到一个叠加态

$$\psi_L = \frac{1}{\sqrt{2}}(\psi_1 + \psi_2)$$

式中这个叠加态的波函数已经归一化。ψ_1 和 ψ_2 的实部和虚部的时间演化已经显示在图 3.4 和图 3.5 中。由此不难得到叠加态波函数 ψ_L 的实部、虚部的时间演化，见图 3.6 上面一行的七个图。请读者注意，叠加态的几率密度 (即模的二次方) 并不等于每个定态几率密度之和，而应当是叠加态波函数的实部二次方和虚部二次方之和。叠加态的几率密度在半个周期里的演化，已经归纳在图 3.6 下面一行的七个图中。

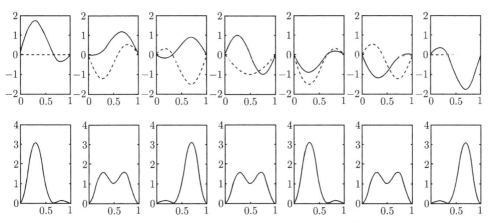

图 3.6 上面一行是"初左态"波函数的实部 (实线) 和虚部 (虚线),下面一行是"初左态"的几率密度。相邻两个图之间的时间间隔是第一激发态波函数变化周期的 1/3,也就是基态波函数变化周期的 1/12。这个状态几率密度的变化周期是基态波函数变化周期的 1/3,所以这个图显示了"初左态"变化的 1.5 个周期

在三阶段论的第一阶段,设想在势阱中有一个处于 ψ_L 的粒子。在初始时刻,基态和第一激发态的虚部都是零。除了个别点之外,基态的实部在势阱各处都是正的,而第一激发态的实部在势阱的左半边为正,右半边为负。基态和第一激发态的波函数相加的结果是叠加态波函数的实部的绝对值在势阱的左边比右边大得多,所以波函数模的二次方主要分布在势阱的左半边。这意味着,在初始时刻,粒子有较大的几率在势阱的左半边被发现。我们称这个叠加态为"初左态",图 3.6 上面一行的第一个图就是这个状态,它的波函数 ψ_L 用下标 L 标记。

这个几率密度集中在左边的初始状态不会长久地保持下去。在三阶段论的第二阶段,叠加态波函数会按照薛定谔方程演化,造成叠加态几率密度随时间变化。从图 3.6 里下面一行的七个图可以看出,最可能找到粒子的位置会左右摇摆:最初在势阱内从左向右漂移,又回到左边,然后再移到右边,不断往返。注意到基态的演化周期是第一激发态的四倍,所以叠加态波函数的周期应当与基态的周期相等,就是 T_1。图中相邻两个波形之间的时间间隔是 $T_1/12$。经过 $T_1/12$ 之后,几率密度的分布从势阱的左半边的单峰改变为左右各占一半,再经过 $T_1/12$ 之后,几率密度的分布几乎都移到势阱的右半边。如果再经过 $T_1/6$,几率密度的分布又基本上移到势阱的左半边,回到初始状态。所以,几率密度的变化周期并不等于波函数的变化周期,它是

$$T = \frac{T_1}{3}$$

附录 D 中的第二部分给出了这个结果的严格证明。由于叠加态的几率密度的分布随时间变化,所以在三阶段论的第三阶段测量粒子位置时,在势阱内某个位置找到

粒子的几率也随时间变化。有的时候在势阱左半边发现粒子的几率较大，有的时候在势阱右半边发现粒子的几率较大。图 3.6 给出了这一变化的大概规律。

从基态和第一激发态组成的叠加态中，如果选择系数 $c_1 = -c_2$，那么可以得到另一个叠加态

$$\psi_{\mathrm{R}} = \frac{1}{\sqrt{2}} \left(\psi_1 - \psi_2\right)$$

这个叠加态的波函数也已经归一化了。与 "初左态" 的区别是，它的几率密度的初始分布集中在势阱的右半边，经过 $T_1/12$ 之后，几率密度的分布从势阱的右半边的单峰改变为左右各占一半，再经过 $T_1/12$ 之后，几率密度的分布完全移到势阱的左半边。这个叠加态可以称为 "初右态"，并且在它的表达式 ψ_{R} 里用下标 R 标记。这个叠加态的时间演化与 "初左态" 类似，就不再详细讨论了。

3.5   波   包

讨论到现在，有一个话题一直被回避了，就是对于已知处在某个位置的粒子如何写出初始波函数。在三阶段论的第一阶段，假设实验装置企图把粒子放在势阱里大约 $x = a/5$ 的位置。一个微观粒子不可能精确地放在某个位置，它只能放在某个位置附近的一定范围内，即初始波函数局限在 $x = a/5$ 附近的小范围内。从 3.4 节已经看到，两个定态相叠加得到的 "初左态" ψ_{L} 所描述的粒子位置的几率集中在势阱的左半边。如果用这个波函数描述初始状态，描述几率密度的曲线占据了较宽的分布范围，这意味着可以找到粒子的位置几率分布范围较大，粒子的初始位置不很确定，不能被局限在 $x = a/5$ 附近的小范围内。

是否可以得到更加精确地局限在 $x = a/5$ 附近小范围内的几率密度分布呢？可以，但是必须使用更多数目的定态波函数来构造叠加态。图 3.7 显示了一个例子，这个叠加态是由能量最低的 20 个定态所组成的。在初始时刻，波函数的模平方几乎都集中在 $x = a/5$ 附近。这种分布在空间很小范围的叠加态波函数，通常称为 "波包"(wave packet)，图 3.7 描述了这个波包的时间演化。图中相邻的两个波形之间的时间间隔是 $T_1/1200$。在开始演化的短暂时间间隔里，波包位置可能会漂移，波包形状也会逐渐散开。在经过这段短暂时间之后 (大约基态一个周期 T_1 的 0.4%)，由于描述波函数模的二次方的曲线变得相对宽阔，波包的概念就不再适用了。

图 3.7 显示的这个由能量最低的 20 个定态所组成的叠加态，仍然是周期变化的。尽管其几率密度变化的周期很长，但仍然是有限的，在经历了足够长时间之后仍然会恢复到出发时的波包。如果初始状态的波包是由无穷多的定态所组成，它的几率密度变化周期就可能变得无穷大，这时系统就不再有机会恢复到初始状态了。

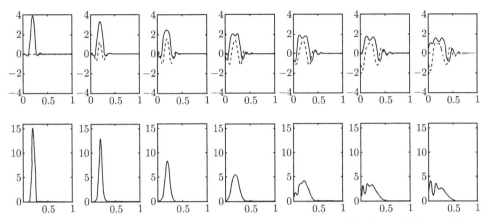

图 3.7 由能量最低的 20 个定态构建的波包。上面一行是波函数的实部 (实线) 和虚部 (虚线)，下面一行是几率密度。图中相邻的两个波形之间的时间间隔是基态波函数变化周期的 1/1200

"波包" 的概念在量子力学中十分重要。关于波包，朗道 (Lev Davidovich Landau) 曾做过如下论述 [4]：

> 为了得出沿确定轨道的运动，我们必须从特殊形状的波函数出发，这种波函数只在一个很小的空间范围内才显著地不等于零 (称之为波包)；这个空间范围的尺度必须随 $\hbar$ 一起趋于零。然后我们才能说，在准经典情形下，该波包在空间将沿质点的经典轨道运动。

在量子力学三阶段论的第一阶段中，如果制备的粒子具有较精确的初始位置，就可以用适当的波包来描述它，并且在第二阶段中利用薛定谔方程来计算这个波包的演化。在波包很狭窄的条件下，薛定谔方程计算的结果表明，波包的峰值 (或称 "最可几值"，即粒子最可能被发现的位置) 随时间的变化，与经典力学所计算的轨道十分接近。换句话说，量子力学里预言的波包传播的速度与经典力学预言的粒子速度基本一致，量子力学里预言的波包峰值所走的轨道与经典力学预言的轨道差不多是重合的。但是，波包的宽度可能随时间扩散，如果波包变得十分平坦，波包峰值所走的轨道与经典力学预言的轨道就会明显不同。从纯数学的角度看，波包扩散的快慢与普朗克常量有关：普朗克常量越小，波包的扩散就越慢。在普朗克常量为零的假想情况下，波包是不会扩散的。只要波包在量子力学三阶段论的第二阶段过程中没有明显扩散，第三阶段的测量就会发现粒子大致就在经典力学预言的位置附近。所以，在波包可以足够精确地描述粒子位置的条件下，经典力学可以看成是量子力学在普朗克常量趋于零时的极限。

波包的概念在量子力学和经典力学之间架起了一座桥梁。但是，必须强调，波包本身不是粒子，波包是分布在空间狭窄区域里的波函数。波包可以扩散，但是粒子不会扩散。波包的扩散反映了一个事实，就是初始时刻位置较为确定的粒子，在运动中的位置会变得越来越不确定。如同在第 1 章讨论宏观粒子的势垒穿透问题时强调过的那样，量子力学是精确的，经典力学最多不过是在一定条件下的一种近似。不要因为经典物理与量子力学在某些情况下预言了相同的结果，就忽视了两者在理论上的根本区别。所谓 "经典近似" 可以适用，是说计算结果近似正确，但是并不意味着经典直观逻辑可以适用。无论经典近似是否适用，经典直观逻辑在理论上都是与量子力学不相容的。

3.6   一维双–方势阱的定态

在一维势阱模型里，势阱的底部是平坦的，不存在任何势能可以限制粒子在势阱中移动。现在考虑量子力学的一维双–方势阱 (或称 "双–方阱势"，double square well potential) 模型，它包含两个方势阱，这两个势阱被一个有限高度的势垒隔开。在经典力学里，如果粒子的能量低于中间势垒的高度，由于势垒阻碍了粒子的运动，处于势垒左边的粒子不能移到右边，处于势垒右边的粒子也不能移到左边。按照第 1 章讨论过的一维势垒的结果，我们可以想象，在量子力学里，即使粒子的能量低于势垒的高度，粒子仍然可以穿透势垒在两个势阱中运动。现在就来研究粒子是如何从势垒的一边穿透到另一边去的。

一维双–方势阱模型可以这样构造：先在区间 $-L \leqslant x \leqslant L$ 构造一维无限深方势阱，然后在其中 $-a \leqslant x \leqslant a(a < L)$ 处构造一个高度为 V_0 的势垒。所以，在从 $x = -L$ 到 $x = -a$ 范围以及从 $x = a$ 到 $x = L$ 范围内势能为零，在 $-a \leqslant x \leqslant a$ 范围内势能为 V_0，而在 $-L \leqslant x \leqslant L$ 范围之外势能无穷大，见图 3.8。这样系统中

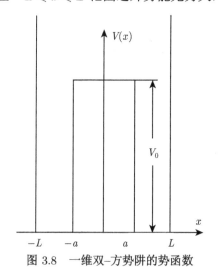

图 3.8   一维双–方势阱的势函数

的微观粒子的状态仍然一定是束缚态。这个例子在一些教科书里已经提到 [1]，也有作者写论文专门讨论 [23]。

这里只讨论一维双–方势阱模型的一个特例。设粒子的质量为 m；以 L 为长度单位，$a = L/2$；以 $\hbar^2/(mL^2)$ 为能量单位，并且假定中央势垒的高度为 $V_0 = 100\hbar^2/(mL^2)$。对于这个特例，经过计算 (见附录 E 第一部分) 可以得到基态和第一激发态的能量分别是

$$E_1 = 15.050177625\frac{\hbar^2}{mL^2}$$

$$E_2 = 15.050207335\frac{\hbar^2}{mL^2}$$

(3.4)

这两个能级非常接近，它们四舍五入后的前六位有效数字都相同，两个能级之差不超过基态能量的 0.0002%。与势垒高度相比，能量 E_1 和 E_2 都是很低的，所以粒子的运动几乎完全被束缚在两个势阱之内，能够进入中央势垒的几率可以忽略。以 $mL^2/\hbar$ 为时间单位，这两个本征态波函数的变化周期分别是 (计算过程见附录 E 第一部分)

$$T_1 = 0.41748164443\frac{mL^2}{\hbar}$$

$$T_2 = 0.41748246856\frac{mL^2}{\hbar}$$

(3.5)

两个本征态的波函数仍然可以写成空间因子和时间因子的乘积。空间因子的波形如图 3.9 所示，图中横坐标以 L 为长度单位。基态波函数是关于势阱中心轴对称的，而第一激发态波函数是关于势阱中心轴反对称的。

量子力学中许多系统都具有多个状态，但是在具体问题中常常只考虑其中有限的几个状态。最简单的多状态系统是双态系统 (two state system)，就是具有两个状态的系统。费曼 (Richard Phillips Feynman) 在讨论氨分子的时候，就曾经把它看成是双态系统，只考虑两种可能的状态 [2]。对于一般的双–方势阱系统，束缚态不止有基态和第一激发态这两个能级，但是这两个能级远低于其他能级的能量，因此只要粒子的能量不高，就会有很大的几率处于这两个能级，而处于其他高能级的几率很小 [1]。本书之所以讨论双–方势阱模型，目的不是要深入研究这个模型的所有细节，而是借这个模型讨论量子力学的一些基本概念，所以本书对双–方势阱的讨论，除了本章的思考题之外，都只限于这种双态系统近似，即假定粒子只处于这两个能级。

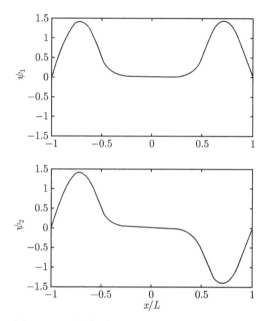

图 3.9   双–方势阱的基态和第一激发态波函数

3.7   一维双–方势阱的叠加态

在 3.6 节所说的这种双态系统近似的双–方势阱里，不论粒子处于基态还是第一激发态，粒子在中央势垒左右两边的几率大致相同。但是，如果考虑两个状态的叠加态：

$$\psi_L = \frac{1}{\sqrt{2}}(\psi_1 + \psi_2) \tag{3.6}$$

$$\psi_R = \frac{1}{\sqrt{2}}(\psi_1 - \psi_2) \tag{3.7}$$

就会发现处在 ψ_L 状态的粒子位于中央势垒的左边，而处在 ψ_R 状态的粒子位于中央势垒的右边，如图 3.10 所示。

假定波函数开始处于 ψ_L 状态，粒子就位于中央势垒的左边。与一维势阱模型的情况类似，尽管 ψ_1 和 ψ_2 这两个状态的几率密度不随时间演化，作为叠加态的 ψ_L 的几率密度却会变化。对于初始状态为 ψ_R 的情况，也有类似结果。假定左右两个势阱的宽度很窄，例如只有 0.0001 厘米，那么三阶段论的第一阶段制备粒子的初始状态时，尽管不能精确地确定粒子的位置，也还可以确定粒子处于势垒左边的势阱或者势垒右边的势阱。不妨假定粒子的初始位置在左边。图 3.11 显示的是量子力学三阶段论第二阶段里波函数的变化。在第三阶段里测量粒子位置的时候，就要用某种适当的观测仪器。由于左右两个势阱的宽度都很窄，而我们的观测仪器分辨率是有限的，只能分辨出粒子是在左边、右边或者中间。在初始时刻，几率密度全部集中在势垒的左边。附录 E 第二部分计算得到，ψ_L 状态和 ψ_R 状态几率密度变化的周期都是

$$T = 2.1148 \times 10^5 \frac{mL^2}{\hbar} \tag{3.8}$$

这个周期大约是两个本征态的变化周期的 50 万倍，所以 ψ_L 状态和 ψ_R 状态的几率密度变化极为缓慢。希望读者注意到，它们都是 ψ_1 和 ψ_2 这两个定态的叠加态，(3.4) 式反映出两个定态的能级十分接近。在 4.3 节讨论能量–时间不确定度关系时将会看到，叠加态的变化周期长短是与组成该叠加态的两个能级的差别密切相关的。图 3.11 展示了 ψ_L 状态的实部、虚部以及几率密度在初始半个周期 $(T/2)$ 内的演变，图中每两个相邻状态之间的时间间隔为 $T/12$。尽管 ψ_L 状态的几率密度变化的周期是 T，但是它的实部和虚部变化的周期都不是 T。

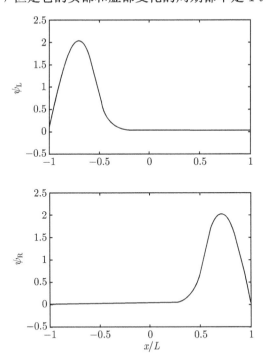

图 3.10   双–方势阱的基态和第一激发态叠加组成的左态波函数 ψ_L 和
右态波函数 ψ_R 的初始状态

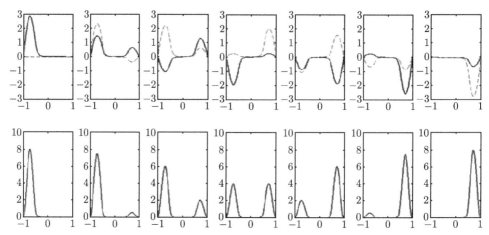

图 3.11　　开始处于 ψ_L 状态的波函数在半个周期内的演变。注意它的变化周期很长，大约是基态和第一激发态振荡周期的 50 万倍

　　粗略地说，波函数相同的大量系统的集合，量子力学里可以称之为系综 (ensemble)，但是这里不谈论系综的严格定义。例如，具有相同初始条件 ψ_L 的大量双–方势阱系统就构成一个系综。对这个系综内的所有系统逐一测量，就必然发现每个系统里的粒子都处于势垒的左边，不可能在右边，也不可能在中间。如果在经过 $T/12$ 之后才对这个系综内所有系统逐一测量，将会发现几率密度在势垒两边各占一部分，例如，左边占 93.3%，右边占 6.7%。但是在对任何一个系统的测量中，只能在某一边找到粒子，不可能同时在两边发现粒子。随着时间的演化，几率密度逐渐移到势垒的右边，但是在中间部分密度始终几乎为零。如果在不同时刻对一个系综内的所有系统逐一测量，图 3.11 中 7 个瞬间的几率密度分布就会体现在测量结果的粒子数分布上，反映了几率密度逐渐向右边移动。

　　根据附录 E 第三部分的计算，测量的结果如表 3.1 所示。如果把半周期 $T/2$ 称为粒子从势垒左边穿透到势垒右边所需的时间，对于质量为 $m = 9.109 \times 10^{-28}$ 克的电子来说，假定 $L = 10^{-4}$ 厘米，那么

$$(T/2)_{\text{电子}} = 0.0018 \text{ 秒}$$

即 1.8 毫秒。但是，如果粒子是一个细小的沙粒，质量为 10^{-13} 克，仍然假定 $L = 10^{-4}$ 厘米，那么它从势垒左边穿透到势垒右边所需的时间就是

$$(T/2)_{\text{沙粒}} = 2.0055 \times 10^{11} \text{ 秒}$$

即大约 6000 年。可以想象，一个电子似乎自由地穿梭于双–方势阱里面势垒的左右，但是一粒沙子事实上就被限制在势垒的一边。这个例子再次显示出，量子力学

既适用于微观粒子,也适用于宏观粒子,宏观世界与微观世界之间没有不可逾越的鸿沟。对于宏观粒子而言,量子力学所得到的结果与经典物理学常常是一致的。

表 3.1 在 7 个瞬间测量粒子的位置

观察时间	系综内系统的数目	在左边发现粒子的系综平均数目	在中间发现粒子的系综平均数目	在右边发现粒子的系综平均数目
0	1000	1000	0	0
$T/12$	1000	933	0	67
$T/6$	1000	750	0	250
$T/4$	1000	500	0	500
$T/3$	1000	250	0	750
$5T/12$	1000	67	0	933
$T/2$	1000	0	0	1000

3.8 先后两次测量不同的物理量

从量子力学的原则上讲,测量是测量者获取被测系统信息的唯一手段。如果通过测量知道粒子能量为 E_1,那么测量后该粒子就处于能量的本征态。再次测量该粒子的能量,一定会再次得到能量为 E_1 的结果。这种情况下,即使没有再次测量,也常常简单地说"该粒子具有能量 E_1",或者"该粒子的能量是 E_1"。这样说的含义是,只要测量这个粒子的能量,结果一定是 E_1。类似地,如果一个粒子处于动量的本征态,动量是 p_1,立即再次测量其动量一定得到相同的动量,于是也可以说,"此刻该粒子的动量是 p_1"。

在有些情况下,粒子的状态可以是两个物理量共同的本征态。在量子力学中明显的例子是,沿 x 轴的动量 p_x 与沿 y 轴的动量 p_y 就可以有共同的本征态。对于 p_x 与 p_y 共同的本征态,先测量 p_x 后测量 p_y,或者先测量 p_y 后测量 p_x,都不会改变测量结果。在量子力学中称这样两个物理量可以对易。量子力学中,并不是任何两个物理量都是可以对易的。如果两个物理量可以对易,这两个物理量就可以同时具有确定的值,也就能同时回答两个物理量的数值是多少的问题。反之,如果两个物理量不可以对易,这两个物理量就不会同时具有确定的值,也就不能同时回答两个物理量的数值是多少的问题。

以前面讨论的双–方势阱模型为例,其中粒子的能量和它的坐标就是不可对易的两个物理量,如果在 $t = 0$ 时刻的测量在势垒的左方找到粒子,那么粒子就处于如下状态:

$$\psi_{\mathrm{L}} = \frac{1}{\sqrt{2}}\left(\psi_1 + \psi_2\right)$$

在接下来的时间内,波函数就会以此为初态,遵守薛定谔方程演化。应当注意,尽管在位置测量之后，在势垒的左边或右边发现了粒子，对粒子的位置有确切的了解，但是并不知道粒子处于哪个能级。

　　如果对于处在 ψ_L 状态的粒子测量能量，会得到什么结果呢？量子力学的测量结果取决于每个本征态在波函数中所占的份额。ψ_L 状态的波函数由两项能量本征态组成，其中 ψ_1 和 ψ_2 分别是属于能量本征值 E_1 和 E_2 的本征态，这两项的系数都是 $1/\sqrt{2}$，所以发现能量为 E_1 和 E_2 的几率都是 $(1/\sqrt{2})^2 = 1/2$。如果测量结果能量是 E_1，那么系统的状态就成为 ψ_1。反之，如果测量结果能量是 E_2，那么系统的状态就成为 ψ_2。不妨假定测量结果是 E_1，即粒子处于状态 ψ_1。这时，通过测量能量，可以对粒子的能量大小有确切的了解。

　　但是，测量粒子的能量之后，粒子处于什么位置呢？持经典物理观点的人们相信粒子仍然在势垒的左边，因为在测量能量之前已经测量过位置了，不需要重新测量。但是，在量子力学中，为了讨论处于状态 ψ_1 的粒子的位置，需要把 $t = 0$ 时刻的波函数 ψ_1 写成"初左态"ψ_L 和 "初右态"ψ_R 的叠加态。从 (3.3) 式和 (3.4) 式可以得到

$$\psi_1 = \frac{1}{\sqrt{2}}\left(\psi_L + \psi_R\right)$$

也就是说，粒子处于 ψ_L 和 ψ_R 的几率各占一半，如果现在再测量粒子位置，在势垒的左边和右边找到粒子的几率各占 50%。一旦通过测量发现粒子的位置，它就处于 ψ_L 和 ψ_R 二者之一，这时粒子就不再有确定的能量了。

　　以上讨论的从 ψ_L 开始先测量能量再测量位置的全部过程可以划分为两个三阶段论，简要地总结在表 3.2 中。

表 3.2　　先测量能量后测量位置的两个三阶段论

第一阶段	如果在 $t = 0$ 时刻的测量在势垒的左方找到粒子，那么粒子就处于状态 ψ_L
第二阶段	按照薛定谔方程演化，几率密度会随时间变化，因为它不是定态
第三阶段	(也是下一个三阶段论的第一阶段) 测量粒子能量，得到 E_1 或 E_2，于是波函数坍缩为 ψ_1 或 ψ_2，不妨假定为 ψ_1，它就是下一个三阶段论的初始条件
第二阶段	按照薛定谔方程演化，保持本征态 ψ_1，因为它是定态
第三阶段	测量粒子位置，得到 ψ_L 或 ψ_R

3.9　对于量子力学三阶段论的一些注释

　　通过对于一维无限深势阱模型和双–方势阱模型的讨论，可以对量子力学三阶段论的内容作以下三点补充。

　　首先，第二阶段里波函数的演化与初始条件是定态还是叠加态有关。如果第一阶段准备的初始条件是定态，即哈密顿算符的本征态，那么粒子的几率密度分布将

不随时间改变。如果初始条件不是定态, 例如它是坐标算符的本征态, 初始波函数就可以写成若干个定态的叠加, 波函数的时间演化就可以从每个定态的时间演化叠加得到。如果初态是一个在空间里的狭窄的波包, 那么波包最可几位置的运动就近似满足经典力学方程。但是波包会逐渐扩散, 意味着粒子将会在越来越大的范围内被发现, 从而越来越偏离经典力学的结果。

其次, 关于第三阶段的测量过程, 第 1 和第 2 章只谈到测量会改变波函数, 并且结束整个过程的三阶段论。从本章的讨论看到, 测量之后波函数仍然存在, 所以一个新的三阶段论可以接着开始。如果第二阶段结束前的瞬间, 波函数是能量的若干个本征态的叠加, 那么对能量的测量会使得波函数坍缩到哈密顿算符的某个本征态, 于是量子力学的三阶段论对于这个特定的过程就结束了。如果哈密顿算符的这个本征态继续存在, 它可以作为新的过程的初始条件 (第一阶段), 这个新的初始波函数将按照薛定谔方程演化 (第二阶段), 继续保持哈密顿算符的这个本征态。如果让粒子通过一个狭缝, 就相当于对这个状态测量位置 (第三阶段), 那么波函数又会坍缩到新的状态, 这个过程的第三阶段结束了。穿过狭缝后波函数继续存在, 这个波函数又可以成为下一个过程的初始状态。所以一个过程的第三阶段可能就是下一个过程的第一阶段, 一个接一个的一连串过程可以看成是由第一阶段 (记为 1) 开头, 然后交替出现第二阶段 (记为 2) 和第三阶段 (记为 3) 的系列, 即 1-2-3-2-3-2-3-⋯ 直至全过程结束。

最后, 交替测量两个不可对易的物理量, 不一定会重复相同的结果。这里再次显示了量子力学与经典力学的分歧。在经典力学中, 通过位置测量可以知道粒子在哪里, 通过能量测量又可以知道粒子的能量, 所以可以同时知道粒子的位置和能量。但是, 在这个量子力学双-方势阱模型中, 一旦测量了粒子的位置, 它的状态就是两个能量本征态的叠加, 粒子就没有确定的能量。如果接着测量粒子的能量, 它的状态就变成能量的本征态, 它的状态就是 "左态" 和 "右态" 两个状态的叠加, 它的位置就不确定了。提请读者注意, 这里所说的多次测量, 每次测量都是对同一个系统依次进行的, 测量的可能是同一个物理量, 也可能是不同的物理量。这种 "依次测量" 能够造成一个接一个的 "2" 和 "3" 的交替过程。这一点与第 1 和第 2 章的多次测量有所不同。在第 1 章讨论一维势垒问题和第 2 章讨论双缝干涉问题的时候也提到过多次测量, 那里强调了每一次测量针对先后发出的不同粒子, 或者说是针对一个系综里的每一个系统, 而且每次测量的都是同一个物理量。

阅读一本量子力学的教科书, 会发现书上大部分内容都在讨论定态波函数是什么样子, 叠加态又如何演化, 演化过程中什么物理量守恒, 等等, 而且列举的许多习题都是求薛定谔方程在各种初始条件及各种边界条件下的解, 包括精确解和近似解。这些都属于量子力学三阶段论的第二阶段。但是, 量子力学还包括第一阶段和第三阶段。有了第一阶段, 波函数才有初始条件。有了第三阶段, 波函数的演化结果才与观察的结果相联系。量子力学教科书里虽然通常以较少的篇幅谈论这两段，但并不意味着它们不重要。第二阶段里求解薛定谔方程只是量子力学的一个部分，只有通过第一阶段和第三阶段才能把波函数与外部世界联系起来。

思 考 题

在经典力学中，处于双–方势阱中的粒子可以同时具有确定的能量 (如某个低能级或某个高能级) 和位置 (如中央势垒的左边或右边)。在量子力学中，一个处于双–方势阱中的粒子有可能同时具有近似确定的能量和位置吗？

第 4 章　量子力学中的物理量

本章讨论物理量的平均值、均方根差，以及与此相关的守恒定律、不确定度关系和玻尔互补原理。这些都是量子力学的重要而且基本的内容。由于这些概念都关系到量子力学三阶段论的第二阶段与第三阶段交接时发生的现象，因此集中在一起讨论。

第三阶段的测量结果是在第二阶段波函数的各本征态中以一定几率随机得到的，因此量子力学中的测量结果呈现不确定性。坐标–动量的不确定度关系，源自第二阶段里波函数在空间上的延展程度和它的波长不确定度之间的互相率制，而能量–时间的不确定度关系，源自第二阶段里波函数在时间上的持续程度和它的频率不确定度之间的制约关系。在第二阶段，无论是微观粒子或是宏观粒子，由于波函数遵循薛定谔方程，粒子能量的平均值一定满足能量守恒定律。但在第三阶段对单个系统实施测量时，粒子能量就可能违背能量守恒的约束，守恒定律仅仅在不确定度关系所限制的精确度范围内成立。

4.1　物理量的平均值和均方根差

在经典物理中谈到的物理量，如位置、速度、动能等，都是可以观察的，通过实验可以测定这些物理量 (在力学范围内的物理量也称为力学量)，所得的值都是实数。这些物理量在量子力学中也都是可以通过适当的经典仪器观察的。但是，在量子力学中存在着波函数以及其他一些不能直接测量的概念，这些无法测量的概念在理论上有助于预言实验结果。狄拉克的教材使用 "可观察量"(observable) 这个概念 [3]，它排除了不可以被测量的物理量，更加便于建立描述量子力学的严格的数学理论体系。通常量子力学教材都把 "物理量"(或 "力学量") 作为 "可观察的物理量 (力学量)" 来使用，只有在特别强调 "是否可观察" 的时候，才使用 "可观察量" 或 "不可观察量" 的说法。

前面已经说过，在量子力学三阶段论的第二阶段，量子力学可以提供的关于系统的信息仅限于波函数，通常无法预测对任何一个物理量的每一次测量结果，除非波函数本身已经是这个物理量的本征态。但是，根据玻恩法则，波函数模的二次方可以解释为几率密度，所以量子力学仍然可以基于几率密度对测量结果的统计分布作一些预测。

在量子力学三阶段论的第三阶段，物理量的值要通过仪器来测量。这里所说的

"物理量",可以是粒子的坐标,也可以是粒子的动量、能量或者角动量等。为了确定粒子的位置,需要使用测量位置的仪器,而为了确定粒子的动量,需要使用测量动量的仪器,等等。总之,想要确定粒子的某个物理量的值,就必须使用相应的仪器。我们不打算讨论仪器的构造,只要假定这样的仪器存在即可。

如果已经知道一个系统的基态和第一激发态的波函数分别为 ψ_1 和 ψ_2,能量本征值分别为 E_1 和 E_2。对于处于基态和第一激发态的叠加态的系统,波函数可以写为

$$\psi = c_1\psi_1 + c_2\psi_2$$

假设上式已经归一化了,即 $|c_1|^2 + |c_2|^2 = 1$。按照量子力学原理,在测量该系统能量的时候,能够得到的结果只能是两个能量本征值 (E_1 或 E_2) 中的一个,而不是这两者以外的任何值。如果制备了大量系统 (即一个系综),它们都处于完全相同的叠加态,按照玻恩法则,在对每个系统的测量中,得到能量为 E_1 的几率是 $|c_1|^2$,得到能量为 E_2 的几率是 $|c_2|^2$。因此,在 N 次测量中,平均会有 $|c_1|^2 N$ 次得到 E_1,有 $|c_2|^2 N$ 次得到 E_2,所以能量的统计平均值 (average value) 是

$$\langle E \rangle = \frac{|c_1|^2 N E_1 + |c_2|^2 N E_2}{N} = |c_1|^2 E_1 + |c_2|^2 E_2$$

其中尖括号 $\langle\ \rangle$ 表示取平均值。可以把上述讨论推广一下。如果一个波函数由更多个 (有限数目或者无限多) 定态叠加而成,那么归一化波函数应当包括构成叠加态的所有定态,即

$$\psi = c_1\psi_1 + c_2\psi_2 + c_3\psi_3 + \cdots + c_n\psi_n + \cdots$$

每一项都是一个能量本征态波函数 ψ_n 与一个系数 c_n 的乘积,而这个系数 c_n 的模的二次方就表示在测量系统能量时测得能量为这个本征值 E_n 的几率。上面的式子可以紧凑地写为

$$\psi = \sum_i c_i\psi_i$$

其中的 $\sum_i$ 是指对所有本征态求和。如果测量的是粒子的位置,那么在某位置找到粒子的几率与波函数在这个位置的模的二次方成正比。其实,测量过程不限于测量位置,也可以测量动量、能量等。如果测量的是能量,那么经过测量发现粒子具有某个能量的几率,就与波函数按照能量本征态展开式中这个能量本征态的系数 c_n 的模的二次方成正比。如果测量发现能量是 E_n,那么系统的状态在测量后就坍缩到能量本征态 ψ_n。所以,对于这个由许多本征态组成的叠加态,测量能量所得到的平均值应当是

$$\langle E \rangle = |c_1|^2 E_1 + |c_2|^2 E_2 + |c_3|^2 E_3 + \cdots + |c_n|^2 E_n + \cdots$$

或者紧凑地写为

$$\langle E \rangle = \sum_i |c_i|^2 E_i$$

还可以进一步计算 E^2 的平均值:

$$\langle E^2 \rangle = \sum_i |c_i|^2 E_i^2$$

由于每次测量能量所得到的结果未必是其平均值,可以计算每次测量结果与平均值的偏差 $E_i - \langle E \rangle$,这个结果可正可负。为了对测量结果的精确程度有定量的刻画,可以计算 $E_i - \langle E \rangle$ 平方的平均值的平方根 (即均方根差, root mean square error):

$$\Delta E = \sqrt{\sum_i |c_i|^2 \left(E_i - \langle E \rangle \right)^2} = \sqrt{\langle E^2 \rangle - \langle E \rangle^2}$$

上面的讨论是对能量进行的。对其他物理量,可以类似地讨论,这里不再赘述。

本节的结论是,在量子力学中,根据第二阶段里波函数的信息,通常不能对一个物理量确切地预言每一次测量结果,但是可以预言对大量相同系统进行测量所得的平均值、二次方的平均值、均方根差以及其他统计性质。例外的情况是,如果波函数恰好是一个物理量的本征态,那么测量该物理量只能得到唯一结果,就是该物理量对应于这个本征态的本征值。

4.2 坐标–动量不确定度关系

在量子力学中,根据第二阶段里波函数的信息,不仅可以预言对大量相同系统进行物理量测量所得的平均值,还可以预言其均方根差,即测量结果在平均值附近的分布范围。

例如,要确定粒子在什么地方出现,就要使用一个可以测量粒子坐标的仪器。如果把归一化的波函数写成 $\psi(x)$,那么在 x 处发现粒子的几率就正比于 $|\psi(x)|^2$。如果在实验中制备了 N 个具有相同初始条件的粒子,测量发现这些粒子的坐标是 $x_1, x_2, \cdots$,每次测量的结果可以相同,也可以不相同,但是可以根据所有测量结果计算平均值和二次方的平均值:

$$\langle x \rangle = \frac{\sum_i x_i}{N}, \quad \langle x^2 \rangle = \frac{\sum_i (x_i)^2}{N}$$

从而计算均方根差:

$$\Delta x = \sqrt{\frac{\sum_i \left(x_i - \langle x \rangle \right)^2}{N}} = \sqrt{\langle x^2 \rangle - \langle x \rangle^2}$$

以上各式子里的 $\sum\limits_{i}$ 是指对所有 N 次测量结果求和。由于发现粒子坐标的几率分布是 $|\psi(x)|^2$，所以从理论上说，坐标的平均值和均方根差都是由波函数决定的，与测量手段无关。对于给定的量子力学系统，无论怎样改进测量方法也不可能缩小均方根差。换句话说，在使用最理想的测量仪器的时候，所得到的结果就是上面给出的均方根差 Δx。如果测量仪器不是理想的，就会引进额外的误差，测量结果的平均值可能偏离而均方根差将会更大。

假定在同样的实验中，为了确定粒子的动量是多少，就使用一个可以测量粒子动量的仪器。我们仍然不追问仪器的构造，只关心它可以测量粒子的动量。现在需要把粒子的波函数改写一下，波函数的自变量不再是坐标 x，而是动量 p。如果把归一化的波函数写成 $\xi(p)$，那么发现粒子动量为 p 的几率就正比于 $|\xi(p)|^2$。如果对于 N 个这样的粒子测量了动量 p，就有了 N 个测量结果 p_1，p_2，$\cdots$，p_N。于是也可以知道动量的平均值和动量二次方的平均值：

$$\langle p \rangle = \frac{\sum\limits_{i} p_i}{N}, \quad \langle p^2 \rangle = \frac{\sum\limits_{i} (p_i)^2}{N}$$

从而计算其均方根差：

$$\Delta p = \sqrt{\frac{\sum\limits_{i} (p_i - \langle p \rangle)^2}{N}} = \sqrt{\langle p^2 \rangle - \langle p \rangle^2}$$

以上各式子里的 $\sum\limits_{i}$ 仍然是指对所有 N 次测量结果求和。

在量子力学三阶段论的第二阶段，$\psi(x)$ 和 $\xi(p)$ 这两个波函数所描述的是同一个状态，只是表达形式不同。用量子力学的专业术语来说，它们是同一个波函数在不同 "表象" 的形式：$\psi(x)$ 是坐标表象的波函数，$\xi(p)$ 是动量表象的波函数。薛定谔方程可以精确预言波函数的所有细节。如果能发明一副 "魔镜"，戴上它就可以 "看见" 波函数，那么在坐标表象观察波函数时，就 "看到" 波函数 $\psi(x)$ 在每个位置的模和相位，在动量表象观察波函数时，又可以 "看到" 波函数 $\xi(p)$ 在每个动量的模和相位。问题在于，波函数不是 "可观察量"，它是 "看不见摸不着" 的，无法直接测量波函数在各处的模和相位，只能通过测量粒子的各种可观察量来了解它的状态。坐标测量得到的均方根差 Δx 来自以坐标 x 为自变量的波函数 $\psi(x)$，动量测量得到的均方根差 Δp 来自以动量 p 为自变量的波函数 $\xi(p)$。在量子力学教科书中，经常需要把波函数在坐标表象和动量表象之间变来变去，就是在用数学工具从不同的角度来研究波函数。这两个表象的波函数之间可以用一种称为 "傅里叶变换" 的数学工具联系起来。知道了 $\psi(x)$，就可以知道 $\xi(p)$；反过来也一样，知道了 $\xi(p)$，就可以求出 $\psi(x)$。

任何一段波的空间范围和波长之间有互相制约的关系。如果一段波只存在于相当有限的空间范围,它的波长就无法有效地被确定。反之,如果一段波有相当确定的波长,那么这段波就不得不占据很大的空间范围。作为波函数,它的波长越确定,它的空间范围就越宽阔;反之,波函数的空间范围越具有确定性,它的波长就越不确定。波函数的波长与粒子的动量又由德布罗意关系 (2.4) 式联系在一起,所以,在测量结果的均方根差 Δx 和 Δp 之间也存在某种重要的制约关系,那就是

$$\Delta x \cdot \Delta p \geqslant \frac{\hbar}{2} \tag{4.1}$$

这个关系式就是著名的 "不确定度关系"(uncertainty relation),是由海森伯 (Werner Heisenberg) 首先提出来的。不确定度关系不是对量子力学的一个额外假设,而是量子力学方程的内秉性质。

有人把坐标–动量不确定度关系说成 "测量坐标得到的结果越确定,测量动量的结果就越不确定"。有些读者看到这种说法可能会把 "不确定" 误解为 "测量误差",以为 "存在着客观的坐标和动量,对单个系统实施测量的时候,如果坐标的测量值越接近客观值,那么动量的测量值就越远离客观值"。实际上每一次测量坐标或者动量,都只能在波函数允许的数值范围内得到一个确切的结果而不可能得到许多不同的结果,所以得不到 "均方根差"。虽然不确定度关系是就单个系统的波函数而言的,但是 (4.1) 式里的均方根差是对于一个系综才能够测量出来的,或者说是对于一大批完全相同的粒子进行测量的结果。如果对系综里的各个粒子分别测量坐标的时候得到的结果比较接近,即均方根差很小,那么对系综里的各个粒子分别测量动量时,均方根差就会很大;反之,对于一个有确定动量的系综,多次测量所得到的动量都会互相接近,而多次测量坐标就会得到分散的结果。

例如,在宽度为 a 的无限深方势阱里,考虑处于基态的粒子的坐标 x 和动量 p。经过简单的计算可知 (计算过程在附录 D 第三部分给出)

$$\Delta x \cdot \Delta p = 0.1808\,\pi\hbar = 0.568\hbar > \frac{\hbar}{2}$$

显然满足不确定度关系。在构造波包的时候,波包越窄,参与构造波包的定态数目就越多,粒子的动量就越不确定。这个现象在宏观客体中没有被观察到,是因为普朗克常量 $\hbar$ 很小,即使 Δx 小到 10^{-10} 厘米,Δp 也只有大约 10^{-17} 克 · 厘米/秒,完全可以忽略不计。只有在微观粒子的世界中,这一关系的效果才突出地显露出来,并产生重要的物理效应。

4.3 能量–时间不确定度关系

除了坐标和动量的不确定度关系之外,能量与时间之间也有不确定度关系。对

这个不确定度关系, 存在一种误解, 认为时间测量得越准确, 能量就越不确定。这种认识会导致一个荒谬的结果: 只要时间可以非常精确地被确定, 能量就会由于不确定度关系而凭空出现。时间测量得越精确, 可以凭空出现的能量也就越大。但是, 这种认识违背了量子力学。事实上, 如果不考虑相对论效应, 在某一时刻用仪器测量系统的任何一个物理量, 就可以发现粒子处于该物理量的某个确定的本征态。例如, 实验者可以在 t_1 时刻测量粒子的坐标, 也可以在 t_2 时刻测量粒子的能量, 等等。在这里, 实施测量的时间总是确定的, 没有 "不确定度"。

在经典力学中的任何一种波动的持续时间和它的频率之间都存在紧密的制约关系。如果一段波有相当确定的频率, 它的波形就必须持续很长时间不变; 反之, 如果它持续时间很短, 或者它的波形在很短时间内就发生剧烈变化, 它的频率就很不确定。在量子力学中, 波函数的频率与粒子的能量是由德布罗意关系 (2.5) 式联系在一起的, 所以上述波函数的频率和时间之间的制约关系, 就表现为能量和时间之间的制约关系。在能量–时间不确定度关系中, 如何理解 "时间的不确定度" Δt 十分重要。以下结合具体例子对 "时间的不确定度" 作一些说明。

第一个例子, 可以把时间理解为 "某一事件发生的时间", 例如粒子经过空间某个位置 $x = x_0$ 的时间, 这是一个需要测量的物理量。为了验证能量–时间不确定度关系, 既需要测量电子的能量, 又需要测量电子到达探测器的时间。因为每次测量都会改变电子波函数的状态, 所以不能对同一个电子测量其能量和到达探测器的时间, 必须对一个系综里的不同系统分别测量这两个量。假设已经制备了这样一个系统。首先在 $x = x_0$ 处安装一个能量探测器 (这里不讨论探测器的结构, 只假定这样的探测器是存在的), 发射器发射 N 个电子, 把每个电子的能量分别记为 $E_i (i = 1, 2, \cdots, N)$, 就可以计算能量的平均值 $\langle E \rangle$ 和均方根差 ΔE。然后把 $x = x_0$ 的探测器换成时间探测器 (这里不讨论探测器的结构, 只假定这个探测器可以测量电子到达的时间), 再发射 N 个电子, 并且记录每个电子被探测器探测到的时间 (严格地说, 是电子从发射直至被探测到这段过程持续的时间间隔)$t_i (i = 1, 2, \cdots, N)$。从这些记录中又可以计算时间的平均值 $\langle t \rangle$ 和均方根差 Δt。可以发现, 得到的这些数据满足能量–时间不确定度关系:

$$\Delta E \Delta t \geqslant \frac{\hbar}{2}$$

在这个例子中, 时间 t 不是 "实验者测量电子能量的时间", 而是 "探测器探测到电子的时间"。从波函数的前锋抵达探测器开始, 到波函数完全通过探测器为止, 在这个持续过程中的任何时刻, 探测器都可能接收到电子。电子的能量越确定, 就意味着波函数包含的频率成分的分布越集中, 这列波持续的时间就越长, 于是探测器接收到电子的时间不确定度就会增大。反过来, 如果期望电子到达探测器的时间更加确定, 就要设法改进发射器, 使得被发射的电子的波函数成为非常短促的脉冲, 但是这样做又会使得波函数包含更宽阔成分的频率, 即电子的能量不确定度增大。

为了对能量–时间不确定度有比较定量的认识, 叮以回顾 1.5 节讨论过并且在附录 A 计算过的电子穿透势垒的例子。在那个例子中, 电子的动能是 1 电子伏特, 势垒的阈值是 2 电子伏特。假如 $\Delta E = 10^{-4}$ 电子伏特, 即电子初始动能的均方根差为 1 电子伏特的万分之一, 不难计算时间的不确定度是 $\Delta t \approx 3 \times 10^{-12}$ 秒, 大约一万亿分之三秒。因此, 附录 A 计算这个电子的穿透几率和反射几率时, 可以完全忽略能量–时间不确定度的限制, 把初始动能看成是精确的, 或者说, 可以把入射波函数看成是具有确定德布罗意频率和波长的平面波。至于在宏观粒子实验中的能量–时间不确定度, 其效应就更加可以忽略不计了。

作为第二个例子, 可以把时间的不确定度与系统状态的变化相联系。设想一个粒子处于一维无限深方势阱中的 "初左态"。它是基态与第一激发态的叠加态, 能量不确定度容易计算出来。由于在测量 "初左态" 的能量时, 有可能发现粒子处于基态, 也可能发现粒子处于第一激发态, 两种结果的几率各占 50%, 所以能量的均方根差为

$$\Delta E = \frac{3}{2}E_1 = \frac{3\pi^2\hbar^2}{4ma^2}$$

时间的不确定度如何理解呢? 从原则上说, 任何钟表都要依赖某种运动形态来度量时间。如果粒子处于定态, 其物理性质就永远维持不变, 即时间不确定度 $\Delta t \to \infty$, 它就不能用来制造钟表。从 3.4 节的讨论可以看出, 处于两个能级的叠加态的波函数, 其几率密度分布随时间作周期变化, 它就可以用来制造钟表。两个能级的差别越大, 变化周期 T_1 就越短, 这个钟表刻画时间就越精确。这个例子里, 时间的不确定度可以理解为 "系统的状态发生显著变化所需要的时间"。具体说来, 可以把 "发现粒子的最可几位置从势阱左边移到右边所需要的时间" 看成是 "系统的物理性质发生显著变化所需要的时间", 那么这个时间就是 $T_1/6$(图 3.6):

$$\Delta t = \frac{1}{6}T_1 = \frac{2ma^2}{3\pi\hbar}$$

因此满足不确定度关系:

$$\Delta E \Delta t = \frac{\pi\hbar}{2} > \frac{\hbar}{2}$$

类似于一维无限深方势阱的初左态, 在 3.6 节讨论一维双–方势阱的时候就曾注意到, 叠加态 ψ_L 的变化周期是与组成它的本征态 ψ_1 和 ψ_2 能级之差密切相关的。其中 "叠加态 ψ_L 的变化周期" 就大致可以看作 "物理量发生明显变化所需要的时间", 而 "组成该叠加态的两个能级之差" 就大致可以看作 "能量的不确定度"。由于两个能级非常接近, 所以叠加态的密度分布变化周期极长。当然, "物理量发生明显变化" 的说法是不严格的, 因为还没有定义什么叫做 "明显变化"。更严格的

说法是 "物理量的期待值变化一个标准差" 所需要的时间间隔 [12]。无论如何，只要 ΔE 很小，则所有物理量的变化都会非常缓慢。反过来，假如某一个物理量变化很快，能量必然相对不确定。

现在讨论最后一个例子，其中的时间不确定度可以被理解为 "粒子在某一状态的持续时间"，即 "粒子的寿命"。能量–时间不确定度关系可以在原子或原子核激发态的寿命问题上体现出来 [6]。以氢原子为例，处于较高能级的氢原子是不稳定的，它可以从较高能级跃迁到较低能级。实验中观察到的氢原子光谱就是跃迁过程中释放能量而形成的。这个频率由发生跃迁的能级之差决定。对每个氢原子而言，跃迁在何时发生，并不是确定性的。有的氢原子发生跃迁较早，或者说它在激发态上存在的 "寿命" 较短；有的氢原子发生跃迁较迟，或者说它在激发态上存在的 "寿命" 较长。研究表明，激发态原子的寿命有确定的分布，寿命短的原子多，寿命长的原子少。寿命的这个分布在数学上被称为泊松分布。泊松分布的均方根差与平均值相等。注意到激发态的平均寿命就是大量氢原子从较高能级跃迁到较低能级所用的平均时间，所以时间的均方根差就等于激发态的平均寿命。

假设已经制备了大量的激发态氢原子，它们在跃迁过程中就会发射一个 "脉冲" 信号，这个信号包含着大量光子。在实验中，这个脉冲信号在持续有限的时间之后，就变得很微弱以致可以被忽略了。在观察原子跃迁所释放的光谱时，光谱仪接收的光的持续时间就是这个脉冲信号的持续时间，我们把这个持续时间记为 τ。按照前面介绍的泊松分布的知识，对寿命的测量所得到的均方根差也大约是 $\Delta t = \tau$。既然光谱仪只接收到大约 $\Delta t = \tau$ 时间间隔的脉冲信号，这个波动的频率就不能精确地确定。假定它的均方根差是 ΔE，那么能量–时间不确定度关系可以表达为

$$\Delta E \Delta t \geqslant \frac{\hbar}{2}$$

这里 ΔE 就表现为光谱线的宽度。ΔE 越小，光谱线就越窄，原子在该激发态的寿命就越长，并且它向基态跃迁时间的不确定性就越大。在可见光波长范围内，原子跃迁的平均寿命是 $10^{-8} \sim 10^{-7}$ 秒，所以在观察原子跃迁所释放的光谱时，能量的均方根差大约是

$$\Delta E \geqslant \frac{\hbar}{2\Delta t} \approx 10^{-20} 尔格$$

在观察位于 5000 埃 (1 埃 $=10^{-8}$ 厘米) 的光谱线时，光谱线的宽度大约是 0.0001 埃 (即 10^{-12} 厘米)。由于实验设备中其他因素的干扰，实际观察到的光谱宽度远大于不确定度关系的限制，因此在计算光谱宽度时可以忽略时间–能量不确定度的效应。

在量子力学中，严格意义上的 "不确定度关系" 是指两个 "相关" 的物理量不可能同时确定。两物理量 "相关" 是指两者乘积具有作用量的量纲 (即普朗克常量的量纲)。更加广泛意义上的不确定度关系将在第 5 章讨论。

4.4 守恒定律和不确定度关系

　　说到这里，一些读者可能产生一个疑问：能量守恒定律规定了系统的总能量守恒，它的值就是完全确定的，但是能量–时间不确定度关系又说能量是不确定的，两者不是互相矛盾吗？这的确是一个很基本的问题，不仅是能量守恒定律，动量守恒定律 (law of conservation of momentum) 也会受到同样的质疑。

　　在深入讨论这个问题之前，有必要首先明确一个前提：不管是能量守恒还是动量守恒，对所讨论的系统本身都需要一定的限制条件。在理论上已经严格证明，各种守恒定律是时间对称性、空间对称性和其他各种对称性的反映，只有具备某种对称性的系统才遵守一定的守恒定律。换句话说，系统必须满足一定的条件，能量守恒定律和动量守恒定律才成立。为了行文简洁，在以下的讨论中，总是假定系统已经满足有关守恒定律所需条件。

　　朗道曾经用能量–时间不确定度关系讨论过受到微扰的量子力学系统能级跃迁问题 [4]。他说："通过两次测量来验证量子力学中能量守恒定律只有 $\hbar/\Delta t$ 数量级的精确度，其中的 Δt 为两次测量之间的时间间隔。" 经典力学里，在测量之前，能量及动量都已经被确定，测量只是把它们的值 "找出来" 而已，每次测量结果都必然满足能量守恒定律和动量守恒定律。至于量子力学中，测量之前它们的值未必已经确定，如果波函数是几个本征态的叠加态，测量结果就会从它们相应的几个本征值里随机地选取一个。从理论上已经可以严格证明，系统中全部粒子总能量的平均值是守恒的，但是平均值只有在多次测量之后才能得到，每次测量结果必然是在平均值上下浮动的，因此每次验证量子力学中的能量守恒定律只能够达到 "不确定度关系" 所规定的精确度。所以结论是：

　　　　在第二阶段，由于波函数遵循薛定谔方程，粒子能量的平均值一定满足能量守恒定律。但在第三阶段对单个系统实施测量时，粒子能量就可能违背能量守恒的约束，守恒定律仅仅在不确定度关系所限制的精确度范围内成立。尽管在每一次测量中，系统能量可能违背能量守恒，但是对大量系统测量结果的统计平均，则总是满足能量守恒定律的。

　　对于动量守恒定律，我们可以有完全类似的结论。

　　以一维无限深势阱为例。假定势阱中有一个粒子，测量前处于若干能量 $E_1, E_2,$ E_3 等本征态的叠加态，量子力学可以预言能量的平均值。在测量它的能量之后，它就会处于某个能量的本征态，而不再是若干个能级的叠加态。每次测量粒子的能量可能得到的结果是 E_1，也可能是 E_2 或 E_3，这些不同的结果都不是能量的平均值，但是它们都在能量的平均值附近上下浮动，其浮动范围则局限于 "能量–时间不确定度关系" 所规定的精确度之内。对于这样的一个系综来说，多次测量的结果，可以得到能量的平均值, 它是满足能量守恒定律的.

　　继续利用这个一维无限深势阱的例子来讨论动量守恒定律. 假定在测量它的能量之后, 发现它处于基态. 因为这是个定态, 它就会保持在这个状态, 其能量也就不会改变. 在这种情况下, 能量守恒定律是完全满足的. 根据量子力学预言, 它的动量的平均值是零. 考虑处于基态的大量系统所组成的系综, 对其中每个系统测量动量, 却会得到不同的数值, 有的系统测量到动量是向左方的 (动量为负), 有的系统动量却是向右方的 (动量为正), 因此每次测量动量不是严格守恒的, 对动量的测量结果始终维持在坐标-动量不确定度关系的精确度范围之内. 如果测量足够多的系统, 所得到的动量平均值是零, 因此在统计平均的意义上, 这个处于基态的一维势阱系统满足动量守恒定律. 所以, 在这个系统中, 能量守恒定律精确地被满足, 但是动量守恒定律只在坐标-动量不确定度关系的精确度范围之内成立.

　　那么, 在一个量子力学体系中, 能量守恒定律和动量守恒定律有可能同时精确地被满足吗? 注意到在坐标-动量不确定度关系里, 如果坐标的均方根差 Δx 很大, 动量的均方根差 Δp 就很小. 类似地, 在能量-时间不确定度关系里, 只要时间间隔 Δt 很大, 能量的均方根差 ΔE 就很小. 显然, 空间中自由运动的粒子恰好满足这样的条件. 自由粒子的波函数是无限空间中的平行波, 位置完全不确定, 波函数的时间延续性也是无限长的. 所以, 测量自由粒子的能量和动量时, 结果都是完全确定的. 在实验中, 只要波函数在很长时间里并且在空间很大的区域内保持平行波的形状, 就可以认为粒子的能量和动量都可以足够精确地被确定, 其每次测量结果也应当足够精确地满足能量和动量守恒定律.

　　以上讨论只限单个粒子的情况. 对于多粒子系统, 只要所有粒子都是相互独立的, 以上讨论仍然有效. 但是, 在第 7 章将讨论纠缠态, 处于纠缠态的粒子相互不独立. 至于处在纠缠态的两个粒子是否满足守恒定律的问题, 将在 7.6 节讨论.

4.5　玻尔互补原理

　　1927 年在意大利的科莫举行的国际物理大会上, 玻尔第一次提出了著名的 “互补原理”(complementar principle)[24]. 玻尔在这次大会上的报告被称为 “科莫演讲”. 在演讲中, 玻尔说: “我们不是在应对物理现象的互相矛盾的图像, 而是在应对其互相补充的图像. 只有把这些图像组合在一起才能对经典描述方式提供一个自然的概括.” (We are not dealing with contradictory but with complementary pictures of the phenomena, which only together offer a natural generalization of the classical mode of description.) 这是玻尔一开始对互补原理的定义. 后来科莫演讲被收入玻尔的文集, 在文集的序言里他又补充了 “互补性” 的一个简明定义 [25]: 量子现象 “迫使我们采用一种被认为是互补性的新的描述方式, 即是, 一些经典概念的任何一个应用都排除了同时使用其他一些经典概念，但是，为了阐明现象本质，这些另外的经典概念是同样不可或缺的"。(······ forces us to adopt a new mode of description designated as complementary in the sense that any given application of classical concepts precludes the simultaneous use of other classical concepts which in a different connection are equally necessary for the elucidation of the phenomena.) 玻尔认为，"完全阐明一个对象可能需要从各式各样的角度而没有一个独一无二的描述。"[26](Complete elucidation of one and the same object may require diverse points of view which defy a unique description.)"因此，在不同实验条件下获得的佐证不能在单一物理图像中被全面理解，而必须被看成是互补的，以致只有现象的总和才能全面展现关于客体的一切可能的信息。"[26](Consequently, evidence obtained under different experimental conditions cannot be comprehended within a single picture, but must be regarded as complementary in the sense that only the totality of the phenomena exhausts the possible information about the objects.) 玻尔的论述不太容易读懂，笔者按照自己的理解作一点解释，希望对读者有所帮助。

如何理解"完全阐明同一个对象可能需要各式各样的角度而没有一个独一无二的描述"？有人打比方，说一个圆柱体是三维空间的客体。如果被限制在二维空间观察它，就不能直接观察到三维空间里的圆柱。但是，从底部看去是圆，从侧面看去是方，所以圆柱体是"圆"和"方"互补。尽管这个比方不确切，但是在某种意义上是正确的，就是观察到的似乎"互相排斥"的结果，是由观察的角度不同所造成的，每一个观察结果都是真实的。观察者获得一系列测量结果后，经过分析综合可以形成统一的完整的概念，不至于陷入自相矛盾的境地。在量子力学中，通过薛定谔方程可以精确预言波函数的所有细节，所以测量之前的波函数本身没有任何不确定性。但是，波函数是"看不见摸不着"的，无法直接测量波函数在空间各处的模和相位，只能通过测量粒子的各种可观察量来了解它的性质。例如，对坐标或动量的观察，就是从不同角度对同一个波函数所做的测量。

但是，在另外的意义上，上面关于圆柱体的比方又是不确切的。在观察圆柱体的时候，从底部进行的观察行为不会改变从侧面对它观察的结果，反之亦然。因此两个角度的测量互相不发生干扰，可以同时独立地完成。但是，在量子力学中，情况则不同。在玻尔看来，一个"现象"是一个物理对象和一个测量仪器在具体实验情况下的相互作用的结果，所以它不仅与这个特定的物理对象有关，同时也与这个特定的测量仪器有关。在量子力学三阶段论的第二阶段，波函数只是在"默默地演化"，由于没有测量，就没有任何"现象"出现。一切"现象"都出现在第三阶段。对于位置的测量，使得波函数"坍缩"到一个确定的坐标，测量破坏了波函数的原状；对于动量的测量，使得波函数"坍缩"到一个确定的动量，测量也破坏了波函数的原状。当实验者说"在双–方势阱中央势垒的左边找到了粒子"，实际上就是在

说 "通过粒子与坐标测量仪器的相互作用,粒子在中央势垒左边被发现了"。类似地,当实验者发现粒子具有某个动量值的时候,实际上就是在说 "当粒子与动量测量仪器相互作用的时候观察到它的动量"。粒子不可能同时与两个不同的测量仪器发生相互作用,也就是说,不可能在同一个实验中测量坐标和动量。因此,一个粒子不可能同时具有确切的坐标和动量,尽管坐标和动量对于描述粒子的状态都是需要的。这就是玻尔所说的 "一些经典概念的任何一个应用都排除了同时使用其他一些经典概念,但是,为了阐明现象本质,这些另外的经典概念是同样不可或缺的"。

因此,对 "坐标" 和 "动量" 两个不同物理量的测量结果,是粒子在分别与两个不同的测量仪器之间发生相互作用之时得到的,两个测量结果构成了两个不同的画面。从圆柱体在两个方向的两个投影出发可以抽象出一个统一的画面。但是对一个粒子的 "坐标" 和 "动量" 的测量结果却不能形成在经典意义上的一幅统一的完整的图像,因为尽管这两个 "现象" 属于同一个客体,但是它们又各自属于不同的测量仪器。从经典概念看来,量子力学测量所得到的这两个画面可能是互相矛盾的。但是在玻尔看来,"我们不是在应对物理现象的互相矛盾的图像,而是在应对其互相补充的图像。只有把这些图像组合在一起才能对经典描述方式提供一个自然的概括"。

根据上面的解释,就可以理解玻尔的结论:"因此,在不同实验条件下获得的佐证不能在单一物理图像中被全面理解,而必须被看成是互补的,以致只有现象的总和才能全面展现关于客体的一切可能的信息。" 从玻尔的以上论述可以体会到,玻尔的 "互补原理" 的基本含义大致是:通过各种物理量的测量,实验者可以完整索取研究对象的所有可能的客观信息;但是,各种物理量的值可能来自相互排斥的不同测量,量子力学不应当试图把所有测量结果组合起来构成经典意义上的统一的图像。

4.6   关于不确定度关系和互补原理的附注

作为本章的结束语,对不确定度关系和互补原理再作一点补充说明。

一个附注是关于 "不确定度关系" 的。"不确定度关系" 也被译为 "测不准关系",但 "测不准关系" 这种说法容易让人们误认为测量结果偏离平均值的原因是 "实验中无法测准"。从历史上看,"测不准关系" 这种译文反而更符合海森伯当初提出这一个关系时所作的解释。他起初的解释是基于 "测量–扰动" 的模式,大致意思是:"为了确定一个粒子的坐标,就需要观察它。如果发射一个光子并且观察它被粒子反弹,光子就会将一部分动量转移到粒子,粒子的动量就会改变,因此就无法确定粒子届时的动量。如果要较精确地确定粒子的坐标,就必须使用较短波长的光，这意味增加光子的动量，碰撞就会造成粒子动量更大的变化。所以，粒子的坐标被测量得越精确，它的动量就越不精确。"

上述"测量–扰动"模式的解释回答了"为什么在实验上不可能同时测准一个粒子的坐标和动量"的问题。在海森伯提出"测不准关系"之后的三年里，薛定谔等发现这个关系式可以精确地从量子力学推导出来，而且坐标或动量的均方根差与"测量–扰动"的模式无关 [27]。他们证明，在量子力学中，不确定性来源于三阶段论的第二阶段里波函数在坐标不确定度和波长不确定度之间互相牵制，这直接导致在第三阶段测量结果的不确定性。即使测量仪器是完全精确的，测量结果也会在一定的范围内分布，而且这个分布总会满足不确定度关系。读者不要以为粒子原本具有确定的坐标和动量，也不要把粒子的坐标和动量的不确定度看成是测量手段带来的误差，更不要期待找到一种更聪明的方式来测量准粒子的坐标，又使其不干扰粒子的动量。

另一个附注是关于"互补原理"的。玻尔虽然提出了"互补"的概念，但是他并没有给出这个概念十分确切的和明白的定义，因此，物理界对于互补原理的理解仍然存在分歧。玻尔自己给出的解释也经历了一些变化。历史上，玻尔曾经提出过两类不同的互补性，分别是"运动学–动力学互补"(kinematic-dynamic complementarity)和"波–粒子互补"(wave-particle complementarity)。玻尔把空间–时间看成是运动学属性，而把动量–能量看成是动力学属性。所谓"运动学–动力学互补"就是说，运动学和动力学性质对微观粒子的归属取决于相互排斥的实验，在同一个实验中，可以测量坐标，也可以测量动量，但是不可能同时测量坐标和动量。所以在描述微观粒子时，其运动学和动力学属性需要互相补充才完整。然而，对于"波–粒子互补"，玻尔后来又发现，在双缝干涉实验中观察到的屏幕上的条纹，其波动和粒子属性是以某种方式"混合"的：每个粒子的确定位置都是一个粒子属性，整体的分布却表现出干涉。因此，波和粒子的特性出现在一个明确的实验安排中，它们之间没有相互排斥的问题 [26]。虽然玻尔本人从未明确拒绝"波–粒子互补"，但是有研究者审视他的作品后发现，在 1935 年以后，玻尔不再强调"波–粒子互补"，而仅仅保留了"运动学–动力学互补" [28]。

笔者认为，互补原理的深刻内涵，也许会在量子力学基本概念诠释的过程中逐渐显示出来，但是从"实用的量子力学"的角度来说，它并不是一个必须下功夫搞清楚的概念。绕过这个概念或许更加有利于把精力集中在量子力学的基本理论及方法上面。本书没有对这个概念作深入的探讨，有兴趣的读者不妨阅读文献 [29]。有些读者可能已经注意到，许多教科书只用很少的篇幅提到这个原理，有些教科书甚至完全不提及它。相反，倒是不少哲学家对它很有兴趣，不停地研究它并作出各种解释。值得注意的是，一些文章从哲学角度谈论玻尔互补原理时，对这个原理物理意义的描述不很确切。希望本书的讨论可以为哲学研究提供某些帮助。

思 考 题

经常有人问，"量子力学中的物理量有确定的值吗？" 如果回答说 "没有确定的值"，提问者就不理解为什么每次测量都会得到某个确定的结果。如果回答说 "有确定的值"，提问者又会奇怪为什么量子力学会出现一个 "不确定度关系"。量子力学中的物理量究竟有没有确定的值呢？

第5章　施特恩–格拉赫实验和粒子自旋

电子有自旋。量子力学的许多物理量在经典力学中都有对应，如位置、动量、能量等，但自旋电子内禀自由度，是量子力学中全新的物理量，不存在经典对应。讨论微观粒子自旋将有益于认识量子力学中的测量，也为本书以后各章的讨论准备必要的基础知识。费曼认为，对自旋的量子力学描述可以作为范例，推广到所有量子力学现象。

施特恩–格拉赫实验是量子力学历史上的一个开创性的实验。施特恩–格拉赫装置可以用来测量一些粒子的自旋。在测量过某个粒子沿 z 轴的自旋之后，如果粒子不再受到扰动，它就会保持沿 z 轴自旋不变，因此先后两次测量同一方向自旋，测量结果相同。如果测量过粒子在 z 方向自旋之后再次测量它在 x 方向自旋，平均就会有一半粒子自旋沿 x 正方向，另一半粒子自旋沿 x 负方向。这意味着测量沿某方向自旋之前粒子不一定具有沿该方向确定的自旋。

光子也有自旋，但是它的自旋没有在施特恩–格拉赫实验里观察到，其原因可归于光子没有磁矩。量子力学中关于光子的很多实验是利用光的偏振性质完成的。

关于电子自旋和光子偏振的一些公式的推导分别被包括在附录 F 和附录 G 中。

5.1　施特恩–格拉赫实验

在 1922 年，施特恩 (Otto Stern) 和格拉赫 (Walter Gerlach) 完成了在量子力学历史上的一个开创性的实验，即施特恩–格拉赫实验 (Stern-Gerlach experiment)。如图 5.1 所示，由粒子源发出的一束中性 (不带电) 银原子，在沿 y 方向传播途中，穿过 z 方向的不均匀磁场，在探测器上就会留下两道条纹。这个现象被直观地解释为 "z 方向的不均匀磁场把这束中性银原子分离为两束，其中一束向 $+z$ 方向偏转，另一束向 $-z$ 方向偏转"。下文提到施特恩–格拉赫装置 (Stern-Gerlach device) 时，都仅仅指产生不均匀磁场的装置，不包括探测器。

在经典力学里，粒子的机械运动可以有平动和转动两种形式。沿直线行驶的汽车、上下垂直运行的电梯都在作平动，汽车的轮子、旋转的陀螺都在作转动。描述转动的物理量之一就是角动量。角动量是有方向的，转动有一个轴，角动量的方向就是轴的方向，角动量的正方向由右手定则确定。在经典力学里，粒子的角动量可以是任何实数值。如果粒子带电，它的转动就会形成磁矩 (magnetic moment)。具有磁矩的粒子在不均匀磁场中就会受到磁力的作用而改变运动速度的大小和方向。

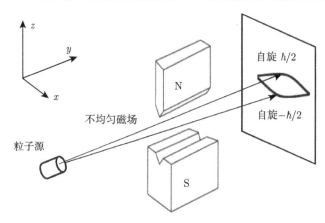

图 5.1　　施特恩–格拉赫实验发现银原子束在不均匀磁场中分裂为两束。
由于不均匀磁场只在磁场中心线附近有限的宽度内存在，在远
离中心线的区域银原子束不会分裂，所以两道条纹在端点是重
合的

　　在施特恩–格拉赫实验里，根据中性银原子束偏转的角度，就可以计算出原子
的磁矩。在实验里观察到的电中性但有磁矩的原子束在不均匀磁场中的前进方向
偏转，这是容易理解的。按照经典的电磁学理论，原子的磁矩应当可以取一组连续
变化的值，所以偏转角度也应该可以取一组连续变化的值，屏幕上留下的印记也应
当是连续的一片。但是，在施特恩–格拉赫实验里观察到，中性银原子束在探测器
上只留下两道分立的条纹 [30]。如果用其他中性原子做施特恩–格拉赫实验，原子
束可能会在探测器上留下更多数目的分立条纹。但是在所有实验中，原子束都只分
裂为有限的几束，在探测器上留下若干道分立的条纹而不是形成连续的成片分布。
在第 3 章已经提到，量子力学中许多物理量在一定条件下只能取某些分立的数值，
这种量子化行为是量子力学与经典物理的一个显著区别。因此，施特恩–格拉赫实
验支持了量子力学关于角动量的量子化理论。

　　银元素的原子序数是 47，它的最外层电子只有一个。除了最外层电子之外，其
他 46 个电子占据了里面四层的所有轨道，它们的总角动量是零。按照玻尔–索末
菲原子理论 (Bohr-Sommerfeld theory)，原子的轨道角动量量子数 l 是非负的整数，
相应的轨道角动量在 z 方向的分量应当有 $2l+1$ 个分立的本征值。如果最外层电子
的轨道角动量是零（$l=0$），则原子的磁矩只能是零，探测器上应当只留下一道条
纹。如果最外层电子的轨道角动量不是零（$l>0$），银原子在 z 方向的磁矩应当有
$2l+1$ 个分立的值，探测器上应当有奇数道（3 道、5 道等）条纹。施特恩–格拉赫实
验的初衷，就是要证明玻尔–索末菲原子理论。但是，在 1922 年完成的施特恩–格

拉赫实验里观察到两道条纹 (而不是奇数道条纹)，见图 5.2。当时多数理论物理学家都认为实验有误。

图 5.2　在施特恩–格拉赫实验观察到两道条纹 [30]。图中的刻度尺是沿 z 方向的

乌伦贝克 (Uhlenbeck) 和哥德斯密脱 (Goudsmit) 通过仔细研究，于 1925 年提出，在施特恩–格拉赫实验里观察到银原子的磁矩，不是由电子围绕原子核旋转运动造成的，而是由电子的自旋 (spin) 造成的。基于观察到的两道分立条纹这一现象，乌伦贝克和哥德斯密脱提出一个假说，每个电子具有自旋角动量 S，它区别于轨道角动量。系统的总角动量包括轨道角动量和自旋角动量。在任何方向上测量自旋只能得到两个分立的值之中的一个，例如，在 x 方向测量只能得到 $S_x = \hbar/2$ 或 $S_x = -\hbar/2$，在 z 方向测量只能得到 $S_z = \hbar/2$ 或 $S_z = -\hbar/2$，等等；每个电子也具有自旋磁矩 μ，在任何方向上测量这个自旋磁矩只能得到两个分立的值之中的一个，例如，在 x 方向测量只能得到 $\mu_x = \mu_B$ 或 $\mu_x = -\mu_B$，在 z 方向的分量只能是 $\mu_z = \mu_B$ 或 $\mu_z = -\mu_B$，等等，其中 μ_B 是玻尔磁子 (Bohr magneton)：

$$\mu_B = \frac{e\hbar}{2m_e}$$

式中 e 和 m_e 分别是电子的电荷和质量。乌伦贝克和哥德斯密脱的假说，使得施特恩–格拉赫实验结果与玻尔–索末菲的原子理论之间的公案，在三年之后终于有了正确的解释 [31]。狄拉克于 1928 年对乌伦贝克和哥德斯密脱的这个电子自旋的假说作了进一步的理论阐述。

物理学家最初把电子自旋理解为电子的自转，但后来发现这样理解会面临很多困难。假设电子是个球体，而且电荷在球体内均匀分布，其有限大小可以容易估计。为了具备 μ_B 大小的磁矩，电子表面运动切线速度就将大大超过光速，这与相对论不符。因此，电子自旋不能理解为电子的自转所造成。不仅电子，所有粒子自旋都是粒子内禀自由度，是量子力学中全新的物理量，没有经典对应。

5.2　粒子的自旋量子数

在量子力学里, 粒子的自旋在任意方向上的投影都仅仅允许取某些分立的值, 每两个相邻的值之间的间隔都是 $\hbar$。每一种基本粒子都有自己确定的自旋量子数 s, 它可以是 $0, 1/2, 1, 3/2, 2$ 等任何非负的整数或半奇数。对于一个自旋量子数为 s 的粒子, 在任意方向上测量其自旋时, 只能得到 $2s+1$ 个相互间隔为 $\hbar$ 的离散值, 它们分别是 $-s\hbar, -(s-1)\hbar, \cdots, (s-1)\hbar, s\hbar$。在实施测量的时候, 如果得到这 $2s+1$ 个离散值之中的任何一个, 粒子的自旋波函数就立即 "坍缩" 到这 $2s+1$ 个本征态之中相应的一个。自旋量子数是整数的粒子称为 "玻色子"(boson); 自旋量子数是半奇数的粒子称为 "费米子"(fermion)。本书讨论最多的是电子和光子。电子的自旋量子数是 $1/2$, 所以电子是费米子。光子的自旋量子数是 1, 所以光子是玻色子。

在发现了粒子的自旋之后, 粒子的波函数就多了一个自变量 m, 称为 "自旋变量"。例如, 原来在坐标表象里波函数仅仅是坐标的函数 $\varphi(x, y, z)$, 现在就是坐标和自旋的函数 $\varphi(x, y, z; m)$。自旋变量 m 给出自旋在空间某个指定方向 (通常是 z 轴方向) 上的投影。如果用 $\hbar$ 作为自旋的量度单位, 自旋变量 m 就有 $2s+1$ 个值, 即 $-s, -(s-1), \cdots, (s-1), s$。如果沿 z 轴测量粒子的自旋, 就把自旋变量记为 m_z, 以区别沿其他方向测量的自旋。人们有时直接用 "自旋" 一词代替 "自旋量子数", 所以 "某种粒子的自旋是 s" 所表达的实际含义是 "这种粒子的自旋量子数是 s", 而 "粒子处于状态 $m_z = -(s-1)$" 就意味着 "在 z 方向测量粒子自旋得到的结果是 $-(s-1)\hbar$", 等等。在讨论自旋的时候, 如果可以忽略粒子的其他所有性质, 波函数就仅仅是自旋变量的函数。乍看起来这样的波函数不像是在描述 "波动", 但是在量子力学中仍然被称为波函数。因为粒子自旋的分量只能是若干个分立的数值, 所以自旋波函数常常写成矩阵的形式, 每个矩阵元对应着自旋变量的一个确定值。

从量子力学三阶段论的观点来分析施特恩–格拉赫实验是直截了当的, 见表 5.1。第一阶段, 由粒子源发出粒子, 给定了初始波函数; 第二阶段, 波函数在施特恩–格拉赫装置 (不均匀磁场) 里演化; 第三阶段, 在屏幕上某个位置发现粒子。

表 5.1　施特恩–格拉赫实验的三阶段论 (图 5.1)

所属阶段	量子系统的演化
第一阶段	粒子源输出的银原子, 具有给定初始波函数
第二阶段	波函数穿过施特恩–格拉赫装置 (不均匀磁场)
第三阶段	探测器测量粒子 (例如, 通过发现银原子在屏幕上的位置来测量 z 方向自旋磁矩)

由于人们习惯了经典物理学，有时会说，"施特恩–格拉赫装置 (不均匀磁场) 把两种具有不同自旋的粒子分开"。这种说法如同在一维势垒问题里说 "势垒把穿透粒子和反射粒子分开" 一样，是经典直观逻辑的语言。只要不至于引起误解，我们可以允许这种不严格的说法。实际上，有些情况下这种表达反而更加方便，所以现在有些教科书里也这样说。但是在使用这种语言的时候应当提醒自己，在第二阶段里说的 "粒子" 不能理解为经典粒子，薛定谔方程所讨论的是波函数的演化。在被探测之前，穿行于不均匀磁场的每个粒子，其波函数都是 "向上自旋和向下自旋的叠加态"，粒子没有确定的偏转方向。粒子受到探测的时候，探测器把粒子从 "向上自旋和向下自旋的叠加态" 坍缩为 "向上自旋" 或者 "向下自旋" 这两个状态之一。粒子的自旋向上还是向下，是在第三阶段测量的时候才由粒子系统和测量仪器共同确定的。

5.3 先后两次测量相同方向自旋

利用施特恩–格拉赫装置以及探测器，可以测量粒子的自旋在特定方向的投影。对于自旋量子数为 s 的粒子，在特定方向测量粒子自旋的分量可能得到的结果有 $2s + 1$ 种。最简单的情况是 $s = 1/2$，即自旋 1/2 粒子 (spin one-half particles)，这种粒子只有自旋向上和向下两种可能性。以下几节的讨论将集中于这种最简单的情况。

对于自旋 1/2 粒子，设想在测量它沿 z 方向自旋之后再一次测量它沿 z 方向自旋，如图 5.3 所示。在第一次测量 z 方向自旋时，就会发现有一部分粒子的自旋 z 分量向上 ($m_z = 1/2$)，另一部分粒子的自旋 z 分量向下 ($m_z = -1/2$)。不妨假定一共发射了 100 个粒子，第一次测量完成之后，平均有 50 个粒子自旋沿 z 轴向上，另外 50 个粒子自旋沿 z 轴向下。可以把自旋沿 z 轴向上的状态记为 $|z+\rangle$，而把自旋沿 z 轴向下的状态记为 $|z-\rangle$。使用这种记号，第一次测量的结果就有一半粒子处于 $|z+\rangle$ 状态，另一半粒子处于 $|z-\rangle$ 状态。到此为止，粒子经历了完整的三阶段论，这个过程已经结束了。这里的 $|z+\rangle$ 等只是用来表示自旋波函数的一个记号，有时自旋波函数也可以写成 ψ 或 φ，不同作者有不同习惯。$|z+\rangle$ 是狄拉克引进的记号，ψ 或 φ 是薛定谔引进的记号。如果读者不习惯狄拉克的记号，可以把 $|z+\rangle$ 和 $|z-\rangle$ 分别写为 $\psi(z+)$ 和 $\psi(z-)$，或者 $\psi_{z\uparrow}$ 和 $\psi_{z\downarrow}$，等等。

对于图 5.3 中被测量为 $|z+\rangle$ 状态的 50 个粒子，可以看成是后面紧接着的过程 (第二个过程) 的初始状态。这些 $|z+\rangle$ 状态的粒子就是该过程第一阶段所准备的初始条件。在穿过第二个施特恩–格拉赫装置后，再次测量沿 z 方向的自旋。实验结果表明，所有 50 个粒子都继续保持 $|z+\rangle$。类似地，如果对被测量为 $|z-\rangle$ 状态的 50 个粒子，再次用施特恩–格拉赫装置测量沿 z 方向的自旋，实验结果必然发现所

有 50 个粒子都继续保持 $|z-\rangle$。

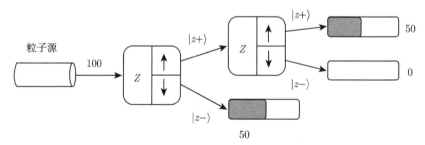

图 5.3   在测量 z 方向自旋后，如果粒子不再受到扰动，再次测量 z 方
向自旋，就会发现它沿 z 轴自旋不变

这个实验可以得出一个结论：在测量过某个粒子沿 z 轴的自旋之后，如果粒子不再受到扰动，它就会保持沿 z 轴自旋不变。无论是否再次测量这个粒子沿 z 方向的自旋，它沿 z 方向的自旋都是确定的。读者可以发现，这与第 3 章讨论的双–方势阱的情况类似。在那里，测量发现粒子能量为 E_1 之后，粒子就处于能量本征态 ψ_1，如果再次测量它的能量，所得到的结果仍然维持 E_1 不变。

5.4   先后两次测量不同方向自旋

在测量过自旋 1/2 粒子在 z 方向自旋之后，还可以再测量它在 x 方向自旋，如图 5.4 所示。把自旋沿 x 轴正方向的状态记为 $|x+\rangle$（即 $m_x = 1/2$），而把自旋沿 x 轴负方向的状态记为 $|x-\rangle$（即 $m_x = -1/2$）。在 50 个 $|z+\rangle$ 的粒子中，经过 x 方向的自旋测量，平均就会有一半粒子 (25 个) 处于 $|x+\rangle$，另一半粒子 (25 个) 处于 $|x-\rangle$。一般来说，对一个 $|z+\rangle$ 的粒子测量 x 方向自旋，得到自旋在 x 方向向上和向下的几率各占一半。所以，测量之前，在 50 个 $|z+\rangle$ 的粒子中，x 方向的自旋并不确定。但是，经过 x 方向的自旋测量，每个粒子在 x 方向就有了确定的自旋。这仍然与第 3 章讨论的双–方势阱的情况类似。如果对处于能量本征态 ψ_1 的粒子测量其位置，在势垒的左边和右边找到粒子的几率各占 50%。当然，一旦通过测量发现粒子的位置，它就处于 ψ_L 和 ψ_R 二者之一，这时粒子就没有确定的能量了。类似地，一旦自旋测量发现确切的 x 方向自旋，z 方向自旋就不再有确切值了。当然，这里的 x 方向自旋向上或向下的状态与双–方势阱的 ψ_L 和 ψ_R 二者不完全相同，因为前者可以保持在该自旋状态不变，但是后者波函数将会随时间变化。

读者可能会推论，对一个 $|x+\rangle$ 的粒子再次测量 x 方向自旋，得到的结果应当仍是 $|x+\rangle$。读者还可能会推论，对一个 $|x+\rangle$ 的粒子，如果测量 z 方向自旋，得到 $|z+\rangle$ 和 $|z-\rangle$ 的几率也应当是各占一半。这些推论都是正确的。例如，在图 5.5(a)

的实验中，先测量 z 方向自旋，然后再对 $|z+\rangle$ 的 100 个粒子测量 x 方向自旋。对留下的 $|x+\rangle$ 的 50 个粒子，再次测量 z 方向自旋，平均就会有 25 个粒子处于 $|z+\rangle$，25 个粒子处于 $|z-\rangle$。如果像图 5.5(b) 的实验那样，在测量 x 方向自旋之后，对留下的 50 个 $|x-\rangle$ 的粒子再次测量 z 方向自旋，平均也会有 25 个粒子处于 $|z+\rangle$ 和另外25 个粒子处于$|z-\rangle$。关于这个实验的三阶段论描述，总结在表 5.2 中。

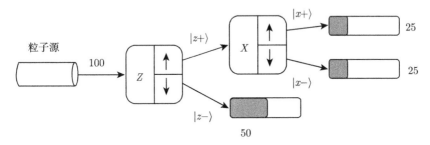

图 5.4 在测量 z 方向自旋后再测量 x 方向自旋，得到 $\pm 1/2$ 自旋的几率各占一半

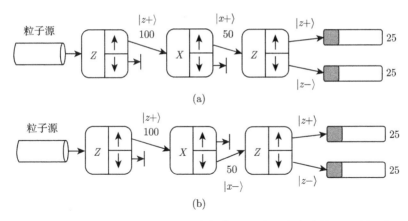

图 5.5 在测量 z 方向自旋后，对 $|z+\rangle$ 态的粒子测量 x 方向自旋，可以得到 x 方向自旋 $\pm 1/2$ 的几率各占一半。(a) 对于 $|x+\rangle$ 再次测量 z 方向自旋，将得到 z 方向自旋 $\pm 1/2$ 的几率各占一半；(b) 对于 $|x-\rangle$ 再次测量 z 方向自旋，也将得到 z 方向自旋 $\pm 1/2$ 的几率各占一半

表 5.2 先后两次测量自旋实验过程的两个三阶段论 (图 5.5(a))

所属阶段	量子系统的演化
第一阶段	第一个施特恩–格拉赫装置输出 $|z+\rangle$ 粒子
第二阶段	波函数穿过第二个施特恩–格拉赫装置
第三阶段	(也是下一个三阶段论的第一阶段) 测量粒子 x 方向自旋，得到 50%数量的 $|x+\rangle$ 粒子
第二阶段	波函数穿过第三个施特恩–格拉赫装置
第三阶段	测量粒子 z 方向自旋，分别得到 $|z+\rangle$ 或 $|z-\rangle$ 粒子

在第 3 章讨论叠加态时曾经说过，如果 ψ_1 和 ψ_2 分别是属于能量 E_1 和 E_2 的本征态，它们可以构成叠加态 ψ_L 和 ψ_R。类似地，状态 $|z+\rangle$ 和 $|z-\rangle$ 都是 $|x+\rangle$ 和 $|x-\rangle$ 的叠加态：

$$|z+\rangle = \frac{1}{\sqrt{2}} \left(|x+\rangle - |x-\rangle \right)$$
$$|z-\rangle = \frac{1}{\sqrt{2}} \left(|x+\rangle + |x-\rangle \right)$$

$$(5.1)$$

对处在 $|z+\rangle$ 状态的粒子测量 x 方向自旋，得到结果为 $m_x = 1/2$ 和 $m_x = -1/2$ 的几率正比于每项系数的模的二次方，在这里就是各占 50%。类似地，状态 $|x+\rangle$ 和 $|x-\rangle$ 也都是 $|z-\rangle$ 和 $|z+\rangle$ 的叠加态：

$$|x+\rangle = \frac{1}{\sqrt{2}} \left(|z+\rangle + |z-\rangle \right)$$
$$|x-\rangle = \frac{1}{\sqrt{2}} \left(-|z+\rangle + |z-\rangle \right)$$

$$(5.2)$$

对处在 $|x+\rangle$ 状态的粒子测量 z 方向自旋，得到结果为 $m_z = 1/2$ 和 $m_z = -1/2$ 的几率各占 50%。关于这些公式更加仔细的讨论，见附录 F。

从以上讨论可以得到结论：如果粒子在 z 方向有确定的自旋 (不论是 $1/2$ 还是 $-1/2$)，它在 x 方向就没有确定的自旋，既可能是 $1/2$，也可能是 $-1/2$，必须沿 x 方向测量粒子的自旋才能确定它。反过来，一旦粒子在 x 方向有确定的自旋，它在 z 方向就没有确定的自旋，必须沿 z 方向测量粒子的自旋才能确定它。无论如何，一个粒子不可能同时在 x 和 z 两个方向都具有确定的自旋。即使在测量 z 方向自旋之前已经知道了 x 方向自旋，在测量 z 方向自旋的过程中也会改变 x 方向自旋，使测量结果变得不确定，有时会得到 $1/2$，有时又会得到 $-1/2$。

5.5 "粒子束重新合并"

在 5.4 节的实验里，100 个 $|z+\rangle$ 粒子通过第二个施特恩–格拉赫装置并且测量了沿 x 方向自旋之后，平均就会有一半粒子 (50 个) 处于 $|x+\rangle$，另一半粒子 (50 个) 处于 $|x-\rangle$。如果这 100 个 $|z+\rangle$ 粒子通过第二个施特恩–格拉赫装置之后，不测量沿 x 方向自旋，而是把两束波函数重新合并成一束，再测量沿 z 方向自旋，会有什么结果呢？

为了把两束波函数重新合并为一束，需要改进第二个施特恩–格拉赫装置，如图 5.6 所示。这个改进的施特恩–格拉赫装置由三个不均匀磁场组成 [2]。人们有时这样描述三个不均匀磁场的作用：第一个磁场把粒子束分开，第二个磁场改变粒子束的运动方向，第三个磁场把两束粒子合为一束。再次提醒读者注意，"把粒子束分开" 或 "粒子束重新合并"，都是借用经典物理的说法。在量子力学的第二阶段，严格的说法应当是 "把波函数分成两束之后重新合为一束"，就像在双缝干涉的实验里 "波函数通过两个狭缝再汇合在一起"。

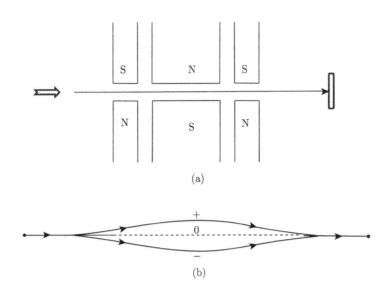

图 5.6　(a) 改进的施特恩–格拉赫装置，由三个不均匀磁场组成；(b) 装置的作用是把波函数分成两束之后重新合为一束

现在用改进的施特恩–格拉赫装置 (图 5.6) 代替图 5.5 中的第二个施特恩–格拉赫装置。按照经典直观逻辑，第一个施特恩–格拉赫装置输出 100 个 $|z+\rangle$ 粒子，经过第二个改进的施特恩–格拉赫装置之后，已经得到两组不同的粒子 $|x+\rangle$ 和 $|x-\rangle$。第一组 50 个 $|x+\rangle$ 粒子经过第三个施特恩–格拉赫装置之后，输出 25 个 $|z+\rangle$ 粒子和 25 个 $|z-\rangle$ 粒子。第二组 50 个 $|x-\rangle$ 粒子经过第三个施特恩–格拉赫装置之后，也输出 25 个 $|z+\rangle$ 粒子和 25 个 $|z-\rangle$ 粒子。因此，两组粒子合在一起，应该输出 $|z+\rangle$ 和 $|z-\rangle$ 粒子各 50 个。

然而，实验结果表明，从第三个施特恩–格拉赫装置输出的 100 个粒子，全都是自旋沿 z 轴向上的，没有向下的，如图 5.7 所示 [32]。所以经典直观逻辑导致错误结论。假使有人一定坚持使用经典直观逻辑，就不得不假定 "粒子记得历史"。也就是说，第一个施特恩–格拉赫装置输出的两束粒子中，把 z 方向自旋向上的粒子送给第二个施特恩–格拉赫装置，尽管在图中显示两束粒子曾经分开过，但是这些粒子仍然 "记得" 自己曾经具有 z 方向自旋向上。所以重新合并之后，仍然保持 z 方向自旋向上。

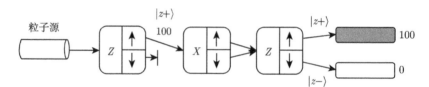

图 5.7　如果把两束粒子合为一束, 从第三个施特恩–格拉赫装置输出的
100 个粒子, 全都是自旋沿 z 轴向上的, 没有向下的

但是, 从量子力学三阶段论的观点看, 不需要这种 "记得历史" 之类的假定。如果像 5.4 节那样, 先后两次测量不同方向自旋, 那么就有两个过程, 每个过程有自己的三阶段论。图 5.7 的过程, 只有一次测量, 所以就只有一个三阶段论。在第一阶段里, 第一个施特恩–格拉赫装置输出了 100 个 $|z+\rangle$ 粒子。如今的第二阶段包括了从生成 $|z+\rangle$ 粒子的时刻开始, 然后穿过第二个和第三个施特恩–格拉赫装置, 直到测量 z 方向自旋之前的整个过程, 经过第二阶段之后, 波函数仍然是每个粒子都保持着 $|z+\rangle$ 状态。虽然它可以写成 $|x+\rangle$ 和 $|x-\rangle$ 这两个状态的叠加态, 但是这些粒子并没有被测量, 所以改进的第二个施特恩–格拉赫装置中并没有把粒子分成 $|x+\rangle$ 和 $|x-\rangle$ 两种状态。最后, 在第三阶段, 测量沿 z 方向自旋的时候, 应该输出 100 个 $|z+\rangle$ 粒子, 没有 $|z-\rangle$ 粒子[32]。经典直观逻辑和量子力学三阶段论在这个模型中的比较见表 5.3。

表 5.3　两束粒子合为一束过程的经典直观逻辑和量子力学三阶段论比较 (图 5.7)

所属阶段	经典直观逻辑	量子力学三阶段论
第一阶段	第一个施特恩–格拉赫装置输出 $|z+\rangle$ 粒子	第一个施特恩–格拉赫装置输出 $|z+\rangle$ 波函数
第二阶段	粒子穿过第二个改进的施特恩–格拉赫装置, 得到 50% 数量的 $|x+\rangle$ 粒子和 50% 数量的 $|x-\rangle$ 粒子	波函数穿过第二个改进的施特恩–格拉赫装置
	再穿过第三个施特恩–格拉赫装置, $|x+\rangle$ 粒子分裂为 $|z+\rangle$ 粒子和 $|z-\rangle$ 粒子, $|x-\rangle$ 粒子也分裂为 $|z+\rangle$ 粒子和 $|z-\rangle$ 粒子	波函数再穿过第三个施特恩–格拉赫装置, 保持 $|z+\rangle$ 的波函数
第三阶段	测量粒子沿 z 方向自旋, 分别得到 50% 数量的 $|z+\rangle$ 粒子和 50% 数量的 $|z-\rangle$ 粒子	测量粒子沿 z 方向自旋, 发现粒子都处于 $|z+\rangle$ 态

当然, 做这个实验时必须非常仔细, 保证粒子在通过第二个施特恩–格拉赫装置之后但是在穿过第三个施特恩–格拉赫装置之前, 不受任何扰动。设想在两束粒子之中任何一束的路径上设置一个探测器, 见图 5.8 里的小圆圈。有了这个探测器, 粒子在 x 方向有了确定的自旋。于是, 一个三阶段论分裂成两个三阶段论, 经过第三个施特恩–格拉赫装置之后, $|z+\rangle$ 和 $|z-\rangle$ 粒子各占一半。

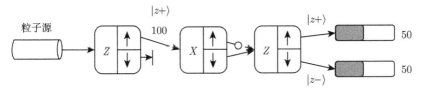

图 5.8 如果把两束粒子合为一束, 路径上设置一个探测器, 从第三个施特恩–格拉赫装置输出的 100 个粒子, 经过第三个施特恩–格拉赫装置之后, $|z+\rangle$ 和 $|z-\rangle$ 粒子各占一半

5.6 广义的不确定度关系

在第 4 章里曾经讨论过坐标–动量不确定度关系和能量–时间不确定度关系。从粒子自旋的讨论可以发现, 粒子如果有 z 方向确定的自旋, 就没有 x 方向确定的自旋。所以关于自旋, 也应当有类似的不确定度关系。

首先定义 z 方向自旋的平均值。如果对于一个系综里的 N 个系统测量了 z 方向自旋, 就可以求得平均值:

$$\langle S_z \rangle = \frac{\sum_i (S_z)_i}{N}$$

式中 $(S_z)_i$ 是第 i 次测量结果, $\sum_i$ 是指对所有 N 次测量结果求和。在这个基础上就可以计算均方根差:

$$\Delta S_z = \sqrt{\frac{\sum_i \left((S_z)_i - \langle S_z \rangle\right)^2}{N}}$$

对于 x 和 y 方向自旋可以有类似的定义。在一般情况下可以证明

$$\Delta S_z \cdot \Delta S_x \geqslant \frac{\hbar}{2} |\langle S_y \rangle| \tag{5.3}$$

(5.3) 式在形式上和 (4.1) 式很相近, 不等式的左边是两个物理量均方根差之积, 右边的值给出其下界。该式可以称为 "广义的不确定度关系"(generalized uncertainty relation)[12]。与严格意义上的 "不确定度关系" 的不同之处在于, ΔS_x 和 ΔS_z 两者的乘积不具有作用量的量纲 (即普朗克常量的量纲)。如果用 $\hbar$ 作为量度单位, 上述 "广义的不确定度关系" 就可以写为

$$\Delta m_z \cdot \Delta m_x \geqslant \frac{1}{2} |\langle m_y \rangle|$$

现在举一个例子说明测量 "广义的不确定度关系" 的含义。如果知道自旋 1/2 粒子处于自旋的 y 分量是 $S_y = \hbar/2$ 的本征态 (如果以 $\hbar$ 为单位, 就是 $m_y = 1/2$), 然后分别测量 x 方向及 z 方向的自旋, 会得到什么结果呢? 首先, 我们需要制备许

多具有相同初始条件的系统，即 $S_y = \hbar/2$ 的粒子。对每个粒子都做一次测量，可以测量 x 方向自旋，也可以测量 z 方向自旋，但是对每个粒子都只测量一次。如果 N 次测量了 z 方向自旋，每次可以得到 $S_z = \hbar/2$ 或 $S_z = -\hbar/2$，并且确定平均值 $\langle S_z \rangle = 0$ 以及均方根差 $\Delta S_z = \hbar/2$。另一方面，如果 N 次测量了 x 方向自旋，每次可以得到 $S_x = \hbar/2$ 或 $S_x = -\hbar/2$。可以类似计算出平均值 $\langle S_x \rangle = 0$ 以及均方根差 $\Delta S_x = \hbar/2$。再考虑到 $\langle S_y \rangle = \hbar/2$，就验证了广义的不确定度关系 (5.3) 式。

如果 $\langle S_y \rangle = 0$，(5.3) 式的右边就是 0，"广义的不确定度关系" 就是一个平庸的关系式。不论 x 方向及 z 方向自旋的均方根差是多少，"广义的不确定度关系" 都成立。这说明，如果自旋在某个方向上的平均值为零，那么在垂直于该方向的平面内的任何方向上，粒子自旋的均方根差不受限制。

如果粒子在 x 方向自旋有确定的值，例如，$S_x = \hbar/2$，那么 $\Delta S_x = 0$，(5.3) 式的左边是 0。在这种情况下，右边也必须是 0，于是有 $\langle S_y \rangle = 0$。这就是说，$S_y = \hbar/2$ 和 $S_y = -\hbar/2$ 的几率各占 50%，粒子在 y 方向没有确定的自旋。

5.7　经典力学中的角动量与量子力学中的自旋

经典粒子没有自旋，微观粒子自旋没有经典的对应物，因此无法讨论微观粒子与宏观粒子的自旋行为如何过渡。但是量子力学中的自旋也是角动量，经典力学和量子力学中的角动量概念之间具有一定的联系。本节以自旋 1/2 粒子为例，讨论经典力学中的角动量与量子力学中的自旋之间的关系。

如果一个宏观粒子的角动量沿 z 轴，大小是 L_z，假定 A 轴与 z 轴的夹角是 α，那么沿 A 轴的角动量就是

$$L_A = L_z \cos \alpha \tag{5.4}$$

它是 L_z 在 A 轴上的投影。在经典力学里，粒子的角动量可以是任何实数值。

在量子力学里，无论沿哪个方向测量 "自旋 1/2 粒子" 的角动量，结果只可以是 $\pm 1/2$。如果粒子经过第一个施特恩–格拉赫装置测量后，已经知道它沿 z 轴的自旋是 $m_z = 1/2$。现在用第二个施特恩–格拉赫装置再测量沿 A 轴的自旋，假定 A 轴与 z 轴的夹角是 α，如图 5.9 所示。每次测量所得的结果 m_A 仍然只能是 1/2 或 $-1/2$。所以 (5.4) 式不适用于粒子的自旋。但是，附录 F 的计算表明，多次测量所得到的自旋的平均值是

$$\langle m_A \rangle = m_z \cos \alpha \tag{5.5}$$

即 $\langle m_A \rangle$ 的值等于 m_z 在 A 轴上的投影。随着角度 α 的改变，$\langle m_A \rangle$ 的值可以在 $1/2 \sim -1/2$ 变化。(5.5) 式与经典力学中的测量结果 (5.4) 式是互相符合的。

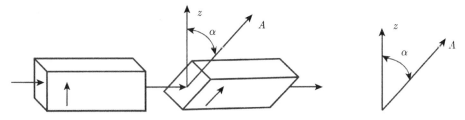

图 5.9　如果先后有两个施特恩–格拉赫装置，它们的测量方向成夹角 α，多次测量所得平均值与经典力学结果一致

为了解释量子力学与经典力学测量结果的联系，我们考虑下面的类比。在经典理论中，"油漆颜色" 可以是从白到黑连续变化，"灰度" 从 0(白色) 到 1(黑色)。在量子理论中，只有两种颜色的 "油漆粒子"，即黑色或白色。把 30% 数目的白色 "油漆粒子" 和 70% 数目的黑色 "油漆粒子" 均匀混合起来，大量 "油漆粒子" 涂在墙上，就在总体上显示 "灰度" 为 0.7 的 "油漆颜色"。自旋的测量结果与此类似。每个粒子的自旋都是 $-1/2$ 或 $1/2$，但是大量粒子所测的自旋平均值可以是从 $-1/2$ 到 $1/2$ 的任何值。

5.8　光 的 偏 振

以上几节讨论的都是自旋 1/2 粒子。光子的自旋量子数为 1，所以光子是自旋 1 粒子 (spin one particles)。一般来说，任何自旋 1 粒子的自旋在任何方向的分量可能是 $-\hbar$，0 或 $\hbar$。但是光子没有静止质量，而对于一个静止质量为 0 的粒子，这些自旋态未必都是存在的。对于光子来说，自旋的投影只能是 $-\hbar$ 或 $\hbar$，不能是 0。如果用 $\hbar$ 作为自旋的单位，光子的自旋在任何方向的分量可能是 -1 或 1。读者可以暂时承认 "光子自旋不能为 0" 这个结论。仅仅在量子力学的理论范围内不太容易解释它 [2]，如果读者有兴趣了解这个结论的来源，就需要阅读量子场论方面的教科书 [33]。

光子虽然有自旋，但是光子没有磁矩，所以它的自旋无法在施特恩–格拉赫实验里观察到。实际上，量子力学中很多实验是利用光的偏振 (polarization) 性质完成的。光子的偏振方向是与光的传播方向垂直的。如果光束沿 z 轴正方向传播，光子的偏振方向就在 x-y 平面 (指由 x 轴和 y 轴所张成的平面) 内。通常的一束光，其中的光子偏振方向可以是 x-y 平面内的任何一个方向。不同偏振方向的光子混合在一起，光束在总体上可能不显示偏振方向。

有一种晶体称为偏振片 (polaroid)，它可以把不同方向的偏振光 (polarized light) 分开。当光子的偏振方向与偏振片的晶轴方向平行时，光子就能通过；当光子的偏振方向与偏振片的晶轴方向垂直时，光子就不能通过。如果偏振片的晶轴沿 x 方

向，那就只有 x 方向的偏振态光子能够完全通过偏振片，如图 5.10(a) 所示，而 y
方向的偏振态光子将被偏振片完全吸收，见图 5.10(b)。假定光子的偏振方向介于
x 轴和 y 轴之间，而且偏振方向与 x 轴夹角为 θ。如果有大量光子通过偏振片，经
典理论和量子理论都预言相同的结果，即只有 $\cos^2\theta$ 部分的光子通过偏振片，其余
$\sin^2\theta$ 部分的光子被偏振片吸收，见图 5.10(c)。但是，如果只有极少数量的光子进
入偏振片，经典理论失效，而量子力学则可以预言，每个光子有 $\cos^2\theta$ 的几率通过
偏振片而成为 x 方向的偏振态光子，同时有 $\sin^2\theta$ 的几率被偏振片吸收。所以偏
振片可以看成是一个测量仪器：不论偏振沿哪个方向的光子通过偏振片，其波函数
都必须坍缩为平行光轴或垂直光轴方向的偏振态。如果坍缩为平行光轴的偏振态，
就穿过偏振片；如果坍缩为垂直光轴的偏振态，就被偏振片所阻挡。光束穿过偏振
片之后只保留平行光轴方向的偏振态光子。

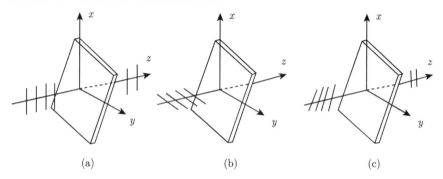

(a)　　　　　　　　　　　　(b)　　　　　　　　　　　　(c)

图 5.10　　(a) 如果偏振片的晶轴沿 x 方向，那就只有 x 方向的偏振态光子能够完全通
　　　　　过偏振片；(b) 如果偏振片的晶轴沿 x 方向，那么 y 方向的偏振态光子将被
　　　　　偏振片完全吸收；(c) 假定光子的偏振方向介于 x 轴和 y 轴之间，只有一部
　　　　　分光子通过偏振片，其余光子被偏振片吸收，通过偏振片后的光子偏振方向
　　　　　与偏振片的晶轴方向平行

　　不论是 x 方向或是 y 方向的偏振光，都称为线偏振光 (linearly polarized light)。
根据坐标轴的选择，有时我们还可以使用 "水平方向偏振" 或 "竖直方向偏振" 的
说法。还有一种偏振光称为圆偏振光 (circularly polarized light)。处于圆偏振态的光
子，其偏振方向是随着光的传播而转动的。如果顺着光的传播方向看过去，光的偏振
方向顺时针转动，就称为 "右旋偏振光"(right-handed/clockwise circularly polarized
light)，反之，就称为 "左旋偏振光"(left-handed/anti-clockwise circularly polarized
light)。有一种称为 QWP(quarter wave plate) 的特殊晶体，可以把线偏振光转变为
圆偏振光。关于偏振光的量子力学知识，在附录 G 作了介绍，供读者参考。

　　光子的自旋与偏振之间是有联系的。假定光沿 z 方向传播，圆偏振光里的光
子就都具有 z 方向自旋 $\pm\hbar$。如果光是右旋的，光子的自旋方向就与光束的传播方

向一致 (z 方向自旋 $\hbar$); 如果光是左旋的, 光子的自旋方向就与光束的传播方向相反 (z 方向自旋 $-\hbar$)。如果光束是线偏振的, 光子就处于 z 方向自旋分量 $\hbar$ 与 $-\hbar$ 的叠加态。对于沿 x 或 y 方向传播的光也有类似的结果。例如, 假定光沿 x 方向传播, 如果光是右旋的, x 方向自旋就是 $\hbar$; 如果光是左旋的, x 方向的自旋就是 $-\hbar$; 如果光束是线偏振的, 光子就处于 x 方向自旋分量 $\hbar$ 与 $-\hbar$ 的叠加态。从 5.2 节的讨论知道, 如果粒子有自旋, 它的波函数就不仅是坐标的函数, 同时也是自旋分量的函数。对于光子, 波函数就是坐标和偏振方向的函数。

思 考 题

假定光子沿 z 轴正方向行进, 在行进方向上一前一后分别放置两个偏振片 A 和 C, 偏振片 A 的光轴沿 x 轴方向, 偏振片 C 的光轴沿 y 轴方向, 两个光轴的夹角为 90°。光子经过偏振片 A 之后, 有多少光子能够穿过偏振片 C? 在上面实验的基础上, 再把一个偏振片 B 放在偏振片 A 和 C 之间, B 的光轴在 x 轴和 y 轴的角平分线上, 所以 A 和 B 的光轴之间的夹角是 45°, B 和 C 的光轴之间的夹角也是 45°。有了偏振片 B 之后, 经过偏振片 A 的光子有多少能够穿过偏振片 C?

第6章 测量和哥本哈根诠释

测量发生在量子力学三阶段论的第三阶段。测量理论是量子力学的重要组成部分，但在物理学界争议很大，量子力学教科书通常不作详细讨论。本章力图客观地介绍以玻尔为代表的正统量子力学关于测量的理论，即哥本哈根诠释。

正统量子力学的测量理论的出发点是，在实验装置中，应当区分作为被研究对象的部件和作为测量仪器的部件。量子力学的测量过程参与了粒子状态的确定。波函数的"坍缩"是在粒子被观察的时候发生的，粒子是在到达测量仪器并且被测量的时候才决定命运的，即"测量决定命运"。在测量位置的时候，不能因为最终在某处发现了粒子，就断言测量之前的瞬间粒子已经存在于该处附近。

正统的量子力学不能对研究对象的波函数演化和测量仪器的作用作统一的描述，不得不在薛定谔方程之外再求助于"经典测量者"。"薛定谔猫佯谬"提醒物理学家，薛定谔方程不是"放之四海而皆准"的真理。"薛定谔猫佯谬"是量子力学理论的内在矛盾的表现，这个内在矛盾不可能通过制备出宏观尺度的"死猫"和"活猫"的叠加态来解决。玻尔本人不曾完整地阐述过哥本哈根诠释。但是，物理学家对哥本哈根诠释有着基本一致的认识，并且反映在他们撰写的教科书中。

为了保持叙述的连贯性，一些比较复杂的细节放在附录 H 和附录 I 中讨论。

6.1 "被测量系统"和"测量仪器"的区别

通常在使用"测量"一词的时候，就意味着已经把客观世界分割为"被测量系统"和"测量仪器"两部分。在经典力学里，不论是对于"被测量系统"或是对于"测量仪器"，描述方式是相同的。但是，在量子力学中，不同的区分导致不同的描述，所以明确这样的区分是完全必要的。所谓"被测量系统"就是研究的对象，它在量子力学三阶段论的第二阶段里用薛定谔方程来描述；而"测量仪器"在三阶段论的第三阶段才起作用，它是能够完成某种预定的测量任务的仪器，其中的"预定任务"是指测量粒子的某个物理量 (如粒子的位置、自旋、动量或能量等) 并得到确定的值。在每个实验装置中，应当把作为测量仪器的部件与作为被研究对象的部件相区别。

例如，图 1.3 一维势垒实验装置，由发射器、粒子、势垒和两个盖革计数器组成。通常势垒就是被测量系统的一个组成部分。如果波函数从图 1.3(a) 状态出发，按照薛定谔方程演化，这个过程是可逆的。波函数遇到势垒时经历图 1.3(b) 和

图 1.3(c) 的状态, 变成了图 1.3(d) 的状态。如果把动量方向掉头, 波函数会从图 1.3(d) 的状态开始, 经历图 1.3(c) 和图 1.3(b) 的状态, 演化回图 1.3(a) 的状态。有些读者可能会怀疑, 已经分离成穿透和反射两部分的波函数 (图 1.3(d)) 回到势垒的时候, 难道会演化为向右方运动的单一的波函数 (图 1.3(a)) 吗? 答案是肯定的。在量子力学中, 如果来自左右两方向的两束波函数在到达势垒左方边界时, 振幅恰好相同但是相位恰好相反, 它们就会互相抵消, 势垒左方不会有波函数射出, 而波函数只可能向右方射出。在势垒的作用下, 电子的波函数没有发生"坍缩", 因此这不是测量。所以, 在这个实验中, 势垒不是测量仪器, 它应当是被测量系统的一部分。但是, 在一维势垒实验装置里, 盖革计数器则是测量仪器, 而不是被测系统。如果势垒左方或右方的任何一个盖革计数器捕获到某个电子, 波函数就从图 1.3(d) 的两部分"坍缩"成唯一的穿透波函数或者反射波函数, 其中任何一个都不可能再返回到图 1.3(d) 的两部分的状态。

在一个实验装置中, "被测量系统"和"测量仪器"的划分, 是按照它在实验中所起的作用来决定的。例如, 在 1.5 节讨论的宏观粒子势垒例子中, 势垒被看成是"被测量系统"的一部分, 穿透几率不是 0%(可以"几乎 0"), 反射几率也不是100%(可以"几乎 1")。但是, 海森伯曾经说过, 测量自由电子能量的方法之一, 就是令电子通过一个已知的势垒。在这个实验中, 实验者的目的是用势垒来测量粒子源发射的粒子动能是否高于某个预定的阈值, 就需要把势垒看成是"测量仪器"。这时就必须用经典物理来确定其状态, 它把入射的波函数"坍缩"为唯一的反射部分 (穿透几率"绝对 0", 而反射几率"绝对 1"), 或者唯一的穿透部分 (穿透几率"绝对 1", 而反射几率"绝对 0")。再如, 在量子一维势垒实验装置里, 盖革计数器通常是"测量仪器", 而不是"被测量系统"。然而, 如果实验者需要研究盖革计数器的量子力学效应, 就必须把它看成是"被测量系统"的一部分, 用薛定谔方程来讨论它的演化。当然, 可以想象, 其演化行为通常应当很接近经典物理的结果。但这时就必须有另一个独立的"测量仪器"来测量盖革计数器, 把它的波函数"坍缩", 从而得到盖革计数器最终的状态。

所以, 在量子力学中, "被测量系统"和"测量仪器"之间的界限依赖研究者的目的而变化。如果实验装置中的一个部件被看成是"被测量系统"的一部分, 它的演化就属于第二阶段; 如果被看成是"测量仪器", 它的演化就属于第三阶段。玻尔曾经强调 [34]: "在每个实验设置中, 把作为测量仪器的物理系统和那些构成被研究客体的部分区分开来的必要性, 可能被认为是物理现象的经典描述和量子力学描述之间的主要区别。的确, 在每个测量过程中把这种区分放在什么地方, 在 (经典物理和量子力学) 两种情况下很大程度上只是一种方便考虑。然而, 在经典物理学中, 研究对象客体和测量仪器之间的区分并不会导致相关现象的描述特征有任何不同。但正如我们所看到的, 这种区分在量子理论中的根本重要性的根源, 在

于人们不可避免地会用经典的概念来解释所有正规的测量，即使经典理论不足以
解释我们在原子物理学中关心的新型的常态。"(This necessity of discriminating in
each experimental arrangement between those parts of the physical system considered
which are to be treated as measuring instruments and those which constitute the
objects under investigation may indeed be said to form a principal distinction between
classical and quantum-mechanical description of physical phenomena. It is true that
the place within each measuring procedure where this discrimination is made is in
both cases largely a matter of convenience. While, however, in classical physics the
distinction between object and measuring agencies does not entail any difference in the
character of the description of the phenomena concerned, its fundamental importance
in quantum theory, as we have seen, has its root in the indispensable use of classical
concepts in the interpretation of all proper measurements, even though the classical
theories do not suffice in accounting for the new types of regularities with which we
are concerned in atomic physics.)

　　总而言之，在哥本哈根诠释里，对于每一个具体问题，都必须划分"被测量系
统"和"测量仪器"。其中前者是量子力学的研究对象，它可以用波函数描述，可
以处于叠加态，服从薛定谔方程；而后者不能用波函数描述，不能处于叠加态，它
必须是"经典测量者"，即必须满足经典物理定律。但是，玻尔从来没有明确定义
"被测量系统"和"测量仪器"的分界线，而把如何区分二者的任务留给了每个具体
的实验。在实验中，有时作为测量装置的部件只要近似地服从经典物理，就可以把
波函数之中占有"几乎 1"几率密度的那一支看成是坍缩之后的波函数，从而得到
确定的结果。测量仪器的尺寸可以很大，如盖革计数器，也可以很小，如云室中的
一小块体积 (其中可能只包含少量水分子) 或感光底片上的一小块面积 (其中可能
只包含少量卤化银颗粒)。在一个具体的实验装置中如何恰当地划分两种客体，仍
然可能有不同的选择 [7]。但是，实验装置里的每一个部件，或者是"被测量系统"，
或者是"测量仪器"，两个角色只能选其一，没有任何一个部件可以同时兼任两个
角色。

6.2   量子力学测量参与了粒子状态的确定

　　"测量"行为隐含着"发现客观事物的已经存在的状态"的意思。在经典物理
中，测量物体的某种性质之前，就默认了该物体已经具有这种性质的确定值。例如，
在测量一颗子弹沿前进方向的角动量之前，默认了子弹已经具有沿该方向角动量
的确定值。测量只是把已经客观存在的状态反映出来。在测量过程中，测量仪器的
状态发生了变化 (否则就不能显示测量结果)，但是必须假定被测量系统并没有变

化，或者即使它发生了变化，也忽略不计。

对电子的测量似乎不符合上述经典物理的观念。第 5 章曾经讨论过，在测量了电子沿 z 方向自旋并且得到自旋向上的结果之后，就知道这个电子处于 $|z+\rangle$ 状态。如果再测量它沿其他任何方向的自旋，就有向上和向下两种可能性。例如，测量沿 x 方向的自旋，结果就会是 $|x+\rangle$ 或者 $|x-\rangle$，两种各占一半几率；测量沿 y 方向的自旋，结果就会是 $|y+\rangle$ 或者 $|y-\rangle$，两种也各占一半几率；甚至沿 x 和 y 的角平分线方向自旋的时候，也得到 1/2 或 −1/2 各占一半几率的结果。如果情况真的像经典物理中所设想的那样，在测量电子的自旋之前，该电子已经具有自旋的确定值，就不得不承认被测量之前电子已经处在 "沿任何方向的自旋都是 1/2 或 −1/2" 的状态。这样的结论显然是不合理的。所以，量子力学的 "测量" 应当是 "系统和测量仪器的相互作用" 过程，被测量系统以及测量仪器在测量过程中都发生变化。在测量电子沿某方向自旋之前，电子未必具有沿该方向自旋的确定值。在电子与测量仪器发生相互作用的过程中，电子确定了自旋的方向和数值，电子自旋波函数也就坍缩到相应的确定状态。只有这样才能解释 "沿任何其他方向测量电子的自旋总是得到 1/2 或 −1/2" 这个实验结果。所以，量子力学的测量过程参与了粒子状态的确定。这说明量子力学中的 "测量" 的含义与经典力学中的测量并不一致。

不仅测量电子自旋的过程参与了电子自旋状态的确定，对位置的测量也同样参与了对粒子位置的确定。例如，在第 3 章讨论的双–方势阱模型中，如果粒子具有确定的能量，那么它的位置就不确定；在测量位置之后，这个粒子就有了确定的位置，但是它的能量就不再确定。这说明量子力学中，在测量粒子位置之前，粒子未必具有确定的位置。对微观粒子其他物理量的测量也同样参与了对粒子这个物理量的确定。

但是，"量子力学的测量过程参与了粒子状态的确定" 这个命题并不意味着 "测量之前系统没有确定的量子态"。例如，对处于 $|z+\rangle$ 状态的电子测量沿 x 方向的自旋，测量之前电子不具备确定的沿 x 方向的自旋，但是具备沿 z 方向确定的自旋，因此测量得到的电子沿 x 方向自旋的统计分布是确定的，即沿 x 轴正负两个方向的自旋各占 50% 的几率。在这个意义上，经典力学和量子力学测量结果揭示的都是客体自身的性质，区别在于，经典力学中通过单次测量就可以发现系统本来就具有的物理量的确定值，而量子力学中可能需要多次测量才可以发现系统本来就具有的物理量的平均值和均方根差等统计性质。无论是确定值，还是平均值和均方根差，都是客体本来就具备的性质，与测量与否无关，与测量手段也无关。所谓 "量子力学的测量过程参与了粒子状态的确定" 这个命题，只是强调每一次测量所得到的结果都有测量过程的参与，测量之前和测量之后被测量系统的状态是不同的。

6.3 "测量决定命运"

在一维势垒实验中，粒子可以有两种命运：或者穿透势垒，或者被势垒所反射。那么，粒子是什么时候决定了穿透或是被反射的命运呢？是在到达势垒跟前的时候，还是在到达穿透探测器或反射探测器被测量的时候？在了解双缝干涉现象之后，可以重新审查一下量子势垒实验，试着回答这个问题。

根据经典物理的思维习惯，即使粒子运动不完全取决于初始动能，粒子的命运也是在它抵达势垒的时候就决定的，因此对一维势垒问题中电子如何运动的问题可以作如下描述：

当一个电子从发射器被发射，经过一段路程后，抵达势垒。电子这时将面临"选择"：是穿透还是反射？如果电子"选择"穿透，它就奔向穿透探测器，反之，如果电子"选择"反射，它就奔向反射探测器。最后，电子被两个探测器之中的一个俘获，过程结束。

这里所说的"选择"，可以是完全随机的，也可以被隐变量所决定，但是"选择"发生在粒子与势垒的相互作用之时，它与探测器是否存在无关。因为这种直观的描述立足于"粒子"行为，所以仍然可以称为"经典直观逻辑"。请读者注意在 1.2 节里提到的经典力学对粒子行为的描述不同于这里的"经典直观逻辑"。在 1.2 节的经典力学描述里，粒子运动完全取决于初始动能，而这里的经典直观逻辑却强调了粒子面对各种可能性的"选择"机会。

为了判别"经典直观逻辑"与量子力学孰是孰非，可以把图 1.2 的实验装置稍微改变一下，用两个反射镜代替穿透探测器和反射探测器，并且安装一张屏幕。由于反射镜的作用，两部分波函数将会重新汇聚到一起，射到屏幕上，如图 6.1 所示。根据量子力学理论，波函数沿左右两条路径汇合在屏幕上 A，B，C，D 和 E 五个区域时，路径的长度是不同的，所以在屏幕上会出现干涉条纹 [15]。那么"经典直观逻辑"能否解释图 1.2 和图 6.1 这两个实验现象呢？

如果实验装置如第 1 章所说的那样，有穿透和反射两个探测器 (图 1.2)，粒子可能穿透势垒，也可能被势垒反射。这种实验装置里的粒子在到达其中一个探测器时，不需要"知道"另一个探测器存在与否，"经典直观逻辑"勉强说得过去，不会与实验结果直接冲突。但是，如果实验装置里是两个反射镜以及屏幕 (图 6.1)，那么为了解释干涉条纹的存在，必须作出一种假定，认为一个粒子在到达其中一个反射镜时，就"知道"另一个反射镜存在与否，然后决定如何运动。如果粒子"觉察到"另一个反射镜存在，粒子就按照"到达屏幕时产生干涉条纹"的方式运动。反之，如果粒子"觉察到"另一个反射镜不存在，它就按照"不产生干涉条纹"的方式运动。总之，粒子如何运动，必须在"知道"它前方装置的情况下才能作出决定。这是"经典直观逻辑"必然遇到的困境 [15]。在双缝干涉实验中,两个狭缝的距离比较近,直观上给人的印象是,粒子或许有可能"知道另一个缝是开还是关"。图 6.1 的情况则不同,两面反射镜可以距离很远,无法想象粒子在到达势垒时就知道前方的两面反射镜是否存在。所以,粒子"在达到势垒时作出选择"的说法,不能解释屏幕上的干涉条纹。从上面的分析看出,"经典直观逻辑"遇到了严重的困难,因为在粒子到达势垒时没有充足的信息作"选择",相反,只有当"粒子"到达屏幕的时候,才可以"知道"自己是来自两个反射镜,还是一个反射镜,或是经历其他什么过程,然后作出选择。

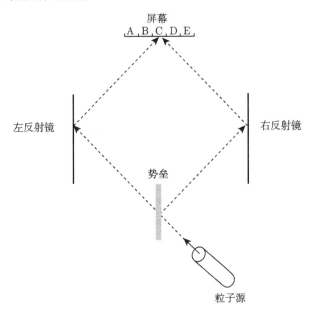

图 6.1   用两个反射镜代替穿透探测器和反射探测器,让两部分波函数
重新汇聚到一起,射到屏幕上,干涉条纹会出现在屏幕上

现在可以回答"电子跑到哪边,是在什么时候被决定"的问题了。在量子力学的理论中,波函数在到达势垒时无须作出选择,只是按照薛定谔方程分裂成两个部分。波函数的每一支"自己走自己的",不需要"知道"另一支波函数如何运动。在图 1.2 的装置里,两支波函数分别飞往穿透探测器和反射探测器;在图 6.1 的装置里,两支波函数分别被两个反射镜反射,然后在屏幕汇聚,共同确定了在屏幕上的几率密度分布。"三阶段论"之第二阶段到此结束。到了第三阶段,在粒子被测量的时候,波函数"坍缩"到波函数许可范围内的某处。如果在势垒分开的两支波函数分别飞往两个探测器,粒子就将被其中一个探测器发现;如果波函数由两个反射镜反射而来,就可能显示干涉条纹。这就是说,粒子是在到达探测器被测量的时候

才决定命运的，即"测量决定命运"。在测量之前的任何瞬间，在空间波函数模的二次方不等于零的任何地方，都有可能发现粒子。在一维势垒实验中，不能因为最终在势垒左边的反射探测器发现了粒子，就断言势垒右边的波函数不曾存在，或猜测"粒子不曾访问过势垒的右边"，反之亦然。在测量之前，只知道粒子在空间的位置的几率分布，谈不到有确切位置。用这个"测量决定命运"的观点看待图 6.1 的实验，就不会遇到"经典直观逻辑"面临的困难。

在图 1.2 的装置里，假定穿透探测器和反射探测器距离势垒非常远，波函数接触势垒之后需要很长时间才能到达测量仪器，那么经典物理和量子力学的区别就更明显了。从经典物理看来，一旦遇到势垒，判决就已经作出，粒子命运已经被决定了。从量子力学看来，在测量之前的长时间里，判决尚未作出，粒子的命运一直在等待测量来作出判决。量子力学的三阶段论中，第二阶段里波函数遵照薛定谔方程的演化过程，常常存在多个分支，除了上面所说的在一维势垒中穿透或反射两个分支之外，还可以举出更多的例子。例如，当电子经过施特恩-格拉赫装置时自旋有 1/2 或 –1/2 两个分支；再如电子在双缝干涉实验中可能击中屏幕上 A，B，C，D 和 E 五个区，相应地可以看成是波函数有五个分支；等等。只要尚未被测量，波函数就一直是所有分支的叠加态，也就是说，粒子的状态一直保持着各种可能性。第二阶段波函数的演化已成为历史，测量不会改变这段历史。直到第三阶段进行测量的瞬间，波函数才发生"坍缩"，粒子才有了确定的状态，整个运动过程才被完全确定。强调这个"测量决定命运"的命题，是因为在设计实验时必须考虑到波函数到达测量仪器所需的时间。例如，在第 7 章将讨论的纠缠态的问题中，这个命题就涉及纠缠态光子实验里存在的漏洞，以及如何堵塞漏洞的问题。

6.4　测量前后系统的状态

仍然以第 1 章讨论的一维势阱为例。从量子力学的观点看，在测量之前，被测量系统 (就是粒子) 既没有被穿透探测器测到，也没有被反射探测器测到。每个系统只有一种可能的状态，它由 (1.1) 式描述：

$$\psi(\text{before}) = 0.8\varphi(T) + 0.6\varphi(R)$$

它的含义是

$$\begin{matrix} \text{"粒子穿透势垒" 的量子态 (系数 } 0.8) \text{ 和} \\ \text{"粒子被势垒反射" 的量子态 (系数 } 0.6) \text{ 的叠加态} \end{matrix} \tag{A}$$

但是，测量之后，每个系统都不再是这个叠加态。如果发现粒子被穿透探测器捕获，那么"粒子穿透势垒"的几率就是 100%；如果发现粒子被反射探测器捕获，那么

"粒子被势垒反射" 的几率就是 100%。对于大量完全相同量子系统的测量, 可以得到测量结果不同的两组系统, 其中 "粒子穿透势垒" 的系统占 64%, 而 "粒子被势垒反射" 的系统占 36%。所以, 测量之后每个系统只能处于以下两种可能的状态之一, 即

$$\text{"粒子穿透势垒" (占系统总数的 64\%) 或} \atop \text{"粒子被势垒反射" (占系统总数的 36\%)} \tag{B}$$

请读者特别注意在状态 (A) 中用 "和" 描述, 而在状态 (B) 中则用 "或" 描述。简单来说, 量子力学的 "测量" 就是把 "和" 变成 "或"。有些读者可能认为状态 (A) 和状态 (B) 区别不大, 都是 "粒子穿透势垒" 的几率为 64%, 而 "粒子被势垒反射" 的几率为 36%。事实上, 状态 (A) 和状态 (B) 之间有三个很重要的区别:

第一, 状态 (A) 的粒子, 处于两个量子态的叠加态, 既不是 "穿透了势垒", 又不是 "被势垒反射", 而是处于 " 有 64% 的几率穿透势垒", 同时又 "有 36% 的几率被势垒反射" 的状态。但是, 状态 (B) 的粒子, 或者是 "穿透了势垒", 或者是 "被势垒反射", 二者必居其一。假如共有 100 个系统 (就是 100 个粒子) 参与了实验, 状态 (A) 的 100 个粒子是完全相同的, 每个粒子都处于两个量子态的叠加态。但是, 状态 (B) 的 100 个粒子里面, 平均会有 64 个粒子已经到达了穿透探测器, 另外的 36 个粒子已经到达了反射探测器。在量子力学里, 状态 (A) 被称为 "纯量子态"(pure quantum state) 或 "纯态"(pure state), 状态 (B) 被称为 "混合量子态"(mixed quantum state) 或 "混合态"(mixed state)[8]。纯态改变成混合态是熵增加过程。测量可以把纯态改变成混合态, 但是混合态无法变回到纯态。所以说, 量子力学中的测量是一个不可逆过程。

第二, 在量子力学中, 状态 (A) 的几率是就单个系统而言的, 状态 (A) 是用波函数描述的。狄拉克曾经说过 [3]: "波函数告诉我们的是一个光子在一特定位置的几率, 而不是在那个位置上可能有的光子的数目。" 同一个光子源在相同条件下逐个发射了大量光子, 其中每一个光子都是一个独立的物理系统, 这些光子合起来组成一个系综。状态 (B) 的几率是对一个系综而言的。状态 (B) 中的 "64%" 或 "36%" 的几率, 如果就每一个系统而言, 是没有意义的, 因为任何一个系统在测量以后, 只能以 100% 的几率处于 "穿透" 状态, 或 100% 的几率处于 "反射" 状态。只有在对系综作统计时, "64%" 或 "36%" 的几率才有意义。在量子力学中, 状态 (B) 是用一种被称为 "密度矩阵" 的数学工具描述的 [8]。

第三, 状态 (A) 的粒子可以发生干涉现象, 但是同样的干涉现象不可能发生在状态 (B) 的粒子上。在 6.3 节已经讨论过这一点。当时, 用两个反射镜代替穿透探测器和反射探测器, 让两部分波函数重新汇聚到一起, 射到屏幕上 (图 6.1), 干涉条纹会出现在屏幕上。这种条纹是单个粒子波函数的两部分之间发生干涉所生成

的，或者说是单个粒子与自己发生干涉所得到的结果，而不是两个粒子之间发生干涉。因此，单个粒子的状态 (A) "是穿透部分占据了 64% 和反射部分占据了 36% 这两个状态的叠加" 这种表述，正确地反映了 "干涉是单个粒子与自己发生干涉" 的事实。状态 (B) 则反映了 "最终在测量后发现每 100 个粒子中平均有 64 个出现在穿透探测器里，有 36 个出现在反射探测器里" 的事实。

量子力学中的测量，就是把系统从状态 (A) 改变成状态 (B)。但是，在测量过程中，状态 (A) 是如何改变成状态 (B) 的呢？物理学界在这个问题上众说纷纭，到目前为止，量子力学中关于测量的理论仍在讨论中。在测量问题上的不同见解，常常带有浓厚的哲学色彩。

量子力学关于测量的一个基本问题是：为什么对这个系统的测量得到这个特定的结果，而对那个系统的测量却得到另一个结果？20 世纪 50 年代从苏联引进的教科书 [35] 有一种 "系综诠释"(ensemble interpretation)，认为量子力学讨论的不是单个系统，而是由大量相同的系统所组成的系综。系综里的每个系统都有相同的波函数，它们在第二阶段都要用薛定谔方程描述，粒子运动没有轨迹。按照这种系综诠释，系综里每个系统的测量结果的几率，符合波函数所预言的几率分布。系综诠释当然没错。但是，按照这种 "系综诠释"，量子力学并不回答每个系统的测量结果，只回答每个测量结果出现的几率。于是，量子力学似乎很圆满了，再也不需要什么 "解释" 了，但是它没有回答而只是回避了量子力学关于测量的这个基本问题。量子力学不能满足于 "系综诠释"，必须进一步追问为什么对于某个特定的系统测量可以得到某个特定的结果。

量子力学教科书里介绍得最多的测量理论，就是哥本哈根诠释，也被称为 "正统" 的理论。正因为哥本哈根诠释只回答 "测量是什么"，不回答 "测量为什么是这样" 的问题，所以这个理论最简单，而且最容易被接受。贝尔 (John Stewart Bell) 把哥本哈根诠释称为 "通常的量子力学"(ordinary quantum mechanics)。贝尔赞同 "通常的量子力学对于所有实用目的都是很好的"(Ordinary quantum mechanics is just fine for all practical purposes.) 这种说法。在后面 6.6 节关于 "薛定谔猫" 的讨论中可以看得很清楚，哥本哈根诠释不能对波函数的演化和测量仪器的作用作统一的描述，不得不在薛定谔方程之外再求助于 "经典测量者"。无论如何，在理论体系上，这是一个缺欠。

6.5   薛定谔方程和测量

在 6.4 节曾经说过，测量之前系统处于 "纯态"(记为状态 (A))，测量之后系统处于 "混合态"(记为状态 (B))，测量过程把系统从状态 (A) 变成状态 (B)。在哥本哈根诠释中，对于系统从状态 (A) 到状态 (B) 的过程没有任何解释。如果想得到一个完全独立于经典物理的量子力学理论，就必须用薛定谔方程解释 "测量" 过程才行。近年来，物理学界沿着这个方向做了许多努力，但是仍然没有得到满意的结果。这里简要介绍关于测量的几种典型的理论。

第一种理论是退相干 (decoherence)。"退相干" 是量子力学在讨论一个物理系统与环境之间相互作用时产生的概念 [36]。从退相干理论看来，在三阶段论的第二阶段结束之前，系统就已经处于状态 (A) 或 (B) 两者之一。测量过程仅仅反映出系统本身究竟处于状态 (A) 还是状态 (B)，而不再是哥本哈根诠释中需要的 "把状态 (A) 变为状态 (B)" 的过程。因此，退相干理论不需要用波函数 "坍缩" 来解释测量过程。但是这就需要薛定谔方程能够描述从 (A) 到 (B) 的过程才行。为了解释在测量之前系统如何从 (A) 变到 (B)，退相干理论认为，几乎每一个量子系统都或多或少地与环境存在相互作用，而且环境常常具有极多的自由度。在绝大多数情况下，与环境的相互作用起了支配作用，使得系统的 "纯量子行为" 无法观察到。显然，如果这里所说的 "与环境的相互作用" 是服从薛定谔方程的相互作用，系统就不会从 (A) 变化到 (B)。

那么，怎么才能出现退相干呢？已经有一些文章对 "退相干" 理论作了面面俱到的综述，但是这里仅就 Namiki 和 Pascazio 于 1990 年设计的一个简单的 "退相干" 模型 [37] 从一个侧面介绍退相干理论的要点。这个模型使用了一种 "非破坏性测量仪器"(nondestructive detector)，它不造成波函数的坍缩，所以它起到的作用不是真正的测量，可以称为 "不完美测量"(imperfect measurement)。读者可以在附录 H 里看到这个 "不完美测量仪器" 是如何起到测量仪器的作用的。这个简单模型中，退相干现象源于随机力。随机力又是从哪里来的呢？设想系统本身 (在这里就是微观粒子) 与不完美测量仪器组成一个小系统，这个小系统连同环境共同组成一个大系统，这个大系统 (主要是环境) 含有大量粒子，用薛定谔方程可以计算这个大系统的演化。在这里，尽管小系统 (微观粒子+不完美测量仪器) 包含大量自由度，但是它只占整个大系统的极小部分。它与大系统其他部分 (即环境) 之间的相互作用就十分复杂，以致无法严格计算，所以只好把这种相互作用近似看成是环境对小系统施加的随机力。这样的随机力造成了附录 H 简单例子里的退相干。按照附录 H 的讨论，在经过不完美测量仪器之前，波函数处于纯态 (A)，但是经过不完美测量仪器之后，两束波函数不再相干，系统处于混合态 (B)。于是粒子击打在屏幕上的条纹显示经典行为。所以，"退相干" 可以借助 "随机力" 来实现。

但是退相干理论没有真正从理论上解决量子力学的测量问题，因为薛定谔方程不包含 "随机力"，任何形式的 "随机力" 都是外加到薛定谔方程上的。有些理论文章好像从遵守薛定谔方程的 "系统 + 测量仪器 + 环境" 的量子力学大系统推导出了 "系统 + 测量仪器" 这个子系统中的不可逆的 "测量过程"，或者 "完全退相干" 的宏观状态，但是实际上在推导过程中不知不觉地引进了 "随机力"，或者不

恰当地使用 "无穷大极限"，以及使用了非线性的边界条件，等等。所以，"退相干"
理论仍然需要改进。

第二种理论是冯·诺依曼理论。冯·诺依曼 (John von Neumann) 把被测量系
统和测量仪器都看成量子力学对象 [38]。他认为，对一个量子系统的测量，可以被
划分为在时间上连续的先后两个步骤。在测量过程的第一步骤，需要从状态 (A) 形
成被测量的量子系统的本征态与测量仪器的本征态构成的纠缠态 (纠缠态的概念
将在第 7 章讨论)。这种相互作用服从线性的、确定性的薛定谔方程。建立了被测
量的系统与测量仪器构成的纠缠态之后，测量过程还没有完结。在冯·诺依曼理论
的第二步骤，测量仪器的波函数一旦发生 "坍缩"，与之 "纠缠" 的被测量系统就会
同时 "坍缩"。于是，系统就从纠缠态演化到状态 (B)。显然冯·诺依曼理论的第二
步骤不能用薛定谔方程来描述，因此这个理论没有从根本上解决波函数如何坍缩
的问题。按照冯·诺依曼和维格纳 (Eugene P. Wigner) 等人的观点，这个阶段需要
有 "意识观察者" 介入，才能够使波函数坍缩。但是，一旦涉及 "意识"，问题通常
会变得比纯粹的物理问题更复杂。关于测量的这一理论并没有得到物理界的普遍
承认。

第三种理论是 Everett 于 1957 年提出来的多世界诠释 (the many-worlds
interpretation)[39]。这个理论的出发点，是企图把量子力学用于整个宇宙，而宇宙
不存在外部观察者。多世界诠释的要点是，测量过程仍然服从薛定谔方程。当一个
孤立系统有外部观察者的时候，多世界诠释就把系统和观察者合在一起看成是一
个孤立系统。这个理论完全否认波函数会发生坍缩。按照多世界诠释，测量并不是
从各种可能的结果中随机地选出一个结果，相反地，测量之后各种可能的结果都仍
然存在。至于为什么我们只观察到一种结果，原因是测量过程把世界分成 "多个世
界"，每个世界里只观察到其中一种结果，每个观察者仅仅在自己的世界里。我们
只能观察到我们所在的世界中的结果，而观察不到别的世界里的结果，但没有理由
假定另外的结果没有出现过。海森伯早在 1930 年就说过 [7]："一般地说，人类的语
言可以构成一些引申不出任何结论的句子，尽管这种句子也描绘出某种图像，但实
际上，它们是完全没有意义的。比如说除了我们这个世界外，还存在另一个原则上
毫无联系的世界；这种陈述尽管在我们的想象中也会形成一幅图像，但是却得不出
什么结论来。很明显，对这种陈述是既不能证明又无法否定的。" 多世界诠释不是
可以用实验证实或证伪的理论，没有任何实验支持或否定这个理论。

测量理论的宗旨是解释测量过程可以在各种可能结果中随机得到某一特定结
果的原因，以上三种理论都力图在被研究客体和测量仪器之外寻找答案。退相干理
论把测量归结为复杂的外界环境的作用；冯·诺依曼把测量归结为意识的作用；多世
界理论把不同的测量结果推给另外的世界。这三种理论都有一些拥护者宣称该理
论已经解决了量子力学的测量问题。另一方面，这三种理论的界限有时也不是那

么分明，一个理论有时也借用另一个理论的某些论断为自己服务。

以上三种理论都不需要"隐变量"。还有一些理论保持了"隐变量"概念，这里介绍其中两种。一种是"统计诠释"(statistical interpretation)，认为波函数对单个系统的描述是不完备的，应当把波函数视为对系综的描述。系综内的系统可以具有相同的波函数但是可能对应着隐变量的不同值，测量的结果由波函数和隐变量共同决定[40]。学术界对这一观点仍然存在争论。请读者注意统计诠释不同于 6.4 节介绍的"系综诠释"。另外一种是德布罗意–玻姆理论 (de Broglie–Bohm theory)。在量子理论发展的早期，德布罗意曾经建议，波函数可能起到"引导"粒子运动的作用。在这样的理论中，波函数被称作"导航波"(pilot wave)。德布罗意的想法在长时间里没有被重视，直到 1952 年玻姆 (David Joseph Bohm) 根据导航波的思想建立了"导航波"理论，后来被称为德布罗意–玻姆理论[41]。这个理论在附录 I 中做了简单介绍。尽管德布罗意–玻姆理论本身仍然面临一些争议，但是也有人认为这个理论大概是在现有的各种关于测量的理论探讨中较为成功的尝试。贝尔曾经说过[42]："我认为，量子理论，特别是量子场论，其传统表述显得非专业地含糊不清和模棱两可。专业理论物理学家应该能够做得更好。玻姆为我们指出了一条路。"(I think that conventional formulations of quantum theory, and of quantum field theory in particular, are unprofessionally vague and ambiguous. Professional theoretical physicists ought to be able to do better. Bohm has shown us a way.) 德布罗意–玻姆理论中，描述粒子状态的变量不仅有波函数，也有位置和动量 (这是需要进一步讨论的)。值得注意的是，在一个完整的过程中，位置和动量在每一时刻的演化依赖于波函数，但是波函数的演化却完全不依赖位置和动量。这表明描述粒子状态的变量之中，波函数的重要性有别于位置和动量。

总而言之，量子力学的测量过程是不可逆现象，而薛定谔方程描述可逆过程。无论如何，把不可逆的测量过程与薛定谔方程描述的波函数的演化过程协调起来，是自量子力学建立以来，几代物理学家都在关心的基本物理问题之一。能否找到一种方案，既保持量子力学对波函数的正确描述，又很好地描述波函数的"坍缩"？为了回答这个问题，物理学界有不同的见解。这个问题难度极大，至今尚未彻底解决。正如贝尔所说过的[43]："只要波包坍缩依然是理论的一个重要的成分，只要我们还不知道波包坍缩是在什么时候发生和如何取代了薛定谔方程，就不能说我们对最基本的物理理论已经有了确切而且没有歧义的公式体系。"(So long as the wave packet reduction is an essential component, and so long as we do not know exactly when and how it takes over from the Schrödinger equation, we do not have an exact and unambiguous formation of our most fundamental physical theory.)

6.6 "薛定谔猫佯谬"

薛定谔 1935 年提出了一个思想实验,通过一只猫的死活问题,质疑量子力学中的哥本哈根诠释的正确性 [44]。这就是著名的 "薛定谔猫佯谬"(Schrödinger's cat paradox) 这个佯谬涉及量子力学中两个重要的基本问题,一个是叠加态,另一个是测量。近年来出版的量子力学教科书以及科普读物几乎都会提及 "薛定谔猫佯谬"。

薛定谔是这样描述他的思想实验的:

> 实验者甚至可以设置出相当荒谬的实验来。把一只猫关在一个封闭的钢容器里面,并且安装上以下仪器 (注意必须保证这个仪器不会被容器里的猫直接干扰):在一台盖革计数器内置入极少量的放射性物质,以致在一小时内,有可能这个放射性物质里只有一个原子会衰变,也有相同几率其中任何原子都没有发生衰变;假若衰变事件发生了,则盖革计数管会放电,并通过继电器启动一个榔头,榔头会打破一个装有氰化氢的烧瓶。把整个这套系统放置一小时,假若没有发生衰变事件,则猫仍旧存活;否则如果发生衰变,上述装置将被触发,氰化氢挥发,导致猫随即死亡。用以描述整个事件的波函数竟然表达出了活猫与死猫 (请原谅我的表达) 各半纠合在一起的状态。

薛定谔原文的英文翻译如下:

> One can even set up quite ridiculous cases. A cat is penned up in a steel chamber, along with the following device (which must be secured against direct interference by the cat): in a Geiger counter, there is a tiny bit of radioactive substance, so small, that perhaps in the course of the hour one of the atoms decays, but also, with equal probability, perhaps none; if it happens, the counter tube discharges and through a relay releases a hammer that shatters a small flask of hydrocyanic acid. If one has left this entire system to itself for an hour, one would say that the cat still lives if meanwhile no atom has decayed. The first atomic decay would have poisoned it. The psi-function of the entire system would express this by having in it the living and dead cat (pardon the expression) mixed or smeared out in equal parts.

从薛定谔的描述可以看出,这个容器里发生的事件经历一个链条,从放射性物质开始,到盖革计数器、继电器、榔头、装有氰化氢的烧瓶,最后到达 "薛定谔猫"。其实这个链条还可以延续,但是把链条终结在一只猫已经足够说明问题了。薛定谔把容器描述为 "封闭" 的,意思是说,上述链条与外界没有任何物质或能量的交换。薛定谔的推理是，如果量子力学适用于所有客体，那么描述这只猫的波函数就可以处于"死猫活猫叠加态"；但是按照常识人们无法接受"猫既死又活"这样的荒谬结果。薛定谔以及其他不少物理学家当时认为，这样的荒谬结果证明了量子力学是不完备的。但是近年来物理学界开始批评"量子力学不适用于宏观客体"这个观点，这主要是由于实验室里已经成功制备了某些介观甚至宏观的叠加态。于是有一些物理学家转而认为"死猫和活猫波函数叠加态"是可以构造出来的。在他们看来，一旦构造了这样的叠加态，就证明量子力学是完备的，"薛定谔猫佯谬"的公案也就可以结案了。因此，"波函数既可以描述微观客体，也可以描述宏观客体"，这种观点已经被越来越多的人接受。

尽管理论界对于"宏观客体是否可能处于叠加态"的问题在理论上已经有了比较一致的认识，但是对"薛定谔猫佯谬"的讨论并没有停止。原因是这个佯谬还涉及了另外一个更加重要的理论问题，即测量问题。按照量子力学三阶段论，在第二阶段的所谓"既死又活的猫"如果存在，它一定是叠加态的波函数，但是任何波函数都是看不见摸不到的。一旦测量就立刻把波函数"坍缩"了，所以观察到的一定是"非死即活的猫"。如果没有测量仪器介入，那么任何处于叠加态的系统就将永远保持其叠加态。所以人们仍然会问，一个"亦死亦活"的叠加状态波函数，如何才可以被"坍缩"为"死猫"或者"活猫"两者之一？在 6.5 节讨论过的各种测量理论，如果应用到"薛定谔猫佯谬"问题，就各有各的解释：

如果用退相干理论讨论"薛定谔猫"思想实验，盖革计数器 (或者是链条中的其他某个环节) 具有极大数量的自由度，它与环境的随机相互作用就使得波函数不再处于相干态。由于"退相干"，无需任何测量，"薛定谔猫"的生死就已经被决定了。因此，在观察者打开盒子之前，"猫"已经处在"非死即活"的状态，打开盒盖的观察者只是发现了已经存在的事实。

如果以冯·诺依曼理论看待"薛定谔猫佯谬"，就会认为在测量过程的第一步骤形成"放射性物质与猫的纠缠态"；在第二步骤，波函数发生"坍缩"，就决定了猫的死活，而"坍缩"要依靠"有意识的观察者"。在盒子打开之前，猫仍然处于"死猫活猫叠加态"，只有当盒子被打开的瞬间，有意识的观察者才决定了猫的死活。至于波函数的"坍缩"究竟发生在链条中的哪个环节 (是盖革计数器，还是那个榔头，还是那只猫)，则是一个实验问题而不是一个理论问题。在这方面有一项实验工作是在 2006 年完成的 [45]，这项实验工作得出的初步结论是，"意识观察者"并不是波函数坍缩的先决条件，盖革计数器的介入足以使波函数发生坍缩。

如果按照多世界诠释，在盒子被打开的瞬间，世界分裂为两个，每个世界里都有各自的观察者和猫。此世界的猫死了，彼世界的猫活着，彼此互不干扰。

以上三种解释在理论界并存，但是都不能令人满意。那么，量子力学的正统理论 (即哥本哈根诠释) 如何看待"薛定谔猫佯谬"呢？正统量子力学不曾否认存在

"亦死亦活" 的猫态波函数存在的可能性，只是坚持必须有一个不遵守薛定谔方程的 "测量仪器" 才能把 "亦死亦活" 的叠加状态 "坍缩" 为 "死猫" 或者 "活猫" 两者之一。否则，万事万物都是叠加态，客观世界就没有什么东西可以处于确定的状态。即使有一天构造出叠加形态的猫，"薛定谔猫佯谬" 链条还会以某种方式延续，仍然需要一个经典测量仪器才能终结叠加形态。

综上所述，"薛定谔猫佯谬" 涉及两个方面的问题，一是宏观物体 (包括猫) 能否用波函数来描述，二是测量仪器是否遵守薛定谔方程。在讨论这个佯谬时，不应当只关注其一却忽视其二。"薛定谔猫佯谬" 提醒物理学家，薛定谔方程不能用来描述测量仪器，因此不是 "放之四海而皆准" 的真理。在 "薛定谔猫佯谬" 链条及其延续中，至少有一个客体必须被看成是测量仪器，而且测量仪器的行为不服从薛定谔方程。如果把哥本哈根诠释进行到底，那就必须假定世界存在着一个完全服从经典力学的 "绝对测量仪器"，把波函数彻底 "坍缩"。温伯格 (Steven Weinberg) 认为 [5]："这显然是不令人满意的。如果量子力学适用于一切，那么它也必须适用于物理学家所使用的测量仪器，以及物理学家本身。而在另一方面，如果量子力学不适用于所有的事物，那么我们需要知道在哪里划出其有效范围的边界。量子力学只适用于不太大的系统吗？如果测量是用某种设备自动进行的，而且没有人去读取结果，量子力学在这种情况下适用吗？"(This is clearly unsatisfactory. If quantum mechanics applies to everything, then it must apply to a physicist's measurement apparatus, and to physicists themselves. On the other hand, if quantum mechanics does not apply to everything, then we need to know where to draw the boundary of its area of validity. Does it apply only to systems that are not too large? Does it apply if a measurement is made by some automatic apparatus, and no human reads the result?) 只有在回答温伯格提出的这个深刻的理论问题之后，"薛定谔猫佯谬" 才可以结案。

6.7   量子力学教科书对哥本哈根诠释的阐述

本书主要遵循哥本哈根诠释 [28]。测量问题是量子力学中争论最多的问题，而哥本哈根诠释被称为量子力学的正统理论。按照哥本哈根诠释，测量把系统从状态 (A) 一下子改变成状态 (B)，不存在中间环节。准确而且系统地介绍哥本哈根诠释是很困难的，原因是玻尔本人也不曾完整地阐述过哥本哈根诠释。但是，物理学家对哥本哈根诠释有着基本一致的认识，并且反映在他们出版的教科书中。这里着重关注已经有中文翻译版的三本经典教科书。

第一本是《费曼物理学讲义》[2]。美国加州理工学院在 20 世纪 60 年代初，曾经聘请费曼主讲本科的基础物理课程，后来根据讲课录音整理了这部讲义。讲义的

第三卷对量子力学作了系统介绍。第二本是狄拉克的《量子力学原理》[3]。狄拉克是量子力学的创始人之一，也是所有创始人中唯一出版了量子力学教科书的人。最后一本书是朗道和栗弗席茨 (Evgeny Lifshitz)《理论物理教程》第三卷《量子力学(非相对论理论)》[4]，以下简称《朗道量子力学》。这本书被世界上许多大学作为教科书，是最经典的量子力学教材之一。有一定理论知识基础的读者可以直接阅读这三部教科书。

　　根据这三部量子力学教科书，哥本哈根诠释主要内容可以归纳为以下五点。

　　第一，量子力学系统的描述离不开经典物理的概念。如果离开经典概念，就无法正确描述实验过程和现象。量子力学把经典力学作为一种极限情况而包含之，同时又需要这一极限情况。

　　关于量子力学和经典力学的关系，朗道这本书比其他两本书所作的描述更清楚。朗道并不认为量子力学可以代替经典力学。《朗道量子力学》中提到：

　　　　凡是一个更为普遍的理论，往往可用完整的逻辑形式表述出来，并且独立于那些作为它的极限情形的较窄理论。例如，相对论力学可以建立在自己的基本原理的基础上，无需参考牛顿力学。可是，当我们表述量子力学的基本概念时，原则上却不能不用到经典力学。

又说：

　　　　对于一个只包含量子客体的系统来讲，势必完全不可能建立起任何逻辑上独立的力学。对电子运动作出定量描述的可能性，要求同时存在一些物理客体，这些物理客体在足够精确的范围内服从经典力学。

所以，在朗道看来，

　　　　量子力学在物理理论中占有一个很不平常的地位：它把经典力学作为一种极限情况而包含之，同时又需要这一极限情形。

　　第二，要区分对象和测量仪器。对于研究客体要用量子力学描述，但是对于测量装置应该用经典物理描述。

　　《朗道量子力学》把仪器看成是经典客体：

　　　　"经典客体"通常称为仪器，它和电子的作用就称为测量。

接着，朗道又对"仪器"的定义作了进一步解释：

　　　　我们已把"仪器"定义为在足够精确范围内服从经典力学的一个物理客体，如一个质量足够大的物体，但不能因此认为仪器必然是宏观的。在一定条件下，微观客体也能起部分仪器的作用，因为"具有足够的精确度"这一概念取决于所设的具体问题。例如，威耳逊云室中的电子运动，可用它所遗留的云迹观察，这种云迹的粗细远大于原子尺度；当用这样低的精确度确定轨道时，电子完全是一个经典客体。

从这段话看出，朗道认为，测量仪器可能是宏观的，也可能是微观的。可以作为测量仪器的物理客体，应当在足够精确的范围内服从经典力学。除此之外，朗道还指出，测量过程是不可逆的，而且这种不可逆性具有重要的原则意义：

> 量子力学基本方程对时间的变号具有对称性；从这方面来讲，量子力学和经典力学没有什么区别。但是测量过程的不可逆性，使得世界的两个指向具有物理上的不等价性，也就是说，使得过去和未来呈现差别。

第三，测量改变了系统的状态，所以在量子力学中需要对经典概念的使用作出限制，也就是说，经典概念仅用来描述客体与测量仪器的发生相互作用时的宏观表现。在描述研究对象的运动学或动力学特性时，必须把客体与测量仪器的相互作用考虑在内，而不能把这些物理量看成是对象自身的性质。

量子力学实验中的研究对象不是独立的物体，而是与实验设备相互作用的物体。只有在量子效应可以被忽略的实验中，经典概念才能直接应用于研究对象。如果在实验中量子效应起着重要作用，那么经典概念只能够应用于对象与测量仪器的相互作用。

狄拉克在他的《量子力学原理》这本书里，多次谈到"观察的动作对所观察对象的干扰"：

> 要记住科学所研究的只是可观察的事物，同时，只有让对象与某种外界影响互相作用，我们才能观察它。这样，观察的动作必然地要伴随着对所观察对象的某些干扰。

狄拉克指出，观察出的结果有不确定性：

> 如果系统是小的，我们不能在观察它时不产生严重的干扰，因此，我们不能期望在我们的观察结果之间找到任何因果性的联系。

狄拉克认为因果性适用于未受干扰系统，而不确定性来自观察：

> 我们假定因果性对于没有受干扰的系统仍是适用的，为描述未受干扰的系统而建立起来的方程是一些微分方程，它们表达出某一时刻的条件与后一时刻的条件间的因果性联系。这些方程与经典力学中的方程紧密对应，但是它们只能间接地与观察的结果相联系。在计算观察出的结果时就有不可避免的不确定性出现，一般说来，理论是我们能够算出的，只是当进行观察时能获得某个特定结果的几率。

费曼也把不确定性看成是经典理论和量子力学之间的一个非常重要的差别：

> 在我们的实验安排中（即使是能作出的最好的一种安排）不可能精确预言将发生什么事。我们只能预言可能性！如果这是正确的，那就意味着，物理学已放弃了去精确预言在确定的环境下会发生的事情。是的！物理学已放弃了这一点。

《朗道量子力学》认为测量对被测量系统的过去和未来起着不同的作用：

我们看到，量子力学中的测量过程具有"两面"性：它对电子的过去和未来起着不同的作用。对过去而言，即对前次测量中所建立的一个电子态而言，通过这次测量，可以"验证"由该态所预断的各种可能结果的几率。对未来而言，通过这一次的测量后又建立了一个新的电子态。

第四，波函数的绝对值的二次方表示测量结果的几率密度。测量结果使得位置、动量、时间和能量等经典概念可以应用于量子力学描述的各种现象。量子力学本身就存在着波函数以及其他许多不能直接测量的概念，如果这些无法测量的概念有助于预言实验结果，那么它们仍然应当保留在理论之中。

关于"可观察量"的测量，狄拉克指出，如果在测量之前，系统处于两个态的叠加，那么测量结果仍然只能是两者之一，而不会是任何其他结果，例如，不会是两个结果的平均值：

> 我们研究 A 和 B 两个态的叠加，对这两个态的要求是，存在着一种观察，它作用于处在 A 态的系统时一定得到一个特定结果，例如说是 a，而当它作用于处在 B 态的系统时，一定得到某一不同的结果，例如说是 b，当我们把这种观察作用于处在叠加态的系统时，观察的结果将会是什么呢？回答是其结果将有时为 a，有时为 b，按照由叠加过程中 A 和 B 的相对权重所决定的几率规律而定。除了 a 与 b 之外，永不会有其他结果。这样，由叠加形成的态所具有的中间性质，通过由观察得出特定结果的几率处于原来两个态的相应几率的中间而表现出来，而不是观察结果本身处于原来两个态的相应结果的中间。

在许多情况下，本征值可以不是分立的，而是连续的。一个明显的例子就是坐标算符，它的本征态就是连续的。第 2 章双缝干涉实验中为了测量电子在屏幕上特定位置的几率，只是把屏幕划分了五个区域，其中每个区域都覆盖了一段空间范围，每次测量都仅仅精确到在某一区域之内发现电子。关于连续谱的测量，狄拉克补充说：

> (可观察量)ξ 的本征态属于一连续区内的本征值 ξ'，是一个在实践上不可能严格地实现的态，因为要得到 ξ 精确地等于 ξ'，就要求有无穷大的精确程度。在实践上能达到的最高希望是，能得到 ξ 处在值 ξ' 附近的一个小区域中。这时，系统就是处于接近于 ξ 的本征态的一个态。因此，一个本征态属于连续区内的某一本征值，是实际上所能达到的情况的一种数学的理想化。

关于"不可观察量"，按照费曼的观点，如果一个物理概念无法测量或无法直接与实验相联系，虽然在理论之中仍然可以保留这个概念，但这不是必须的：

> 在科学中的情况是这样的：一个无法测量或无法直接与实验相联系的概念或观念可以是有用的，也可以是无用的。它们不必存在于理论之

中。换句话说，假如我们比较物理世界的经典理论与量子理论，并假设实验上确实只能粗略地测出位置与动量，那么问题就是一个粒子的精确位置与它的精确动量的概念是否仍然有效。经典理论承认这些概念；量子理论则不承认。这件事本身并不意味着经典物理是错误的。当新的量子力学刚建立时，经典物理学家——这里指除去海森伯、薛定谔和玻恩以外所有的人——说："看吧，你们的理论一点儿也不好，因为你们不能回答这样一些问题：粒子的精确位置是什么？它穿过的是哪一个孔？以及一些别的问题"。海森伯的答复是："我不用回答这样的问题，因为你们不能从实验上提出这个问题。"这就是说，我们不必回答这种问题。

显然，费曼同意海森伯所说的，量子力学不必回答"无法测量或无法直接与实验相联系的"问题。费曼还认为，知道哪些概念不能直接检验总是好的，没有必要将它们完全去掉。

第五，没有必要假定有意识的观测者的存在。测量过程是客观的，与意识无关。

费曼和朗道都谈到意识在测量中所起的作用。费曼认为"意识"这个概念不需要引入量子力学理论之中，但是费曼在讲课时显然不打算多说这个话题：

> 曾经有人提出过这样的一个问题：如果有一棵树在森林中倒了下来，而旁边没有人听到，那它会发出响声吗？在一片真实的森林中倒下一棵真实的树当然会发出声音，即使没有任何人在那里。但即使没有人在那里听到响声，它也会留下其他的迹象。响声会震动一些树叶，如果我们相当仔细的话，可以发现在某个地方有一些荆棘将树叶擦伤，在树叶上留下微小的划痕，除非我们假定树叶曾经发生振动，否则对此划痕就无法解释。所以，在某种意义上我们必须承认这棵树确实发出过声音。我们也许会问：是否有过对声音的感觉呢？不像有过，感觉大约总与意识有关。蚂蚁是否有意识以及森林中是否有蚂蚁，或者树木是否有意识，这一切我们都不知道。对这个问题我们就谈到这里吧！

朗道则反复强调"测量过程"与"意识"无关：

> 但是有必要强调指出，我们在这里根本没有讨论物理观测者所参与的"测量"过程。量子力学中所谓的测量，我们总是把它理解为与任何测量者无关的发生于经典客体和量子客体之间的任一相互作用过程。测量概念在量子力学中的重要性是由 N. 玻尔所阐明的。

又说：

> 我们再强调一遍，所谓"施行测量"是指一个电子和一个经典"仪器"的相互作用，丝毫也没有预设外界观测者的存在。

综上所述,这三部教科书都仅仅介绍正统理论,没有涉及理论界对测量问题的争论。这三部量子力学教科书,尽管在语言表述上各具特色,强调的方面也分别有所侧重,但是都遵循哥本哈根诠释。我们注意到,《费曼物理学讲义》说过[2]:量子力学不能"解释"它为什么是这样的,我们只能"告诉"你它是这样的。因为费曼这本讲义的对象是大学物理专业本科学生,对于这些学生来说,最重要的是告诉他们现有的理论及其应用,而不是把他引导到目前尚有争议的"为什么"的问题。建议读者首先搞清楚量子力学"是什么",而暂时搁置"为什么"的问题,把这些"为什么"留在以后学习过程中再慢慢思考。这里介绍这三本量子力学教科书关于"测量"(或者"观察")概念的描述,就是希望读者了解,这些著名的物理大师们都认为,作为大学生或研究生,学习量子力学的目的仅仅在于了解量子力学"是什么",学会如何用量子力学理论解决微观粒子运动的问题,掌握"正统"的量子力学已经足够了。所以,初学量子力学的读者不必介入任何关于"测量"的新理论中去。

思 考 题

电子沿 y 轴正方向行进,在施特恩-格拉赫实验里观察到电子自旋沿 z 轴方向自旋向上。该电子在进入施特恩-格拉赫装置之前自旋是沿 z 轴向上吗?

第7章　EPR 实验和贝尔不等式

从 1935 年爱因斯坦等三人的论文提出 EPR 思想实验开始，关于"定域隐变量"理论和量子力学理论之间分歧的争论就一直吸引着物理界的关注。这场争论涉及量子力学最基本原理。根据 EPR 实验预期的结果，爱因斯坦坚持"定域隐变量"理论，并且主张"两个相互远离的系统之间不存在瞬时关联"，但是量子力学否定"定域隐变量"的存在，主张"两个相互远离的系统之间仍然可以有瞬时关联"。贝尔在这场争论中起到决定性的作用。他发现两种不同理论将会造成观察结果在统计意义上的区别，因此把检验两种理论正确与否的判据归纳为一个简单的不等式，即贝尔不等式。贝尔不等式是量子力学理论建立之后最重要的理论进展，这一进展使得两种不同意见的争论可以由实验观测结果来判断是非。实验证实了量子力学预言的非定域性，否定了经典的"定域隐变量"理论。这段历史证明，物理学只能根据实验结果来修正理论，而不能固守陈旧的观念，否定实验结果；物理学家必须由实验判断真理，而不能以某种信念判断真理。

在 20 世纪 80 年代以前出版的量子力学教科书里没有这些内容，所以当时的大学生和研究生也没有学习过。现在有些量子力学教科书收进了这部分内容，其中"纠缠态"的概念，即使对于在读的大学生和研究生来说，也是难点之一，的确需要下一点功夫才能理解其中的逻辑，搞清楚为什么贝尔不等式可以用来判断定域隐变量理论和量子力学谁对谁错。

7.1　EPR 思想实验

第 1~6 章已经介绍了量子力学的基础理论，这些理论在 20 世纪 60 年代以前就已经确立了。从本章开始，将介绍 20 世纪 60 年代以后量子力学的一些重要进展，这些知识在 20 世纪 80 年代以前的大学教材中都没有介绍。本章将要讨论的贝尔不等式 (Bell inequality)，就是其中最重要的成就。

问题是从 1935 年爱因斯坦等三人 (Einstain, Podolsky, Rosen) 的 EPR 思想实验开始提出的。1935 年，爱因斯坦等三人发表了一篇论文，题为"量子力学对物理实在的描述能被认为是完备的吗？"[46]。爱因斯坦等三人的论文并没有提到纠缠态的概念，也没有提到隐变量。他们所坚持的是，两个曾经相互作用过的系统在相互远离之后，应当互相独立，对一个系统的测量就不应改变另一个系统的状态。玻尔紧接着以同样的标题发表一篇论文 [34]，回答爱因斯坦等的提问。爱因斯坦同玻尔的辩论在量子力学的发展史上起了重大推动作用。

爱因斯坦等三人用一个思想实验来阐述自己的观点 [46]。温伯格用精练的语言转述了这个实验的构想 [5]。考虑一个粒子曾经与另一个粒子相互作用之后分开。两个粒子的总动量和两个粒子之间的距离是可以对易的两个物理量，可以同时有确定的值。一方面，已经给定两个粒子的总动量是零，如果测量了第一个粒子的动量，就知道第二个粒子的动量 (请读者注意这句话)。爱因斯坦等人想象粒子 1 的观察者测量它的动量，并得到一个值 k_1，那么无需观察粒子 2，就知道它当时的动量是 $-k_1$，其不确定性可以任意小。另一方面，给定两个粒子的距离是 x_0，如果通过测量第一个粒子的坐标，就可以知道第二个粒子的坐标。爱因斯坦等人假定粒子 1 观察者当初测量的是它的位置，并且得到一个值 x_1，就知道粒子 2 的位置是 $x_1 + x_0$。当然在这次测量时，粒子 1 的动量会改变，但是在两个粒子相距很远的时候，不会影响到粒子 2 的动量。这样一来，第二个粒子同时具有确定的位置 $x_1 + x_0$ 和确定的动量 $-k_1$。

爱因斯坦认为，在物理系统未被扰动的条件下，如果能够预言 (指没有任何不确定性的预言) 一个物理量的值，那么对应着这个物理量就存在一个 "现实元素"(elements of reality)。在上面的例子里，第二个粒子的位置和动量可以同时都有确定的值，因此二者都是现实的元素。但是在量子力学中，根据位置和动量的 "不确定度关系"，二者总会有一个没有确定的值。基于这种认识，爱因斯坦等三人主张，量子力学没有描述全部 "现实元素"。

有必要解释一下前面强调的 "测量了第一个粒子的动量，就知道第二个粒子的动量" 这句话。爱因斯坦等三人说这句话时，是认定两个粒子的动量都是在出发时就已经确定的，当然实验者仅仅知道两个粒子的总动量，不知道每个粒子出发时的动量；在测量了第二个粒子的动量之后，第一个粒子的动量就可以根据动量守恒定律推算出来的，而且这个推算出来的结果就是它出发时的动量，并不是在测量之后才被确定的。其实两个粒子之间的联系可能不局限于动量，也可以是其他物理量，甚至可以是 "隐变量"。在两个粒子分开之前，两者的相互作用确定了各自隐变量的值，观察者可能不知道它们的值是多少，但是它们已经有了确定的值。如果两个粒子分开之后，其中任何一个粒子的隐变量不再依赖于远处另外一个粒子的状态，这样的隐变量称为 "定域隐变量"(local hidden variable)。按照定域隐变量理论，一个电子要把自己 "新" 的状态通知另一个电子，就需要一些时间，信息传播速度最快也不可能超过光速。如果两个电子的行为有关联，这种关联只能是在两者分离之前就已经存在。所以，爱因斯坦等三人所说的两个粒子之间的关联，是它们出发之前存在的，一旦两个粒子分开，就各自管自己，相互不再有联系。

但是，量子力学里说 "测量了第一个粒子的动量，就知道第二个粒子的动量" 这句同样的话，是认定在出发时两个粒子的动量都没有确定，它们只有确定的总动量；一旦测量了第一个粒子的动量，不仅第一个粒子动量被确定了，而且第二个粒子的动量也立即按照动量守恒定律确定了。所以，在量子力学里，即使两个粒子分开，关联依然存在，对一个粒子的测量不仅改变了这个粒子的状态，也改变了另一个粒子的状态，这就是量子力学的 "非定域性" (nonlocality)。

所以，爱因斯坦等三人的文章提出了一个问题：两个曾经相互作用过的系统在彼此远离之后，对其中一个系统完成测量会不会改变另一个系统的状态？如果不会改变，那么第二个粒子的位置和动量可以同时都有确定的值，这就违背量子力学的 "坐标–动量不确定度关系"。这个命题的逆否命题就是，如果坚持不确定度关系，就必须承认两个相互远离的系统之间存在瞬时关联，使得对一个系统的测量立即改变了另一个系统的状态。因此这里只存在两种可能性：

可能性 1：两个相互远离的系统之间不存在任何瞬时关联，并且坐标–动量不确定度关系被破坏 (定域隐变量观点)；

可能性 2：两个相互远离的系统之间存在某种瞬时关联，并且坐标–动量不确定度关系得到满足 (量子力学观点)。

在这两种可能的理论之中，只能选择其一。在爱因斯坦看来，理所当然地应当选择前者。事实上，EPR 推理的出发点，已认定两个相互远离的系统之间不可能存在任何瞬时关联。根据这个推理，爱因斯坦等三人认为，在现行的量子力学框架里，波函数不能同时描述坐标和动量两个现实元素，因此量子力学对现实元素的描述是不完备的。爱因斯坦等三人在他们论文的结尾谨慎地写道："我们已经明确了波函数并没有对物理实在提供完备的描述，关于这种完备的描述是否存在的问题我们不作定论。然而我们相信，这样的理论是可能的。"(While we have thus shown that the wavefunction does not provide a complete description of the physical reality, we left open the question of whether or not such a description exists. We believe, however, that such a theory is possible.)

7.2 纠 缠 态

前面几章介绍叠加态的概念时，都是针对单个粒子讨论的。对于多粒子的系统，叠加态的概念就会有更加丰富的内容。本书将讨论两个粒子的纠缠态，而不讨论更多粒子的纠缠态。

考虑两个粒子 (这两个粒子可以是相同的，也可以是不同的，例如，一个是电子，另一个是正电子) 分别在两个一维无限深势阱中。假定第一个势阱中的粒子 A 处于 "初左态"，也就是

$$\psi(A) = \frac{1}{\sqrt{2}}\left[\psi_1(A) + \psi_2(A)\right]$$

其中 $\psi_1(A)$ 和 $\psi_2(A)$ 分别是在第一个势阱中粒子 A 的基态和第一激发态的本征函数。再假定第二个势阱中的粒子 B 也处于 "初左态"，使用类似的记号，就有

$$\psi(B) = \frac{1}{\sqrt{2}}\left[\psi_1(B) + \psi_2(B)\right]$$

假如两个粒子各自独立，那么它们的共同波函数就是每个粒子波函数的乘积，其中每个粒子的波函数可以是这个粒子的几个本征态的叠加：

$$\psi(A,B) = \psi(A)\psi(B) = \frac{1}{2}\left[\psi_1(A) + \psi_2(A)\right]\left[\psi_1(B) + \psi_2(B)\right]$$

如果测量粒子 A 的能量，该粒子的波函数就会坍缩到其中一个本征态，不妨假设为基态。对势阱粒子 A 的测量不会影响第二个势阱中的粒子 B，所以两个粒子的波函数变为

$$\psi(A,B) = \frac{1}{\sqrt{2}}\psi_1(A)\;\left[\psi_1(B) + \psi_2(B)\right]$$

注意，由于粒子 A 的波函数坍缩，所以归一化系数改变了。如果再测量第二个势阱中粒子 B 的能量，假设波函数坍缩到第一激发态，那么两个粒子的波函数坍缩为

$$\psi(A,B) = \psi_1(A)\psi_2(B)$$

如果两个粒子互相关联，情况就没有那么简单。例如，一个中性 π^0 介子发生衰变形成电子–正电子对的时候，如果 π^0 介子是静止的，它衰变形成的电子 e^- 和正电子 e^+ 的运动方向相反。由于 π^0 介子自旋是零，所以电子和正电子的总自旋就是零。如果电子的自旋沿 z 轴向上，那么正电子的自旋必然沿 z 轴向下；反之，如果电子的自旋沿 z 轴向下，那么正电子的自旋必然沿 z 轴向上。用 $\psi_\uparrow(e^-)$ 表示电子的自旋沿 z 轴向上的本征态，用 $\psi_\downarrow(e^+)$ 表示正电子的自旋沿 z 轴向下的本征态，等等，那么这个电子–正电子对的波函数可以写为

$$\psi(e^-,e^+) = \frac{1}{\sqrt{2}}\left[\psi_\uparrow(e^-)\psi_\downarrow(e^+) + \psi_\downarrow(e^-)\psi_\uparrow(e^+)\right]$$

它仍然是两个本征态的叠加，但是每个本征态都与两个粒子有关。这样的波函数就处于纠缠态 (entangled state)，因为它不能写为每个粒子波函数的乘积。如果测量电子的自旋，波函数会坍缩到两个本征态之一。不妨假设测量发现电子的自旋沿 z 轴向上，那么波函数坍缩为

$$\psi(e^-,e^+) = \psi_\uparrow(e^-)\psi_\downarrow(e^+)$$

值得注意的是，正电子的自旋已经在波函数坍缩时被确定了，必然是沿 z 轴向下，即使电子和正电子已经分开很远的距离。

如上所述，量子力学没有跟随经典力学的思路谈论两个粒子分开之后如何运动，而是讨论波函数如何演化。在量子力学里，当几个粒子在彼此相互作用后，波函数可能无法单独描述各个粒子的性质，只能描述整体系统的性质，这种现象称为量子纠缠 (quantum entanglement)。处于纠缠态的两个粒子的波函数定义在六维空间 (如果考虑到自旋，维数可能更高) 里。如果测量动量，就把波函数 "坍缩" 到六维动量空间里确定的某一点附近，两个粒子的动量就都被确定了。测量时两个粒子状态的变化是同时发生的，两者不分先后，不存在因果关系。

可以看出，至少有两种理论，一种是爱因斯坦所持的定域隐变量理论 (local hidden variable theory)，另一种就是量子力学。现在要问，有没有办法确定爱因斯坦的定域隐变量理论和量子力学理论哪种是正确的？或者说，上述两种可能性之中，应当选择哪一种？本章将要说的就是：办法是有的。贝尔发现两种不同理论将会造成观察结果在统计意义上的区别，因此把检验两种理论正确与否的判据归纳为一个简单的不等式，即贝尔不等式。在贝尔的论文发表之后，物理学家开始研究两个曾经相互作用、后来又相互远离的系统，试图通过测量确定它们之间的关联。但是，多数理论和实验研究不是讨论位置和动量，而是按照玻姆建议的模型讨论粒子的自旋。根据爱因斯坦等三人的思想实验提出的各种实验方案，统称 EPR 实验。最经常提到的 EPR 实验是通过测量光子的偏振或电子的自旋来完成的。但是，也有少数 EPR 实验是通过测量粒子的位置或发射时间来完成的 [47]。

我们需要设计一个实验，希望通过实验来判断哪个理论是正确的。假定左边电子向 $-y$ 方向运动，它的前方放一个探测器 A，而右边电子向 y 方向运动，它的前方放一个探测器 B。我们的实验可以考虑如下三种方案。

方案一，发射的一对电子初始自旋沿 z 方向或 $-z$ 方向 (都垂直于传播方向)，并且把两个探测器都安排成测量 z 方向的自旋。由于两个电子的总自旋应当是零，所以，按照定域隐变量理论，两个电子出发时自旋状态只有两种可能性：

(Z1) 左边电子 $|z+\rangle$，右边电子 $|z-\rangle$；

(Z2) 左边电子 $|z-\rangle$，右边电子 $|z+\rangle$。

这里使用了第 5 章的记号，$|z+\rangle$ 理解为 "电子沿 z 方向自旋向上"($m_z = 1/2$)，$|z-\rangle$ 理解为 "电子沿 z 方向自旋向下"($m_z = -1/2$)。以下用 m_z^1 和 m_z^2 分别记两个电子自旋状态的本征值 m_z。按照定域隐变量理论，在测量之前，两个电子已经处于上述 (Z1) 和 (Z2) 两个状态之一，只是测量者还不知道它们究竟处于哪个状态。测量结果将会揭示两个电子处于上述两个状态之中的某一个。按照量子力学理论，在测量之前，两个电子既不处于 (Z1)，也不处于 (Z2)，而是处于 (Z1) 和 (Z2) 两个状态的叠加。如果 A 测得左边电子自旋向下，即 $m_z^1 = -1/2$，两个电子的状态就被坍缩为 (Z2)，那么右边电子 z 方向自旋就向上，则 B 必然测得 $m_z^2 = 1/2$；反之，如果 A 测得自旋 $m_z^1 = 1/2$，两个电子的状态被坍缩为 (Z1)，则 B 必然测得

$m_z^2 = -1/2$。因此，按照量子力学理论，测量结果也显示这两个电子处于上述两个状态之中的某一个。显然，这个实验设计不能排除定域隐变量理论，因为两种理论预言了同样的结果，无法判别哪个理论正确。

方案二，仍然发射两个电子初始自旋沿 z 方向，但是两个探测器分别测量不同方向的自旋。例如，让探测器 A 测量 z 方向的自旋，而探测器 B 测量 x 方向的自旋，这时两个探测器测得的结果就不会总是相反的。按照定域隐变量理论，仍然假设初始左边电子为 $|z+\rangle$，右边电子为 $|z-\rangle$，那么右边电子测量 x 方向的自旋存在 $|x+\rangle$ 和 $|x-\rangle$ 两种可能：

(ZX1) 左边电子 $|z+\rangle$，右边电子 $|x+\rangle$；

(ZX2) 左边电子 $|z+\rangle$，右边电子 $|x-\rangle$。

这里 $|x+\rangle$ 理解为"电子沿 x 方向自旋向上"（$m_x = 1/2$），$|x-\rangle$ 作类似理解。但是，如果假设初始左边电子 $|z-\rangle$，右边电子 $|z+\rangle$，那么测量结果存在另外两种可能：

(ZX3) 左边电子 $|z-\rangle$，右边电子 $|x+\rangle$；

(ZX4) 左边电子 $|z-\rangle$，右边电子 $|x-\rangle$。

总体来说，定域隐变量理论预言了四种可能得到的结果。按照量子力学理论，如果 A 先测得 $|z+\rangle$，那么 B 就坍缩到 $|z-\rangle$ 的状态，若再测量 B 沿 x 方向的自旋，就有 $|x+\rangle$ 和 $|x-\rangle$ 两种可能。如果得到结果 $|x+\rangle$，电子对的状态就被坍缩为 (ZX1)；如果得到结果 $|x-\rangle$，电子对的状态就被坍缩为 (ZX2)。如果 A 测得 $|z-\rangle$，则 B 坍缩到 $|z+\rangle$ 的状态，再根据测量 B 沿 x 方向的自旋的结果，判断电子状态被坍缩为 (ZX3) 或 (ZX4)。所以，以上四个测量结果也都是可能的，测量结果还是无法判别哪个理论正确。

方案三，仍然发射两个电子初始自旋沿 z 方向，但是把这两个探测器都旋转 90°，让它们测量 x 方向的自旋。按照定域隐变量理论，不妨进一步假设左边电子处于 $|z+\rangle$，右边电子处于 $|z-\rangle$。那么对左边电子的测量结果，可能处于 $|x+\rangle$，也可能处于 $|x-\rangle$。对右边电子的测量结果，同样有处于 $|x+\rangle$ 和 $|x-\rangle$ 两种可能。但是对任何一边的测量都不会影响到另一边的测量结果，因此，测量将会得到下面四种结果：

(X1) 左边电子 $|x+\rangle$，右边电子 $|x-\rangle$；

(X2) 左边电子 $|x-\rangle$，右边电子 $|x+\rangle$；

(X3) 左边电子 $|x+\rangle$，右边电子 $|x+\rangle$；

(X4) 左边电子 $|x-\rangle$，右边电子 $|x-\rangle$。

它们的总自旋可能是零，也可能不是零。按照量子力学理论，如果这两个电子处于纠缠态，在测量之前可以认为两个电子处于"左边电子 $|x+\rangle$，右边电子 $|x-\rangle$"和"左边电子 $|x+\rangle$，右边电子 $|x-\rangle$"两个状态的叠加，因此测量将会得到以下两种结果：

(X1) 左边电子 $|x+\rangle$，右边电子 $|x-\rangle$；

(X2) 左边电子 $|x-\rangle$，右边电子 $|x+\rangle$。

如果 A 测得左边电子 $|x+\rangle$，那么右边电子立刻处于 $|x-\rangle$ 状态；如果 A 测得左边电子 $|x-\rangle$，那么右边电子立刻处于 $|x+\rangle$ 状态。它们的总自旋仍然应当总是零。事实上，这个实验方案里不必限制发射的两个电子初始自旋沿 z 方向。不论两个电子初始自旋沿什么方向，量子力学总是预言 (X1) 和 (X2) 两种可能的测量结果。

看起来，在第三个方案中，定域隐变量理论预言了四种可能的测量结果，而量子力学只允许其中的两种，因此可以判别哪个理论正确。但是定域隐变量理论仍然可以辩解说，测量沿 x 方向自旋的装置是在发射电子之前安装好的，这个方向可能已经被 "通知" 给电子。在发射电子的时刻，它们的初始自旋也许就是沿 x 方向的，所以在四种可能的状态中，只有 (X1) 和 (X2) 两种是可能的。这样一来，测量结果依然无法判别孰是孰非。定域隐变量的这种辩解是有道理的，在实验中，只有在电子被发射之后再确定测量哪个方向的自旋，才能够排除 "电子在被发射之前就知道测量仪器的设置" 这种可能性。

7.3 "经典队" 和 "量子队" 的纸牌游戏

关于量子力学里定域隐变量是否存在的问题一直困扰着物理学家，直到 1964 年贝尔不等式的提出，才找到解决方案。为了更清楚地介绍 EPR 实验和贝尔不等式，先讨论以下纸牌游戏。

想象一个两人组成的团队，两个队员 a 和 b 分别坐在两个房间里。游戏开始之前，队友间可以作任何约定。一旦游戏开始，彼此就不再交换信息。事先准备两副纸牌，这两副牌各有三千张，其中一千张印 X，一千张印 Y，一千张印 Z。分别 "洗牌" 后，每一副牌的顺序都是随机的。在每副牌中各取一张，分别递给 a 和 b。两位选手在互不知情的情况下，分别在 -1 或 $+1$ 两项中作出选择。a 每次选择的值记为 M，产生的平均值为 $\langle M \rangle$；b 选择的值记为 N，产生的平均值为 $\langle N \rangle$。在观众的监督下，两名选手显示出 "超常" 的才干，就是每当两人得到同样的纸牌时，他们的选择总是一样的。于是，人们开始猜测他们是如何达到这一结果的。

有人提出一种可能的机制。两名选手事先作了约定，每当见到 X 或 Y 时，总选择 1，见到 Z 时总选择 -1。不妨把这个约定称为 "经典约定"，把按照这个约定出牌的队命名为 "经典队"。显然，这个约定满足 $\langle M \rangle = \langle N \rangle = 1/3$。这样的约定也保证了每当两人得到同样的纸牌时，他们的选择总是一样的。每次发牌后，两人手中的牌有 9 种可能性，两人根据约定所作的选择列于表 7.1。为了后面的分析，在表里的最下面一行列出了两人选择答案的乘积 $E = MN$。可以看出，E 的平均值是 $\langle E \rangle = 1/9$，因为在 9 种可能的情况里，有 5 种情况 $E = 1$，而有 4 种情况

$E=-1$。

表 7.1 "经典队"两人选择答案的 9 种可能性

a 得到牌	X	X	X	Y	Y	Y	Z	Z	Z
b 得到牌	X	Y	Z	X	Y	Z	X	Y	Z
M	1	1	1	1	1	1	-1	-1	-1
N	1	1	-1	1	1	-1	1	1	-1
$E=MN$	1	1	-1	1	1	-1	-1	-1	1

现在另外组建"量子队",也有两个队员。量子队里假定循环关系 X>Y,Y>Z,Z>X(可以想象 X=石头,Y=剪刀,Z=布)。"量子约定"是,如果自己的牌比队友的牌大或者相等,就选择 +1,否则选择 -1。注意,量子队这个玩法是违背游戏规则的,因为规则限制两个队员彼此互不交换信息。量子队里的出牌约定所形成的出牌结果归纳在表 7.2 中。每当两人得到同样的纸牌时,他们的选择仍然总是一样的。显然,这个约定也满足 $\langle M \rangle = \langle N \rangle = 1/3$。现在,$E$ 的平均值是 $\langle E \rangle = -1/3$,因为在 9 种可能的情况里,有 3 种情况 $E=1$,而有 6 种情况 $E=-1$。

表 7.2 "量子队"两人选择答案的 9 种可能性

a 得到牌	X	X	X	Y	Y	Y	Z	Z	Z
b 得到牌	X	Y	Z	X	Y	Z	X	Y	Z
M	1	1	-1	-1	1	1	1	-1	1
N	1	-1	1	1	1	-1	-1	1	1
$E=MN$	1	-1	-1	-1	1	-1	-1	-1	1

看起来,至少有两种约定可以使两个队员在得到同样的纸牌时总是作出相同的选择。经典队和量子队使用的约定是不同的。最明显的是,经典队守规则,而量子队不守规则。在经典队里,每个选手仅仅根据自己手中的牌作出决定,与另一选手的牌无关。而在量子队中,每个队员需要根据自己和队友两个人手中的牌作出决定。现在我们关心的是,作为观众或者裁判员,是否可能判断哪个队遵守游戏规则,哪个队违背游戏规则呢?读者可能已经注意到,经典队 E 的平均值是 $\langle E \rangle = 1/9$,而量子队 E 的平均值是 $\langle E \rangle = -1/3$。能够根据这个区别作出判断吗?下面的分析将给出肯定的答案。

在统计学中有一个定理,说的是在统计上互相独立的两个变量,其乘积的统计平均值等于每个变量统计平均值之乘积。这里把"统计独立"等同于"每个选手仅仅根据自己手中的牌作出决定",而且把"统计相关"等同于"两个队员彼此交换信息"。在上面所说的"经典约定"里,每个队员所作的选择都与队友的选择无关,这就保证了两个变量 M 和 N 相互独立,因此

$$\langle E \rangle = \langle MN \rangle = \langle M \rangle \langle N \rangle$$

在经典约定中我们已经看到 $\langle M \rangle = \langle N \rangle = 1/3$ 和 $\langle E \rangle = 1/9$。也可以把上面的等式改写为下面的形式:

$$|\langle E \rangle - \langle M \rangle \langle N \rangle| = 0 \tag{7.1}$$

姑且称式 (7.1) 为 "游戏规则判据"。有兴趣的读者可以测试其他约定,只要每个队员所作的选择与其队友的选择无关,游戏规则判据就会被满足。但是,一旦两个变量在统计上不独立,游戏规则判据就可能会被违背。在量子约定的情况下,已经看到,$\langle E \rangle = -1/3$,$\langle M \rangle = \langle N \rangle = 1/3$,所以

$$|\langle E \rangle - \langle M \rangle \langle N \rangle| = \frac{4}{9} > 0 \tag{7.2}$$

既然当两个变量统计相关时,就可能会违背游戏规则判据,所以这可以作为队友之间是否互通信息的证据。作为观众或裁判员,无需知道队员采用的约定的细节,只需要记录每个队员每次的选择,在获得大量数据之后,计算 $\langle M \rangle$、$\langle N \rangle$ 和 $\langle E \rangle$,然后用游戏规则判据检验,就可能判断该队所使用的约定是否违反游戏规则。

注意,游戏规则判据是统计无关的必要条件,但不是充分条件。如果这两个队员之间有一个秘密的通信渠道,队员 a 可以把自己的选择通知队友 b,那么他们两人作出选择的几率可能违背游戏规则判据,也可能不违背游戏规则判据。反过来,只要某个队两名队友作出选择的几率违背游戏规则判据,他们之间就必然有信息交换。至于信息是通过何种途径交换的,统计学无法作出判断。

本节的讨论是在 "发给两个队友的牌互相独立" 的前提下进行的。就是说,要准备两副相互独立的牌,分别发给每个队员。如果这两副牌之间有关联,情况就会复杂得多。但是游戏规则判据仍然可以用来判断队员的操作是否违反游戏规则。

7.4　贝尔不等式

从 7.2 节的讨论可以看出,仅仅观察两个电子各自的自旋方向,还无法从测量结果判别哪个理论正确。但是,本节的讨论将显示,如果测量两个电子自旋的关联函数,就可以从关联函数对于两个探测器的夹角的依赖关系,判别出哪个理论正确地说明了实验结果。

假定这对电子的自旋沿图 7.1 的虚线方向。左边的测量仪器沿 a 角方向测量自旋,而右边的测量仪器沿 b 角方向测量自旋。按照定域隐变量理论或量子力学理论,测量结果会不一样。与前面纸牌的例子类比,可以把发射电子对的行为看成 "发牌",把按照定域隐变量理论记录自旋看成 "经典约定",把按照量子力学理论记录自旋看成 "量子约定"。从实验结果出发,我们希望通过统计分析,判断出到底是定域隐变量理论或是量子力学理论符合实验结果。贝尔于 1964 年得到了相应的判据,就是贝尔不等式 [48]。

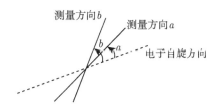

图 7.1 假定一对电子自旋沿虚线方向。左边的测量仪器沿 a 角方向测量自旋，而右边的测量仪器沿 b 角方向测量自旋。按照定域隐变量理论或量子力学理论，测量结果会不同

按照定域隐变量理论，在 a 角方向测量左边电子得到自旋分量的值与 b 角方向无关，但是与"隐变量" H 有关。把自旋分量的二倍记为 $M(H,a)$，也就是说，如果在 a 角方向测量左边电子得到自旋分量 $m_a = 1/2$，就记 $M(H,a) = 1$，如果 $m_a = -1/2$，就记 $M(H,a) = -1$。类似地，在 b 角方向测量右边电子得到自旋的值与 a 角方向无关，但是也与"隐变量" H 有关，可以把自旋分量的二倍记为 $N(H,b)$。注意，为了避免使用分数，这里的定义是"自旋分量的二倍"，所以 $M(H,a)$ 和 $N(H,b)$ 都只能是 -1 或 $+1$。$M(H,a)$ 和 $N(H,b)$ 的乘积为

$$E(H,a,b) = M(H,a)N(H,b)$$

它就是每次测量所得到的在 a 角方向测量得到自旋的值与在 b 角方向测量得到自旋的值乘积的四倍。经过多次测量，可以得到平均值：

$$\langle E(a,b) \rangle = \langle M(H,a)N(H,b) \rangle$$

如同 4.1 节里用过的那样，尖括号 $\langle\ \rangle$ 表示平均值，它已经对隐变量的所有值取了平均，故不再依赖隐变量。由于每个 $E(H,a,b)$ 都是 -1 或 $+1$，所以平均值 $\langle E(a,b) \rangle$ 必然在 -1 与 $+1$ 之间。

按照量子力学，在 a 角方向测量得到自旋的平均值与 b 角方向测量值的大小有关，在 b 角方向测量得到自旋的平均值与 a 角方向测量值的大小也有关。每当第一个电子在 a 方向的自旋测量之后，另一个电子在 a 方向的自旋就已经被确定，因此沿 b 方向测量自旋为 $-1/2$ 或 $+1/2$ 的几率应当仅仅与两个测量方向的夹角有关。附录 J 的计算结果表明：

$$\langle E(a,b) \rangle = -\cos(a - b) \tag{7.3}$$

显然，这个表达式不能分解成 M 和 N 的乘积。这就是量子力学区别于隐变量理论的地方。由于量子力学预言的 $\langle E(a,b) \rangle$ 的值也在 -1 与 $+1$ 之间，靠测量它来判别两种理论仍然是有困难的。

　　有一种非常聪明的办法可以克服这个困难。如果左边的测量仪器沿 a 角和 a' 角两个方向测量自旋，而右边的测量仪器沿 b 角和 b' 角两个方向测量自旋。考虑下面的表达式：

$$F(H, a, a', b, b') = E(H, a, b) + E(H, a', b') + E(H, a', b) - E(H, a, b')$$

右边四项中每一项的值都只能是 -1 或 $+1$。按照定域隐变量理论，可以进一步把上式写成

$$F(H, a, a', b, b') = M(H, a)N(H, b) + M(H, a')N(H, b')$$
$$+ M(H, a')N(H, b) - M(H, a)N(H, b')$$

其中 $M(H, a)$，$M(H, a')$，$N(H, b)$，$N(H, b')$ 四个量都只能是 -1 或 $+1$。

　　现在把各种可能情况下函数 $F(H, a, a', b, b')$ 的值在表 7.3 中列出 [15]。从表 7.3 可以看出，不论这四个量如何组合，$F(H, a, a', b, b')$ 的值都是 -2 或 $+2$，所以多次测量的平均值 $\langle F(a, a', b, b') \rangle$ 必然在 -2 与 $+2$ 之间。因此得到不等式：

$$|\langle F(a, a', b, b') \rangle| \leqslant 2 \tag{7.4}$$

这个不等式称为 CHSH 不等式，由 J. F. Clauser, M. A. Horne, A. Shimony 和 R. A. Holt 四人提出 [49]。贝尔不等式在不同的情况可以有不同的表述，CHSH 不等式就是贝尔不等式的一种表达形式。贝尔不等式就相当于纸牌游戏里提到的 "游戏规则判据"。按照爱因斯坦等三人的理论，存在着定域的隐变量，多次测量的平均值就必然遵守贝尔不等式。

表 7.3　按照定域隐变量理论所得到的函数 F 的值

$M(H, a)$	$M(H, a')$	$N(H, b)$	$N(H, b')$	$F(H, a, a', b, b')$
1	1	1	1	2
1	1	1	-1	2
1	1	-1	1	-2
1	1	-1	-1	-2
1	-1	1	1	-2
1	-1	1	-1	2
1	-1	-1	1	-2
1	-1	-1	-1	2
-1	1	1	1	2
-1	1	1	-1	-2
-1	1	-1	1	2
-1	1	-1	-1	-2
-1	-1	1	1	-2
-1	-1	1	-1	-2
-1	-1	-1	1	2
-1	-1	-1	-1	2

　　但是, 按照量子力学, 多次测量的平均值可以违背贝尔不等式。事实上, 在量子力学中, 由 (7.3) 式, $\langle E(a,b)\rangle = -\cos(a-b)$, 而且,

$$\langle F(a,a',b,b')\rangle = \langle E(a,b)\rangle + \langle E(a',b')\rangle + \langle E(a',b)\rangle - \langle E(a,b')\rangle$$

所以,

$$\langle F(a,a',b,b')\rangle = -\cos(a-b) - \cos(a'-b') - \cos(a'-b) + \cos(a-b')$$

如果让 a, b, a', b' 四个方向依次递增 $45°$, 如图 7.2(a) 所示, $\langle F(a,a',b,b')\rangle$ 中的四项都是 $-\cos 45° = -\sqrt{2}/2 \approx -0.707$。可得

$$|\langle F(a,a',b,b')\rangle| \approx 2.828 > 2 \tag{7.5}$$

这种情况得到的结果违背贝尔不等式。容易发现, $\langle F(a,a',b,b')\rangle$ 的最大值为 $2\sqrt{2}$, 最小值为 $-2\sqrt{2}$。贝尔的结论是, 任何定域的隐变量的理论都不可能复制量子力学的全部预言。(No physical theory of local hidden variables can ever reproduce all of the predictions of quantum mechanics.) 贝尔定理 (Bell's theorem) 则被表述为 "量子力学的预言违背贝尔不等式"。(Bell inequalities are violated by quantum mechanical predictions.)

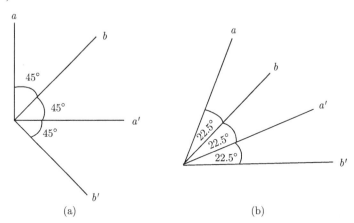

图 7.2　偏离贝尔不等式最明显的实验方案。(a) 测量电子自旋时让 a, b, a', b' 四个方向依次递增 $45°$; (b) 如果分别沿 a 和 b 两个方向测量光子的偏振, 让 a, b, a', b' 四个方向依次递增 $22.5°$

　　验证贝尔不等式的实验, 多数是测量光子的偏振。如果分别沿 a 和 b 两个方向测量光子的偏振, 而不是电子的自旋, 那么关联函数与两个测量方向的夹角的关系是

$$\langle E(a,b)\rangle = -\cos[2(a-b)] \tag{7.6}$$

注意其中出现的系数 2。如果让 a, b, a', b' 四个方向依次递增 22.5°，如图 7.2(b) 所示，就得到偏离贝尔不等式最明显的实验方案。

7.5   EPR 实验证实量子力学的预言

贝尔不等式把 EPR 实验从一个思想实验变成了可以操作的实验。只要测量 $\langle F(a, a', b, b') \rangle$ 的值就可以判断爱因斯坦等三人的理论与量子力学理论孰是孰非。贝尔的论文发表于 1964 年，但实验工作直到 20 世纪 70 年代才得到突破，其中最重要的原因是所需数据的取得对实验仪器有着敏感依赖。这种实验需要新的技术，使得一次能够生成极少数目的光子，例如，一次只生成一两个光子。如果实验仪器在极短的时间里就产生成千上万的光子，就无法辨别纠缠光子对，更不用说测量相关函数了。除此之外，避免误差也是很重要的。有一些实验结果由于测量误差而导致错误的结论，但是很快就被指出实验的漏洞。多数实验则证实了量子力学的预言。

有一组实验做得相当漂亮，是阿斯佩克 (Aspect) 等三人完成的。他们共发表了三篇论文 [50-52]。他们公布的实验结果否定了定域隐变量的存在，证实了量子力学所预言的非定域性，那就是，处于纠缠态的两个光子，即使在空间上已经远远分开，它们依然相互关联。他们的实验结果在物理界被广泛引用。

阿斯佩克等三人的第一篇文章于 1981 年发表在美国《物理评论快报》第 47 卷第 7 期上 [50]。在实验中，先用激光把基态 Ca 原子最外层两个电子从 s 态激发到 p 态。当原子从激发态跃迁回到基态时，就发射一对纠缠态的光子。两个光子分别向相反方向飞行，途经偏振检测器，然后记录到达接收器的光子。典型情况下，粒子源每秒产生 4×10^7 对光子。对两个方向上检测到的光子数目进行统计，就可以计算关联函数。

理想偏振检测器允许平行于光轴的偏振光 100% 通过，而垂直于光轴的偏振光完全被阻挡。但是实验中使用的偏振检测器不可能做到。因此，在正式实验之前，要先对两个偏振检测器分别进行测试，确定每个检测器允许平行于光轴的偏振光通过的比例 ε_M (略小于 100%) 和未被阻挡的垂直于光轴的偏振光的比例 ε_m (略大于 0%)。

粒子源发射一对光子，并不一定会生成一个有效的记录。只有当分别处于两边的接收器都接收到同一对纠缠态光子的时候，才会生成一个有效的记录。实验中先把左边的偏振检测器的光轴设在 a 方向，右边的偏振检测器的光轴设在 b 方向，粒子源发射一组光子，用 $R(a, b)$ 记录两边接收器都检测到光子的次数。粒子源再发射一组光子，用 $R_1(a)$ 记录右边没有偏振检测器但左边有偏振检测器的情况下两边接收器都检测到光子的次数。粒子源再发射一组光子，用 $R_2(b)$ 记录左边没有偏振检测器但右边有偏振检测器的情况下两边接收器都检测到光子的次数。最后，粒子源再发射一组光子，用 R_0 记录两边都没有偏振检测器的情况下两边接收器都检测到光子的次数。测量过程中，偏振角度固定，每秒检测到 150 对光子。检测器到光源的最大距离为 6.5 米。

阿斯佩克等三人采用了贝尔不等式的两种形式。第一种是 Freedman 给出的不等式：

$$\delta = \frac{|R(22.5°) - R(67.5°)|}{R_0} - \frac{1}{4} \leqslant 0$$

其中 $R(22.5°)$ 或 $R(67.5°)$ 就分别是在 a 轴和 b 轴夹角为 22.5° 和 67.5° 时 $R(a,b)$ 的值。上面的 Freedman 不等式说明定域隐变量理论预言的 δ 值非正，但是量子力学计算预言的 δ 值却是正数：

$$\delta_{QM} = 5.8 \times 10^{-2} \pm 0.2 \times 10^{-2}$$

实验测量得到的结果是

$$\delta_{EXP} = 5.72 \times 10^{-2} \pm 0.43 \times 10^{-2}$$

显然，实验测量结果明显违背贝尔不等式，而且接近量子力学计算结果。阿斯佩克等三人采用贝尔不等式的另一种形式是 Shimony-Holt 不等式：

$$-1 \leqslant S = \frac{R(a,b) - R(a,b') + R(a',b) + R(a',b') - R_1(a') - R_2(b)}{R_0} \leqslant 0$$

其中光轴的方向如图 7.2(b) 所示。显然，根据上述不等式，定域隐变量理论预言的 S 值在 -1 与 0 之间，但是量子力学计算预言的结果是正数：

$$S_{QM} = 0.118 \pm 0.005$$

而实验测量结果接近量子力学的计算：

$$S_{EXP} = 0.126 \pm 0.014$$

这个实验结果也违背贝尔不等式。在文章的结束语中，作者信心十足地写道，实验的结果与量子力学的预言出色地一致，提供了强有力的证据否定定域隐变量理论，而且没有观察到测量仪器之间距离对相关性的影响。

但是，过了不到一年，阿斯佩克等三人在美国《物理评论快报》第 49 卷第 2 期上发表了第二篇文章 [51]。他们意识到，前面的实验中，在两边都有偏振检测器，一边有偏振检测器另一边没有偏振检测器，以及两边都没有偏振检测器这三种条件下，分别检测到光子对数目 $R(a,b)$、$R_1(a)$ 和 $R_2(b)$，以及 R_0，是可能造成误差的，因为这种测量需要多组相同的粒子流。一旦测量 $R(a, b)$ 的一组粒子流有别于测量 $R_1(a)$ 和 $R_2(b)$ 的一组粒子流，他们用来判断的 Shimony-Holt 不等式就可能失效。在改进的实验方案里，使用了双通道偏振器，同时测量偏振方向平行于光轴和垂直于光轴的光子数目。把左边的偏振检测器的光轴设在 a 方向，右边的偏振检测器设在 b 方向。用 $R_{++}(a, b)$ 记录左边和右边都接收到光子的次数，用 $R_{+-}(a, b)$ 记录左边接收到光子但是右边没有接收到光子的次数，类似地定义 $R_{-+}(a, b)$ 和 $R_{--}(a, b)$。这时，关联函数可以直接从计算得到

$$E(a,b) = \frac{R_{++}(a, b) + R_{--}(a, b) - R_{+-}(a, b) - R_{-+}(a, b)}{R_{++}(a, b) + R_{--}(a, b) + R_{+-}(a, b) + R_{-+}(a, b)}$$

阿斯佩克等三人这次采用 CHSH 不等式。由 $\langle E(a, b) \rangle$ 可以立即计算：

$$\langle F(a, a', b, b') \rangle = \langle E(a, b) \rangle + \langle E(a', b') \rangle + \langle E(a', b) \rangle - \langle E(a, b') \rangle$$

考虑到检测器的尺寸是有限的，有一部分光子会被遗漏，那么预期的实验结果与 (7.5) 式会略有出入。计算结果是

$$\langle F(a, a', b, b') \rangle = 2.70 \pm 0.05$$

阿斯佩克等三人的实验结果表明：

$$\langle F(a, a', b, b') \rangle = 2.697 \pm 0.015$$

与 CHSH 不等式 (7.4) 式比较，上述实验结果有力地支持量子力学理论。现在，大多数教科书及综述文章都引用这个结果。

　　在这篇文章的结尾，作者客观地写道，这个实验仍有两个漏洞。为完全排除定域隐变量理论，实验仍须堵塞这两个漏洞。一个漏洞是检测器的效率太低。实验中，粒子源每秒发射 5×10^7 对光子，而每秒接收到大约 80 对纠缠态光子。造成低效率的原因，首先是粒子源产生的光子对有可能不沿预先设计的方向飞行，而是向不同角度散射，于是偏离了方向，以致接收器未能收到。其次，在左右两边接收到的光子中，必须能够确认是属于同一对光子，才是有效的记录。这样低的效率无法排除检测器有条件地选择样本的可能性。只有提高检测器的效率才能堵住这个漏洞。另外一个漏洞是每次测量时偏振测量仪的主轴方向都不变。在实验过程中，先把两个偏振测量仪的主轴方向分别固定在 a 和 b，做一组实验，得到 $E(a, b)$，然后把两个偏振测量仪的主轴方向分别固定在 a 和 b'，再做一组实验，得到 $E(a, b')$，类似地得到 $E(a', b)$ 和 $E(a', b')$。直到四个关联函数都测量了，再计算函数 F。但是，固定不变的偏振测量仪的主轴方向可能在发射光子之前就把测量方向 "通知" 给对方。

要堵住这个漏洞，应当允许两个偏振测量仪的主轴方向在光子飞行过程中随时改变。当然，这会使实验的难度增大。

又过了五个月，阿斯佩克等三人在美国《物理评论快报》第 49 卷第 25 期上发表了他们的第三篇文章 [52]。在新的实验中，两个偏振测量器的主轴方向分别受到一个快速切换的开关控制，在两个方向之中选择一个。两个开关切换周期略有不同，但是都在大约 $T = 10$ 纳秒变换一次方向。每个检测器到光源的距离为 6 米，两个检测器间距离 $L = 12$ 米，所以光波在两个检测器之间传播需要 $L/c = 40$ 纳秒，大于偏振测量仪的主轴方向变化的周期 T。整个实验运行 12000 秒。由于偏振测量器的主轴方向在光子的飞行过程中改变，这个实验某种程度上堵塞了过去实验中的第二个漏洞。但是更好的方法应当是让偏振测量仪的主轴方向随机变化而不是周期性改变。至于过去实验中的第一个漏洞，这个实验并没有改进。所以作者最后写道，需要进一步改进实验，提高检测器的效率，并且让偏振测量仪的主轴方向随机变化。但是，他们三人此后没有再发表关于 EPR 实验的报告。

1985 年 5 月，弗朗森 (James D. Franson) 在美国《物理评论 D》第 31 卷第 10 期上发表一篇文章 [53]，指出阿斯佩克等三人的实验仍然不足以排除定域隐变量理论。本书前面曾经说过 "测量决定命运" 的命题，即 "只要未做测量，波函数就一直保留所有分支，粒子就一直保持着各种可能性"。只有到第三阶段进行测量的瞬间，粒子才有了确定的状态，于是整个运动过程才被完全确定。在阿斯佩克等三人的实验中，从处于激发态的原子向基态跃迁开始，到光子对形成并且向相反方向运动，再经过偏振测量器，最后到达两边接收器，这一系列事件都是量子力学过程的一部分。直到观察 (记录) 到光子之时，整个过程才被确定。在探测到光子之前，原子一直处于激发态与基态的叠加状态。原子状态跃迁的半衰期为 89 纳秒。不妨假定生成光子对用了 89 纳秒，那么粒子源到检测器之间的光程与光速之比 L/c 应当不小于 89 纳秒。否则，激发态原子发射光子 (电子能级跃迁) 的时刻发出的信息完全来得及传播到检测器。因此，弗朗森认为阿斯佩克等三人的实验并没有完全排除定域隐变量理论。必须说明，弗朗森本人是量子力学的拥护者，他指出阿斯佩克等三人的实验的漏洞，是为了实现更完美的实验。

贝尔去世八年后，Weihs 等五人改进了实验设计，堵住了弗朗森指出的这个漏洞。他们的实验结果于 1998 年发表在美国《物理评论快报》第 81 卷第 23 期上 [54]。光纤技术的应用使得两个检测器之间的距离可以达到 400 米之遥。两个检测器之间即使以光速交换信息，也需要 1300 纳秒。另外，Weihs 等采用了高效率的检测器，大约 5% 的光子对被有效地接收。整个实验在 10 秒内共接收到 14700 对光子。在他们的实验中，两个检测器的光轴方向是随机改变的。由于使用了物理随机数而不是计算机生成的 "伪随机数"，所以光轴的方向原则上是不可预言的。这个实验采用了 CHSH 不等式，得到的结果是

$$\langle F(a, a', b, b') \rangle = 2.73 \pm 0.02$$

这个实验结果并不让人意外，量子力学再次得到证实。但是关于量子力学和定域隐变量的争论依然存在。至今仍然有人指出实验可能存在的漏洞，也有一些新的实验堵塞这些漏洞 [55]。然而，与贝尔不等式提出之前的不同之处是，目前量子力学的非定域理论的观点已经在学术界占了绝对优势。如果哪位物理学家想发表支持定域隐变量理论的文章，必须提出充分的实验证据才能说服审稿人及编辑，泛泛而论的文章通常已经不会被正式的学术刊物采纳。

7.6　EPR 实验中的三阶段论

在 EPR 实验中，假设有一对电子分别飞往左右两边，每次测量一个电子，所以共有两次测量。由于两次测量通常不能保证同时进行，所以整个实验可以划分为两个过程。不妨假定先在左边测量电子沿 A 方向自旋，后在右边测量电子沿 B 方向自旋。可以用量子力学的三阶段论来描述 EPR 实验的前后两个过程。先来看第一个过程，即从 $t = 0$ 发射一对电子，到 t_1 测量左边电子的自旋。在这个过程中两个电子都在运动，而波函数是两个电子的纠缠态。对该系统的三阶段论如下：

第一阶段，电子源发射一对电子，总自旋为零，分别飞向左右两个相反方向。这对电子处于纠缠态。

第二阶段，波函数弥散在空间越来越大的范围，但是始终是这两个电子纠缠态的波函数，它是两个本征态的叠加，其中一个本征态是"左边电子自旋沿 +A 方向而右边电子自旋沿 −A 方向"，另一个是"左边电子自旋沿 −A 方向而右边电子沿 +A 方向"。每一个本征态都是两个电子波函数的乘积，相应的两个电子的自旋本征值都是两个相反的数。

第三阶段，在 t_1 时刻测量左边电子沿 A 方向的自旋，这是第一次测量。测量后，双电子的波函数就"坍缩"到所有本征态之中的一个。为确定起见，不妨假定测量结果左边电子自旋沿 −A 方向，则可以知道右边电子的自旋沿 +A 方向。测量左边电子的自旋之后，右边电子继续飞行。

到此为止，第一个过程结束，两个电子不再处于纠缠态。第二个过程只考虑右边电子从 t_1 时刻开始到 t_2 时刻测量为止。这是单个电子的运动，与左边电子无关。可以写出系统的新的三阶段论，描述如下：

第一阶段，在时刻 t_1，右边电子的自旋沿 +A 方向。这是初始波函数。

第二阶段，"电子"(波函数) 保持自旋沿 +A 方向，继续向右飞行。

第三阶段，在时刻 t_2 测量电子沿 B 方向的自旋，电子的波函数就"坍缩"到两个本征态之一，其中一个本征态是"电子自旋沿 +B 方向，另一个本征态是"电子自旋沿 −B 方向"。

关于两次测量中波函数如何发生坍缩，见附录 J 第二部分的讨论。

在 4.4 节曾经讨论了单个粒子的测量结果是否满足守恒定律的问题。当时得到的结论是，对于每一次测量来说，单次测量结果通常仅仅在不确定度关系的范围内成立，但是多次测量的结果在统计上满足守恒定律。对于处在纠缠态的两个粒子来说，守恒定律的问题比单个粒子的情况更复杂。因为在产生纠缠态粒子的时候，两个粒子之间的关联可能就受到总角动量守恒定律的约束，那么对其中任何一个粒子的测量，都会使得另一个粒子的状态同时改变，其结果一定是满足角动量守恒定律的本征态。一经测量之后，两个电子就不再处于纠缠态。如果接着又测量了第二个粒子沿另一方向 (不同于第一个粒子自旋的测量方向) 的自旋，那么每次测量的结果仅仅在 "广义的不确定度关系" (见 5.6 节) 的范围内满足守恒定律，但是对于一个系综里多个系统测量的平均值满足守恒定律。关于先后两次测量中角动量守恒问题的详细讨论，见附录 J 第三部分。

上述关于纠缠态粒子对总角动量守恒定律的讨论，也适用于其他物理量的守恒定律。例如，在康普顿散射实验里，发生碰撞的光子和反冲电子的总动量和总能量都是守恒的。再如，假定某个 EPS 实验是通过测量动量完成的，初始两个粒子处于纠缠态，它们具有确定的总动量。那么第一次测量其中一个粒子的动量，第二个粒子会立即处于动量的本征态，测量结果一定满足动量守恒定律。第一次测量之后两个粒子就不再处于纠缠态。只要第二个粒子不处于定态，经过一段时间之后波函数就会发生变化。再测量第二个粒子时，动量守恒定律就仅在不确定度关系的误差范围内成立，但是对一个系综的大量系统所做测量结果的平均值满足动量守恒定律。

以上讨论曾经假定了先测量左边的电子，后测量右边的电子。这里可能存在的疑问是，如果改变测量的顺序，先测量右边的电子的自旋，后测量左边的电子的自旋，得到的实验结果会不同吗? 假设 +A 方向与 z 轴的夹角是 a，+B 方向与 z 轴的夹角是 b，那么 +A 方向与 +B 方向的夹角就是 $a-b$。回忆在 6.4 节定义的关联函数，是第一个电子沿 A 方向自旋 M 与第二个电子沿 B 方向自旋 N 的乘积。按照附录 J 的讨论，关联函数的平均值是 $\langle E(a,b)\rangle = -\cos(a-b)$。因为关联函数的平均值仅仅与 +A 方向与 +B 方向的夹角 $a-b$ 的绝对值有关，所以它不会因为交换左右两边测量顺序而改变。这说明在 EPR 实验中，不需要刻意安排左右两边电子自旋的测量顺序，可以先测量左边的电子，也可以先测量右边的电子，甚至可以同时测量两边的电子。不论先测量哪一个粒子，纠缠态波函数都会作为一个整体发生坍缩，两个粒子的状态必然同时发生变化。不能因为第一次测量实施在左边的粒子上，就认为左边粒子的波函数坍缩在先，右边粒子波函数坍缩在后。波函数的坍缩没有顺序，是同时发生的，两者之间不存在因果关系。本书 9.1 节还将进一步探讨这个问题。

7.7　对 EPR 实验的一些讨论

定域性原理 (principle of locality) 是从经典物理中的经典场论发展来的。牛顿在提出万有引力定律时，认为两个物体之间的万有引力是 "超距" 的，也就是瞬时出现的，一个物体一旦出现在某处，它就立即对周围的其他物体作用了一个引力，这个作用不需要任何时间传播。早期物理学家认为电荷之间的引力和斥力也是一个物体 "超距" 地作用于远处的物体。直到麦克斯韦建立经典电磁场理论，证明电磁场以光速传播，物理学家才逐步接受了定域性原理，认识到电磁力是通过电磁场传播的，而电磁场传播是需要时间的。定域性原理认定，一个物体只能与它周围的物体相互作用。在机械运动中，两个物体必须在相互接触时才会有相互作用力。流体中的两个悬浮的固体颗粒可以通过流体作为中介相互作用，也就是说，两个固体颗粒都与它们接触的流体发生作用。在电磁场中，两个电荷必须以电磁场为中介相互作用。爱因斯坦建立的狭义相对论，证明了任何场传播的速度都不能超过光速，否则因果关系就会被破坏。万有引力是两个物体通过引力场作为中介相互作用，也不能超过光速。因此定域性原理认为，在空间某一处发生的事件，不可能立即影响到空间的另一处，任何作用或者信息不可能传输得比光速更快。这就排除了超距作用的可能。

但是，在量子力学中，在第三阶段描述的波函数坍缩的现象，对经典力学提出了挑战。早在第 1 章讨论量子势垒的问题时就注意到，波函数遇到势垒之后，会分裂为穿透波和反射波两个部分，它们在空间分离越来越远。但是，不论它们距离多么远，一旦某个探测器探测到粒子，位于势垒两边的波函数就会立即 "坍缩"。设想 "穿透探测器" 和 "反射探测器" 到势垒的距离相同，穿透波函数到达穿透探测器的时刻，反射波函数也到达反射探测器。如果波函数坍缩的速度是有限的 (低于光速)，那么当粒子被穿透探测器探测到的瞬间，"坍缩" 的影响还来不及传播到势垒的另外一边，反射波函数依然存在，所以粒子仍然可能被反射探测器探测到。这样一来，同一个粒子就有可能被两个探测器都探测到，粒子既穿透了势垒又被势垒反射，这就违背了粒子数守恒定律。只有假定波函数坍缩是瞬时发生的，或者说坍缩的速度超过光速，才可以保证粒子被穿透探测器探测到的时刻，波函数能够立即坍缩为穿透这一支，反射波函数立即消失，从而避免被反射探测器探测到同一个粒子的可能性。从这个思想实验看起来，波函数的坍缩应当是瞬时发生的，其速度应当能够且必须超过光速 [7,12]。

当然，在一维势垒这个例子里，分布在空间各处的波函数都是 "同一个粒子的波函数"，所以 "坍缩" 行为仅仅发生在一个粒子上，它对经典力学的挑战还不很明显。通过本章的讨论，对于第三阶段的测量，应当有进一步的认识。也就是说，如果系统中有处于纠缠态的两个粒子，那么在第三阶段测量的时候，"坍缩" 会同时发生在两个粒子上。不管 "测量" 的行为作用于哪一个粒子，波函数都会 "坍缩" 到双粒子系统的一个本征态，不仅被测量的粒子的自旋被确定了，未被直接测量的那个粒子的自旋也同时确定了。"测量" 的这种属性还可以推广到更多数目的粒子的纠缠态。对纠缠态粒子之一的 "测量" 影响到另一个粒子，这种行为显现了量子力学中处于纠缠态的多个粒子之间的量子关联，而且这种量子关联超过了经典物理的定域性原理所允许的程度。似乎量子力学允许相互作用以超光速传播，这种相互作用看起来很 "诡异"。爱因斯坦称这种现象为 "远距离的幽灵作用"(spooky action at a distance)，认为它违背相对论，是不可能发生的。

从 1935 年 EPR 论文开始的争论，重新提出了 "超距作用是否存在" 的问题。爱因斯坦等主张的 "定域隐变量" 理论，坚持定域性原理。但是量子力学的理论坚持对纠缠态的两个粒子之一的测量会立即改变另一个粒子的状态。在与玻尔的论战中，爱因斯坦感到最不能接受的，正是 "非定域实在性"。他坚信相互作用总是定域性的，如果把两个粒子分开到相距非常遥远的两地分别测量，两者之间就不应当相互关联。当爱因斯坦把量子力学中基于纠缠态的相互关联称为 "远距离的幽灵作用" 的时候，就已经把 "非定域性" 列为一种 "非物理实在性" 了。爱因斯坦当年的学术地位，使得他的这一观点对理论物理界造成很大的影响。许多物理学家都认识到，两种物理观点之争，已经反映出争论双方哲学思想的分歧。绝大多数物理学家在研究过程中，总是默认物理的研究对象是客观实在，不把 "非物理实在性" 当作研究对象。在 EPR 思想实验提出近 30 年之后，贝尔把 "定域隐变量" 理论和量子力学理论之间的分歧，归纳为一个简单的不等式，使得两种不同意见的争论可以由实验观测结果来判断是非。贝尔不等式是量子力学理论建立之后最重要的理论进展。实验通过贝尔定理证实了这种超距离 "坍缩" 行为的可信性，微观世界里的物理现象竟然可以违背定域性原理！这个结论不仅对经典力学提出了挑战，它对哲学的冲击也是巨大的。可惜爱因斯坦和玻尔已经于 1955 年和 1962 年先后去世，没有亲眼看到贝尔的论文和实验结果，更没有看到现在物理教科书已经开始把贝尔定理视为基础物理定理。直到今天，有一些人继续以 "不符合常理" 为理由来反对量子力学。历史经验证明，物理学只能根据实验结果来适当修正理论，而不能根据已有的思维习惯来否定实验结果；物理学家必须由实验判断真理，而不能以某种信念判断真理。

爱因斯坦和玻尔都是 20 世纪伟大的科学家。就他们的这场争论本身而言，正统量子力学是对的，爱因斯坦等主张的 "定域隐变量" 理论是错了。但是爱因斯坦对量子力学理论的功劳不可磨灭。爱因斯坦创立的狭义相对论和广义相对论，是逻辑思维在理论物理中运用的典范。相对论在建立了崭新时空观的同时，仍然维持了许多传统的经典观念，如测量结果的客观性、粒子和波两者的对立、因果关系的确定性、相互作用的定域性等。所有这些经典观念，都反映了当时物理学的局限性。突破这种局限性，是量子力学诞生的前提。这里更加需要的是创造性的灵感，包括跳跃的思维、大胆的假设、突发的直觉等。以玻尔为代表的哥本哈根学派以及其他一些物理学家在一起，完全具备了这样的条件。这一批物理学家中的每一个人对量子力学所作的贡献 (其中也包括爱因斯坦对光电效应的理论解释)，可能都是量子力学大厦不可缺少的一块砖，但是任何一块砖都不足以支撑量子力学大厦的整体。这些分立的砖砌在一起的时候，会存在一些缝隙。爱因斯坦敏锐地发现了量子力学中存在的 (而玻尔以及其他物理学家当时都没有意识到的) 一些基本理论问题，其中最重要的问题就是通过 EPR 实验提出的 "非定域性" 问题。如果没有爱因斯坦等的 EPR 实验的文章，就没有后来纠缠态在信息传递以及其他许多具有应用前景的研究方向上的一系列进展。量子力学关于纠缠态理论的最后完善也许将被推迟许多年。

思 考 题

关于 EPR 实验，有人用这样的故事作通俗的解读。母亲把一副手套分开，放进两个盒子，分别寄给相距很远的两个儿子。在两个儿子都没有打开盒子的时候，哥哥不知道弟弟收到的是左手的还是右手的，弟弟也不知道哥哥收到的是哪只手的。一旦哥哥打开盒子，看到是左手的那一只，立刻就知道弟弟收到的是右手那一只。所以 "即使两个粒子分开，关联依然存在" 的现象丝毫不足为怪。说说你的看法。

第8章 量子力学与经典直观逻辑的对立

在量子力学三阶段论的第二阶段中，量子力学关注的焦点是波函数如何演化，避免讨论粒子如何运动。有些研究者对此不满意，希望能够发现关于粒子如何运动的更多信息。本章的讨论表明，试图把经典直观逻辑用在量子力学三阶段论的第二阶段，最终都导致荒谬的结果。本章就四个例子讨论了粒子在第二阶段如何运动的问题，它们是：一、通过"量子橡皮"的讨论，证明了在双缝干涉实验中，如果波函数不携带路径的信息，就可能会看到干涉条纹，但是实验者就无法确定粒子是从哪条狭缝通过的，如果波函数携带路径的信息，干涉条纹就会消失；二、通过对双-方势阱模型的分析，证明"实验者无法确认在两次测量之间粒子在中央势垒的哪一边"，当粒子在初始和最终时刻位置确定之后，于中间任何给定时刻粒子都可能没有确定的位置；三、在惠勒的"量子推迟选择实验"中，如果接受"经典直观逻辑"，就会导致"因果颠倒"的荒谬结果；四、在"哈迪佯谬"中，"经典直观逻辑"的理论将会导致"电子和正电子相撞却不湮灭"的荒谬结果。但是量子力学三阶段论可以对以上各种情况作出统一和合理的解释，因此更有说服力。这四个例子全部毫无疑义地支持量子力学，否定经典直观逻辑。

8.1 关于粒子运动的三个经典直观逻辑命题

在量子力学的第二阶段里究竟应当讨论波函数如何运动，还是直接讨论粒子如何运动，这是量子力学与经典直观逻辑的分水岭。在量子力学三阶段论的第二阶段中，量子力学关注的焦点是波函数如何演化，避免讨论粒子如何运动。有些研究者希望能够发现第二阶段中关于粒子如何运动的更多信息，但最终都导致荒谬的结果。下面就举出在讨论"粒子如何运动"的时候常常引用的经典直观逻辑的三个典型命题。

第一个命题是关于粒子运动的路径。在某些实验装置中，粒子有两条或更多条可能的运动途径，例如，在双缝干涉实验中有上下两条狭缝允许粒子穿过，再如图 6.1 中粒子可以被左右两面反射镜之中任何一个反射到达屏幕，等等。从日常生活的经验出发，人们会认为粒子总是通过其中的某一条路径到达目的地。他们的经验背后的逻辑可以表述为

如果从某处出发的粒子到达目的地只有 A 和 B 两条可能的路径，那
么每个粒子必然沿着 A 和 B 两条路径之一到达目的地：如果不通过　　　　(8.1)
路径 A，就一定通过路径 B。

这属于经典直观逻辑，它在经典力学里显然是正确的，但是在量子力学中不正确。
在量子力学里，实验者从系统中获得信息的唯一途径是测量，而测量只能提取波函
数中已经具备的信息，不可能得到波函数里不具备的信息。只有在波函数携带了相
应路径的信息的条件下，才有可能在测量时确定粒子通过了路径 A 或者 B。所以，
与逻辑 (8.1) 对立，在量子力学中存在三种可能性：波函数携带着粒子走路径 A 的
信息；波函数携带着粒子走路径 B 的信息；波函数携带的信息不足以确定粒子所
走的路径。其中前两种可能性与经典直观逻辑 (8.1) 相对应，但是第三种可能性是
量子系统中特有的。因此，在量子力学中相应的逻辑应当是

如果从某处出发的粒子到达目的地只有 A 和 B 两条可能的路径，还
不能就此下结论粒子必然沿着 A 和 B 两条路径之一到达目的地。只
要波函数不携带关于路径的信息，谈论粒子通过了路径 A 或路径 B　　　(8.2)
就是毫无意义的。

第二个命题是关于运动着的粒子在任何时刻是否有确定的位置。经典力学中，
在任何确定的时刻粒子总应当在某个确定的位置存在。这个观点称为 “宏观实在
论” (macrorealism)，它可以表述为

如果把粒子可能存在的空间范围分为 L (左边) 和 R (右边) 两个部
分，而且位置测量总是在 L 和 R 两处之一发现粒子，那么在任何给
定时刻，即使没有实施测量，粒子也必然位于 L 和 R 两处之一：不　　　(8.3)
是位于 L 处，就是位于 R 处。

但是在量子力学中，粒子的波函数可以是坐标算符的两个本征态 ψ_L 和 ψ_R 的
叠加态。“粒子必然位于 L 和 R 两处之一” 这个观念可以有条件地用于第一阶段和
第三阶段，但是通常不能用在量子力学的第二阶段。所以，在量子力学中存在着三
种可能性：波函数是本征态 ψ_L；波函数是本征态 ψ_R；波函数是两个本征态 ψ_L 和
ψ_R 的叠加态。这三种可能性分别对应着粒子的三种状态：粒子在 L (左边)；粒子
在 R (右边)；粒子没有确定的位置。所以量子力学里正确的逻辑是

如果把粒子可能存在的空间范围分为 L (左边) 和 R (右边) 两个部
分，还不能就此下结论粒子必然是在 L 和 R 两处之一。如果还没有
实施测量，粒子的波函数可能处于叠加态，谈论粒子位于 L 或 R 是　　　(8.4)
毫无意义的。

第三个命题要回答的问题是，虽然粒子有两个或两个以上的路径可以选择，但
是如果在其中一条路径上的探测器发现了这个粒子，这个粒子是否就是沿着这条

路径运动的？根据日常生活经验，通常人们会接受下面的逻辑：

> 如果粒子只能通过一条路径到达探测器，并且该粒子在探测器处被
> 探测到，那么粒子实际上就是沿着那条路径到达探测器的。   (8.5)

但是这仍然属于经典直观逻辑。在量子力学中，只要还没有实施测量，波函数就会按照薛定谔方程演化，所以在测量之前波函数会到达它所能够到达的任何地方，不会局限于某个范围之内。第 1 章曾经讨论过的一维势垒模型里，如果某个探测器接收到电子，并不意味着在测量之前电子从未到达过另一个探测器附近。哈迪曾经针对逻辑 (8.5) 提出 [56]：

> 如果粒子只能通过某一条路径到达探测器，的确也在该探测器处被
> 探测到，我们还不能就此下结论说粒子实际上沿着那条路径走过，因   (8.6)
> 为还没有观察到粒子走了那条路径。

哈迪的原文是 "If a particle can only reach a detector by one path and it is detected at that detector then we cannot necessarily conclude that the particle actually went along that path because it is not observed going along that path."

经典直观逻辑与量子力学的对立，还表现在更多方面，但是以上三个命题是最常见的。初学者常常在分析量子系统的行为时不知不觉地遵照经典直观逻辑思考问题。经典直观逻辑与量子力学的是非，仅仅通过逻辑推理是不能辨明的，只有通过实验才能够作出判断。本章将针对四个例子比较细致地分析两种逻辑的区别，为此就不得不从一些相关的实验和必要的预备知识开始讨论，难以在叙述一开始就直奔主题。如果读者有兴趣深入了解这两种逻辑的对立，在阅读本章以下各节的时候就需要有一点耐心。

8.2 探测粒子 "走哪条路"

本节与 8.3 节将通过双缝干涉模型来讨论量子力学逻辑 (8.2) 和经典直观逻辑 (8.1) 的对立。

从第 2 章的讨论中已经知道，在双缝干涉实验中，如果两个缝同时打开，就观察到干涉条纹；如果两个缝中任何一个缝打开而另一个缝关闭，就没有干涉条纹。从这个观察结果看来，应当放弃 "电子的运动有轨道" 的认识了。但是这里仍然存在另外的可能性，即每个粒子还是沿一条路径走的，只不过另外一条路径的存在影响到粒子的运动，屏幕上显示的条纹仍然会因为另一个缝的开或闭而发生变化。如果经典直观逻辑 (8.1) 是正确的，那么在两个缝都打开并且观察到干涉现象的条件下，应当仍然有希望发现粒子究竟是从哪个缝穿过的。

为了探测粒子 "走哪条路" (which-way)，爱因斯坦提出了一个思想实验，希望通过这个实验，既观察到干涉条纹，又设法知道粒子穿过哪条缝隙。爱因斯坦设想的光子双缝干涉实验装置由单缝、双缝和屏幕三部分组成 (图 8.1(a))。光子在穿过最左边的单缝后，形成一束窄光，再经过上下平行的双缝发生干涉。只要双缝都打开，就可以在右边的屏幕上形成干涉条纹。为了在观察到干涉条纹的条件下观察光子 "走哪条路"，爱因斯坦建议把最左边的固定狭缝换成一个由极敏感的弹簧悬挂的活动狭缝 (图 8.1(b))。当光子穿过这个活动狭缝时，如果光子向上偏移，弹簧就会受到向下的拉力而拉长，那么就知道这个光子将会经过双缝中上边的一个，反之，若弹簧收缩，就知道光子将经过双缝中下边的一个。(在一个类似的实验装置里，左边的单缝保持固定但是上下平行的双缝被悬挂起来。) 爱因斯坦推断，这样的实验设置就可以既观察到干涉条纹，又知道粒子从哪条缝穿过。

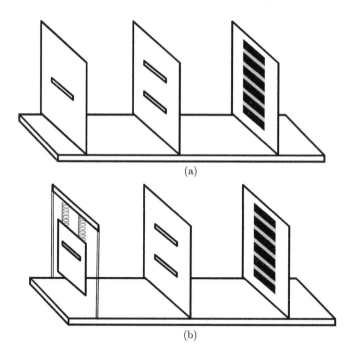

(a)

(b)

图 8.1   (a) 有固定单缝的双缝干涉理想实验示意图；(b) 爱因斯坦设想
把最左边的狭缝换成一个由极敏感的弹簧悬挂的狭缝

但是玻尔指出，量子力学不能提供关于粒子 "走哪条路" 的信息。针对爱因斯坦的双缝干涉思想实验，玻尔解释说，当最左边的单缝及它后面的双缝都被牢牢地固定在底座上时，固定了单缝的位置，可以观察到干涉条纹，同时也就自动放弃了在电子穿过单缝时测量动量的机会。如果第一道固定狭缝换成一个可移动的狭缝，在电子击中狭缝时,测量仪器测量了电子的动量,就不可能同时精确测定单缝的位置,每个电子就从各自不同的高度经过第一道狭缝,干涉条纹就会消失。所有提高精度的努力都无法做到既确认光子的路径又观察到干涉条纹[34]。玻尔的解释基于位置和动量的"不确定度关系",就是说,在利用可移动狭缝确认光子动量的时候,位置就不确定了,所以干涉条纹就不见了。

后来,费曼改进了爱因斯坦实验方案[2],设计了用电子完成"走哪条路"的双缝干涉实验的方案(图 8.2)。电子穿过双缝时,在双缝后面的光源发出的光子在与电子碰撞后发生散射。由光子的散射方向可以判断电子从上方或下方的狭缝穿过。费曼的观点与玻尔一致。他说:"如果一架仪器能够确定电子穿过哪一个小孔的话,它就不可能精致得使图样不受到实质性的扰动。"(If an apparatus is capable of determining which hole the electron goes through, it cannot be so delicate that it does not disturb the pattern in an essential way.)

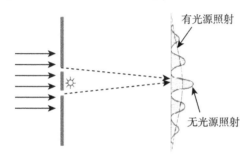

图 8.2   费曼版的爱因斯坦双缝干涉实验。屏幕上的条纹,实线是没有
光源探测电子路径时出现的干涉条纹,虚线是有光源探测电子
路径时出现的分布,没有干涉条纹

按照玻尔和费曼的解释,之所以无法确认电子走哪条路,原因是"不确定度关系"。按照这种解释,电子在电子源到屏幕之间仍然可能存在确定的路径,只是没有办法探测到电子走了哪条路却又不改变粒子原有的运动而已。所以这个解释并不能完全否定经典直观逻辑(8.1)。玻尔和费曼的这个解释维持了半个世纪之久,直到 20 世纪 90 年代,M. O. Scully, B. G. Englert 和 H. Walther 等三人提出了新的见解[57]。他们三人虽然赞成"在观察干涉条纹时无法知道粒子走哪条路"这一结论,但是不赞成玻尔和费曼的解释。他们认为,在设法观察粒子走哪条路时干涉条纹消失的原因不是来自"不确定度关系",而是因为在探测粒子"走哪条路"的时候改变了波函数,使之包含了粒子路径的信息。即使实验设备可以通过控制"观察的扰动"来降低粒子动量的改变,只要波函数携带了粒子路径的信息,干涉条纹还是会消失。

为了验证自己的观点,M. O. Scully 等三人提出了新方案(以下称为 SEW 方案) 来讨论粒子 "走哪条路"。SEW 方案用结构相对复杂的原子做实验, 因为原子除了具有质量和动量之外, 还有其他性质, 如能级和电量等, 称为 "内部自由度"。如果利用原子的内部自由度来给原子的路径做记号, 避免原子在做记号的时候改变动量, 就可以既确认原子的路径又不干扰原子运动。SEW 方案的设计者设想, 既然在 "走哪条路" 的实验中, 只要实验的设计给波函数提供了粒子路径的信息, 就看不到干涉条纹, 那么在这个实验装置里, 再设法抹掉波函数中关于粒子路径的信息, 就应当可以重新看到干涉条纹。这就是所谓 "量子橡皮" 的设想。如果基于 "不确定度关系" 解释的理论正确, 那么粒子在被探测 "走哪条路" 的时候受到随机的扰动之后, 就不可能恢复受到扰动之前的信息, 所以不会重新看到干涉条纹。如果 "量子橡皮" 的概念得到实验证实, 就说明在不同的实验设计中 "波函数携带有关路径的信息" 和 "波函数不携带有关路径的任何信息" 的可能性都确实存在。这就可以证明经典直观逻辑 (8.1) 是错误的, 而逻辑 (8.2) 是正确的。

8.3　一个简单的量子橡皮实验

SEW 关于 "量子橡皮" 的概念已经被实验证实。实验的结论是, 对于 "走哪条路" 的探测使波函数携带了所经过的狭缝的信息, 屏幕上就不会显示干涉条纹; 在实验中抹掉粒子路径的信息后, 又可以重新看到干涉条纹。为了说明在双缝干涉实验中 "量子橡皮" 是怎样工作的, 本节介绍一个最简单的量子橡皮实验, 这个实验基于《科学美国人》杂志上的一篇关于量子橡皮的文章 [58]。

从 5.8 节的讨论知道, 对于光子, 它的波函数不仅是坐标的函数, 同时也是偏振方向的函数。光子的偏振方向就可以在实验中用来记录 "走哪条路" 的信息。光子从光源发出后沿 z 方向飞往屏幕。在描述线偏振光的偏振方向时, 用 x 轴记水平方向, 用 y 轴记垂直方向。偏振方向也可以沿两个轴之间的角平分线。这样的角平分线有两条, 位于第一、三象限的记为 45° 方向, 它可以从 x 轴逆时针方向旋转 45° 得到; 位于第二、四象限的记为 −45° 方向, 它可以从 x 轴顺时针方向旋转 45° 得到。

这个简单的量子橡皮实验包括以下四个步骤。

实验步骤 1: 通常的光子双缝干涉实验, 观察到普通干涉条纹。

作为这个简单的量子橡皮实验的第一步, 首先需要完成通常的光子双缝干涉实验。让光穿过两个狭缝, 然后击打在屏幕上, 见图 8.3。在屏幕的每个不同位置, 都有两束波函数同时到达, 其中一束是穿过狭缝 $S1$ 的波函数, 另一束是穿过狭缝 $S2$ 的波函数。因为波函数没有包含 "走哪条路" 的信息, 所以在这个通常双缝干涉实验中得到的是普通的干涉条纹。

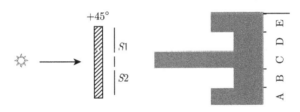

图 8.3 实验步骤 1 的理论模型

在实验装置中,已经将一沿 45° 方向的偏振片放在双缝之前,光束到达双缝前须通过这个偏振片。这个偏振片的作用是确认入射光在分解到水平方向或垂直方向偏振时,各占 50% 的几率,这就防止了在以下设计的实验步骤中入射光仅仅从双缝之中的一个穿过。

实验步骤 2:观察粒子走哪条路,在屏幕上不会得到干涉条纹。

在狭缝 $S1$ 和 $S2$ 的后面紧贴狭缝的地方,分别放置一个 x 方向的偏振片 h 和一个 y 方向的偏振片 v,见图 8.4。利用这两个偏振片,既记录了光子走哪条路,又不会扰动光子的运动。两束波函数同时到达屏幕,其中一束是穿过狭缝 $S1$ 的波函数,它沿 x 方向偏振,另一束是穿过狭缝 $S2$ 的波函数,它沿 y 方向偏振。实验观察表明屏幕上没有干涉条纹。通过测量光子的偏振方向就可以知道光子从哪个狭缝穿过,意味着光子 “走哪条路” 的信息已经被波函数里的偏振方向这个物理量所携带。所以这个实验步骤证明,如果波函数携带了关于光子路径的信息,就看不到干涉条纹。

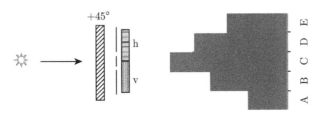

图 8.4 实验步骤 2 的理论模型

实验步骤 3:在双缝和屏幕之间插入 45° 方向的偏振片。

在实验步骤 2 装置的基础上,在双缝和屏幕之间再插入一个 45° 方向的偏振片,见图 8.5。由于其主轴位于第一、三象限的角平分线,它允许来自狭缝 $S1$ 的光子中有 50% 可以通过,同时也允许来自狭缝 $S2$ 的光子中有 50% 可以通过。不论光子来自哪个狭缝,通过 45° 方向的偏振片之后,都是沿 45° 方向的偏振光,所以波函数到达屏幕时 “粒子走哪条路” 的信息已经被 “抹掉” 了。实验结果表明干涉条纹又出现了。这个实验步骤证明,如果量子橡皮抹掉了关于光子路径的信息,就又可以看到干涉条纹了。

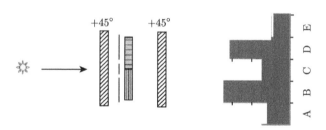

图 8.5　实验步骤 3 使用 45° 偏振片作为量子橡皮

实验步骤 4: 在双缝和屏幕之间插入 −45° 方向的偏振片。

在双缝和屏幕之间插入 −45° 方向的偏振片, 见图 8.6。由于其主轴位于第二、四象限角平分线, 它允许来自狭缝 $S1$ 的光子中有 50% 可以通过, 同时也允许来自狭缝 $S2$ 的光子中有 50% 可以通过。不论光子来自哪个狭缝, 通过 −45° 方向的偏振片之后, 都是沿 −45° 方向的偏振光, 所以 "粒子走哪条路" 的信息也已经被 "抹掉" 了。实验中可以观察到干涉条纹。与实验步骤 3 一样, 这个实验步骤再次证明, 如果量子橡皮抹掉了关于光子路径的信息, 就又可以看到干涉条纹了。

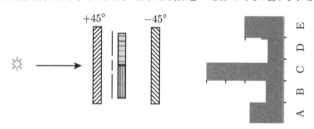

图 8.6　实验步骤 4 使用 −45° 偏振片作为量子橡皮

注意到实验步骤 4 屏幕上的图像与实验步骤 3 的图像不同。比较实验步骤 3 和 4 里分别使用 45° 偏振片和 −45° 偏振片得到的干涉条纹, 可以发现二者互补, 即前者干涉条纹的亮纹, 正好与后者干涉条纹的暗纹位置重合。只需注意前者允许通过的 "粒子" 恰好是后者过滤掉的 "粒子", 就理解两组干涉条纹互补的原因。这个量子橡皮实验虽然简单, 却揭示了量子橡皮现象的本质。使用量子力学的语言, "量子橡皮" 之所以可以把 "走哪条路" 的信息抹掉, 是因为它可以过滤掉一部分光子。45° 偏振片保留了一部分光子, −45° 偏振片保留了另一部分光子。如果所有光子都可以到达屏幕, 就没有干涉条纹。如果只有一部分光子可以到达屏幕, 另一部分光子被阻挡, 干涉条纹就又出现了。在这个意义上, "量子过滤器" 这个名称或许比 "量子橡皮" 更合适一些。

现在可以得出结论: 在双缝干涉实验中, 波函数可能携带也可能不携带关于运动路径的信息。只要波函数携带了关于运动路径的信息, 就不可能观察到干涉条纹。反之, 如果观察到干涉条纹, 波函数就没有携带关于运动路径的信息, 或者曾经携带过这种信息但是后来又被抹掉了，试图发现粒子 "走哪条路" 的努力就是徒劳。所以量子橡皮实验证实了经典直观逻辑 (8.1) 不正确，而量子力学的逻辑 (8.2) 是正确的。

本节关于量子橡皮模型的讨论没有提供严格的量子力学计算，只是说明了基本物理思想。如果读者希望看到更加严格的计算，可以参阅附录 K。在 SEW 方案提出之后，还出现了许多量子橡皮实验方案，其中有些基于纠缠态的量子橡皮实验方案 [59,60]，它们涉及 "因果颠倒" 的推论，在附录 K 中也作了一些简单讨论。

8.4 篮球比赛和 LG 不等式

本节和 8.5 节以第 3 章讨论过的双–方势阱模型为例，证明量子力学系统有可能不遵守经典直观逻辑 (8.3)。

先考虑经典系统。用经典力学描述的一场篮球赛，可以和量子力学的双–方势阱系统作类比。在篮球赛进行过程中的每一时刻，场上的状态都是确定的。按照经典直观逻辑 (8.3)，如果把中断比赛的时间 (例如球出界、暂停、进球之后到下次发球之间的空隙等) 排除在外，在比赛的任何时刻，篮球不是处于左半场就是处于右半场。定义一个物理量 Q，它只可能取 ± 1 这两个值其中的一个。如果某时刻球在左半场，则 $Q = 1$，反之，如果球在右半场，则 $Q = -1$。在 t_1, t_2 和 t_3 三个时刻 $(t_1 < t_2 < t_3)$ 观察球的位置，就可以分别得到结果 $Q(t_1)$, $Q(t_2)$ 和 $Q(t_3)$。按照三个时刻的测量结果可以计算以下函数 Q_{LG} 的值：

$$Q_{\mathrm{LG}} = Q(t_2)Q(t_1) + Q(t_3)Q(t_2) - Q(t_3)Q(t_1) \tag{8.7}$$

从根本上说，篮球的运动遵守牛顿方程。由于场上影响篮球运动的因素过于复杂，在给定 $Q(t_1)$ 之后，$Q(t_3)$ 的值只能在统计意义上预言。在对于大量系统进行测量之后，就可以计算出统计平均值 $\langle Q(t_3)Q(t_1) \rangle$，其中尖括号 $\langle \cdot \rangle$ 代表取系综平均值。在统计力学中，系综平均可以用时间平均代替。通常的做法是，预先给定时间间隔为 Δt (这个间隔不可太短，也不可太长，这里不讨论)，在任一时刻 t_1 观察 $Q(t_1)$ 之后，在 $t_2 = t_1 + \Delta t$ 时刻和 $t_3 = t_2 + \Delta t$ 时刻再观察 $Q(t_2)$ 和 $Q(t_3)$，根据 (8.7) 式就可以计算函数 Q_{LG} 的值。如果选择 N 个不同初始时刻 t_1 观察 $Q(t_1)$, $Q(t_2)$ 和 $Q(t_3)$，就得到 N 组结果。对于一个经典系统，根据逻辑 (8.3)，物理量 $Q(t_1)$, $Q(t_2)$ 和 $Q(t_3)$ 的所有可能的值只有 8 种组合，它们都已经列在表 8.1 的前三行里。对于每一种组合，可以分别计算出 $Q(t_2)Q(t_1)$, $Q(t_3)Q(t_2)$ 和 $Q(t_3)Q(t_1)$，从而得到 Q_{LG}。可以看出，对于每个可能的组合，Q_{LG} 的值总是 -3 或 1。

定义关联函数 $C_{21} = \langle Q(t_2)Q(t_1) \rangle$，$C_{32} = \langle Q(t_3)Q(t_2) \rangle$ 和 $C_{31} = \langle Q(t_3)Q(t_1) \rangle$。最后计算 Q_{LG} 的系综平均值 $K_3 \equiv \langle Q_{\mathrm{LG}} \rangle = C_{21} + C_{32} - C_{31}$ 必然在 -3 与 1 之间，

即

$$-3 \leqslant K_3 = C_{21} + C_{32} - C_{31} \leqslant 1 \tag{8.8}$$

这个不等式就是 LG 不等式,是 1985 年由莱格特 (Anthony Leggett) 和加尔格 (Anupam Garg) 提出的 [61],称为 Leggett-Garg 不等式 (Leggett-Garg inequality),简称 LG 不等式。LG 不等式是受到贝尔不等式的启发才提出的。以上对经典系统的讨论说明,只要遵守经典直观逻辑 (8.3),系统的行为就一定满足 LG 不等式。

表 8.1   经典力学系统里关联函数的计算

$Q(t_1)$	$Q(t_2)$	$Q(t_3)$	$Q(t_2)Q(t_1)$	$Q(t_3)Q(t_2)$	$Q(t_3)Q(t_1)$	Q_{LG}
1	1	1	1	1	1	1
1	1	−1	1	−1	−1	1
1	−1	1	−1	−1	1	−3
1	−1	−1	−1	1	−1	1
−1	1	1	−1	1	−1	1
−1	1	−1	−1	−1	1	−3
−1	−1	1	1	−1	−1	1
−1	−1	−1	1	1	1	1

8.5   查看粒子 "在哪一边"

8.4 节对经典系统的讨论证明,经典客体的行为一定遵守 LG 不等式 (8.8) 式。本节的讨论将证明量子系统可以违背 LG 不等式,从而证明量子力学逻辑 (8.4) 的正确性。

对于双–方势阱这个量子力学系统,如果测量发现粒子在中央势垒的左边,则定义 $Q = 1$,反之,如果粒子在中央势垒的右边,则 $Q = -1$。分别在 t_1 和 t_3 两个时刻测量物理量 Q,把结果记为 $Q(t_1)$ 和 $Q(t_3)$。在时刻 t_1 到 t_3 之间,波函数是遵守薛定谔方程演化的。在给定 $Q(t_1)$ 之后,$Q(t_3)$ 的值只能在统计意义上预言。显然,量子系统和经典系统一样,统计平均值 $\langle Q(t_3)Q(t_1) \rangle$ 也必然在 −1 与 +1 之间。仅仅根据在起始时刻 t_1 和结束时刻 t_3 的测量,是无法区分量子系统和经典系统的。但是,在 t_1 到 t_3 之间再选择一个时刻 t_2,并且计算 Q_{LG} 的系综平均值 K_3,就会发现 K_3 的值未必在 −3 与 1 之间。

3.7 节的表 3.1 已经给出了双–方势阱内初左态波函数在不同时刻的数据。假定 $t_1 = 0$,$t_2 = T/6$ 和 $t_3 = T/3$,根据表 3.1 就可以计算关联函数 $C_{21} = \langle Q(t_2)Q(t_1) \rangle$,$C_{32} = \langle Q(t_3)Q(t_2) \rangle$ 和 $C_{31} = \langle Q(t_3)Q(t_1) \rangle$。

首先计算 C_{21}。从表 3.1 可以得到,如果在时刻 $t_1 = 0$ 有 1000 个粒子的 $Q(t_1)$ 值为 +1(在左半边),那么到时刻 $t_2 = T/6$ 测量就会发现有 750 个粒子的 $Q(t_2)$ 值

为 +1, 其他 250 个粒子的 $Q(t_2)$ 值为 -1. 对于 $Q(t_1)$ 值为 -1(在右半边) 的情况可以作类似讨论. 所以,

$$C_{21} = \frac{1}{2}\left[1 \times \frac{750 \times 1 + 250 \times (-1)}{1000} + (-1) \times \frac{750 \times (-1) + 250 \times 1}{1000}\right] = 0.5$$

其中方括号内两项分别对应于初始时刻粒子在左右两边的情况. 用同样的方法可以计算 C_{31}:

$$C_{31} = \frac{1}{2}\left[1 \times \frac{250 \times 1 + 750 \times (-1)}{1000} + (-1) \times \frac{250 \times (-1) + 750 \times 1}{1000}\right] = -0.5$$

在计算 C_{32} 时需要注意, 如果在时刻 $t_2 = T/6$ 发现粒子的 $Q(t_2)$ 值为 +1, 在该时刻所有粒子 (如 1000 个粒子) 的 $Q(t_2)$ 值皆为 +1, 这就是系综里所有粒子在时刻 $t_2 = T/6$ 的初始状态. 在经过时间间隔 $T/6$ 之后, 每 1000 个这样的粒子中, 在时刻 $t_3 = T/3$ 就有 750 个粒子的 $Q(t_3)$ 值为 +1, 其他 250 个粒子的 $Q(t_3)$ 值为 -1. 对于 $Q(t_1)$ 值为 -1(在右半边) 的情况可以作类似讨论. 所以平均值

$$C_{32} = \frac{1}{2}\left[1 \times \frac{750 \times 1 + 250 \times (-1)}{1000} + (-1) \times \frac{750 \times (-1) + 250 \times 1}{1000}\right] = 0.5$$

利用上面的结果可以得到

$$K_3 = C_{21} + C_{32} - C_{31} = 0.5 + 0.5 + 0.5 = 1.5 > 1$$

显然, $K_3 > 1$ 这个结果已经违背了 LG 不等式 (8.8), 说明双–方势阱的粒子呈现量子力学行为而不是经典力学行为.

到底什么原因使得经典系统遵守 LG 不等式而量子系统就能够违背 LG 不等式呢? 原因就在于, 在时刻 t_2, 经典粒子必然在中央势垒的左边或者右边, 而量子力学中的粒子却不是. 在经典力学系统中, 篮球从左半场移动到右半场, 一定是作为整体运动到另外半场去的. 所以在时刻 t_2 测量球的位置, 只有两种可能性: 仍然停留在左半场, 或者已经移动到右半场. 但是在量子系统中, 波函数是一部分一部分地 "渗透" 到中央势垒的另一边去的. t_2 时刻波函数的状态, 只要不查看 (未经测量), 就处于叠加态; 但是查看之后, 不是 "左边" 就是 "右边", 不再是叠加态. 哥本哈根诠释认为波函数是对单个粒子的完备描述, 波函数可以是几个本征态的叠加态, 因此哥本哈根诠释遵守量子力学逻辑 (8.4). 反之, 如果把波函数看成是对大量粒子组成的系综的描述, 认为系综里每个粒子都处于某个本征态, 而叠加态波函数里各项的系数只是规定了系综里各种本征态粒子数的比例, 那么就应当遵守经典直观逻辑 (8.3). 通过本节讨论, 两种诠释的是非曲直, 初见端倪.

最后, 对 LG 不等式, 还需要补充几句. 因为经典客体的行为一定遵守 LG 不等式, 而量子客体却有可能违背 LG 不等式, 所以只要发现某个系统的测量结果违

背 LG 不等式, 就足以证明这个系统是量子系统而不是经典系统。但是请注意, 在
一定条件下, 经典客体和量子客体都可以遵守 LG 不等式。就双–方势阱模型来说,
它的半周期 $T/2$ 是依赖于系统尺度的。对于电子, 半周期只有几毫秒, 所以在实验
中容易观察到违背 LG 不等式的结果。但是, 对于一个细小的沙粒, 半周期为大约
6000 年, 为了验证这个细小的沙粒是 "量子系统", 在 LG 不等式中选择的三个时
刻必须间隔数千年。在日常生活的时间尺度里对这个沙粒做实验, 三个时刻的间隔
一般不超过几小时, 得到的测量结果仍然是遵守 LG 不等式的。这说明, "遵守 LG
不等式" 仅仅是经典系统的必要条件但不是充分条件, "违背 LG 不等式" 仅仅是
量子系统的充分条件但不是必要条件。读者若打算了解关于 LG 不等式的详细讨
论, 可以参看文献 [62]。

8.6 量子推迟选择实验

本节以及 8.7 节将讨论经典直观逻辑 (8.5)。这个逻辑涉及马赫–曾德尔干涉仪、
"量子推迟选择实验" "伊利泽–威德曼炸弹测试" 和 "哈迪佯谬" 等问题, 需要逐一
讨论。

先介绍马赫–曾德尔干涉仪 (Mach-Zehnder interferometer), 这是马赫和曾德尔
在 1891~1892 年设计的仪器, 主要用于确定从同一个光子源发出的两束光之间的
相位差, 见图 8.7。从光源发出的光首先到达一个半反射镜 (half-reflecting mirror),
也称为分光镜 (beam splitter)。半反射镜是个半镀银镜子 (half-silvered mirror)。入
射的光在半反射镜 1 被分成两束, 反射的一束称为样品束 (sample beam, SB), 穿
透样品之后, 被一面反射镜反射, 而穿透的一束称为参照束 (reference beam, RB),
它直接被一面反射镜反射。这两束光分别被两面镜子反射后, 最终又在半反射镜 2
汇合。这两束入射光在到达半反射镜 2 的时候, 一束从半镀银镜子的正面 (有金属
镀层的一面) 射入, 另一束从半镀银镜子的反面 (没有金属镀层的一面) 射入。

不论入射光从半反射镜的正面还是背面射入, 每束光都有 50% 穿透半反射镜,
另外 50% 被反射, 但是相位差不同, 见图 8.8。如果把正面射入的光束得到的反射
光的波函数和穿透光的波函数之间的相位差记为 φ_A, 把反面射入的光束得到的反
射光的波函数和穿透光的波函数之间的相位差记为 φ_B, 经过计算可以知道两个相
位差之间的差别是半个周期, 这是半镀银镜子的很重要的性质。

由于两条路径的光程不同, 所以样品束和参照束在汇合处有相位差。通过移动
反射镜的位置, 可以调整光路的长度, 使得检测器 1 接收的两束光的相位恰好相
反 (或者是波长的半整数倍, 如波长的 1/2 倍、3/2 倍等), 那么检测器 2 接收的两
束光相位恰好相同 (或者是波长的整数倍, 如 1 倍、2 倍等)。这时检测器 1 接收不
到任何光子, 只有检测器 2 可以接收到光子。通过计算就可以确定样品所引入的

相位差，从而确定光在样品中的速度或者样品的厚度。

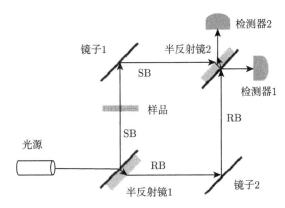

图 8.7　马赫–曾德尔干涉仪。平行光束由一个半反射镜分成两束，SB 穿透样品之后，被镜子 1 反射，而 RB 则被镜子 2 反射。这两束光最后在第二个半反射镜汇合

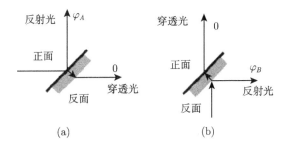

图 8.8　半反射镜反射光与穿透光的相位差。(a) 从正面入射时，反射光比穿透光滞后；(b) 从反面入射时，反射光比穿透光滞后

　　现在考虑用马赫–曾德尔干涉仪做一个实验，但是在光路上没有样品。实验装置如图 8.9 所示。在图 8.9(b) 中有半反射镜 2，图 8.9(a) 中没有。除了这一点之外，两个实验设备完全一样。在图 8.9(a) 中，两条途径的波函数分别被两面反射镜反射，各自奔向自己前方的检测器，因此它到达两个检测器的几率各占一半。在图 8.9(b) 中，波函数会发生干涉，如果飞往检测器 1 的两束波函数相位相反，飞往检测器 2 的两束波函数相位相同，则只有检测器 2 会亮。

　　有些人试图用经典直观逻辑解释上述实验结果。对于图 8.9(a) 实验，他们依据逻辑 (8.5) 推断，如果检测器 1 亮，从粒子源到检测器 1，光子只有一条路径，因此该光子必然是被反射镜 1 反射的，它未曾到达过反射镜 2 附近；反之，如果检测器 2 亮，光子必然是被反射镜 2 反射的，光子的运动与反射镜 1 无关。在图 8.9(b)

中, 粒子有两条路径到达检测器。因为有了半反射镜 2, 整个装置就是一个马赫–曾德尔干涉仪, 两条光路的光子会发生干涉。这些人于是主张, 当半反射镜 2 不存在时 (图 8.9(a)), 光子走一条路, 表现为粒子; 当半反射镜 2 存在时 (图 8.9(b)), 光子走两条路, 表现为波。他们认为, 究竟呈现粒子性还是波动性, 取决于半反射镜 2 是否存在。在图 8.9 描述的实验中, 上述经典直观逻辑 (8.5) 与量子力学都可以解释得通, 所以仅仅通过这个实验结果无法判断孰是孰非。

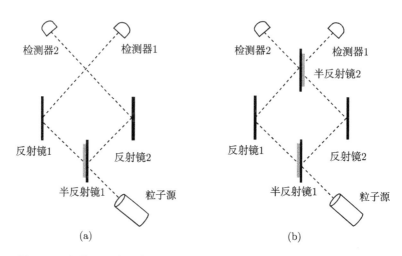

图 8.9　　惠勒延迟选择实验示意图。(a) 没有 "半反射镜 2" 时, 检测器
　　　　　1 亮或检测器 2 亮; (b) 有 "半反射镜 2" 时, 在这个反射镜发
　　　　　生干涉, 检测器 1 接收到的两支波函数相位相反, 所以只有检
　　　　　测器 2 亮

　　惠勒 (John Archibald Wheeler) 曾经提出过一些 "量子推迟选择实验"(Wheeler's delayed choice experiment), 目的是研究量子力学的波函数的传播过程是否依赖于测量仪器的设置 [63,64]。惠勒曾经提出的推迟选择实验中, 最著名的一个就是利用图 8.9 那样的实验装置。与上面描述的实验过程不同的是, 惠勒的实验推迟了设定测量仪器, 也就是在光子 (严格地说是光子的波函数) 已经通过了半反射镜 1 但是尚未到达半反射镜 2 的位置的时候突然改变测量仪器的设置 (放入半反射镜 2 或者移开半反射镜 2)。在推迟设定测量仪器的条件下, 测量结果会是怎么样呢? 一方面, 无论在光子被发射之前就安装了半反射镜 2, 还是在光子快要到达半反射镜 2 的位置的时候才突然放入半反射镜 2, 两支波函数都将遇到半反射镜 2, 光子都会发生干涉。另一方面, 无论光子被发射之前就没有安装半反射镜 2, 还是先放置半反射镜 2, 然后在光子快要到达半反射镜 2 的位置的时候才突然移开它, 两支波函数都将不会遇到半反射镜 2, 光子到达两个检测器的几率总是各占一半。这已经被

实验证实。

对于"量子推迟选择实验"的这个结果,如果按照经典直观逻辑 (8.5) 讨论,就导致如下错误解释:

"如果在光子运动过程中半反射镜 2 存在,光子会作为波的行为运动,但是当光子快要到达半反射镜 2 的位置时,突然把半反射镜 2 移开,原来在路途上按照波运动的光子,就会立即改变过去的行为,从波变成粒子,沿一条路径运动。反之,如果在光子运动过程中半反射镜 2 不存在,光子会沿一条路径运动,但是当光子已经被反射镜反射后,突然把半反射镜 2 插入,光子的行为会立即从粒子变成波。所以,光子会根据测量仪器来决定自己曾经作为粒子在运动还是曾经作为波在运动。突然改变测量仪器的设置,可以改变运动途中光子的历史。"

由于上述解读需要光子在第二阶段的行为根据实验的装置而在"粒子"和"波动"之间发生转换,于是导致因果颠倒的结论,这使得许多哲学家对此产生浓厚兴趣。

有人把"量子推迟选择实验"的上述错误解读作了进一步引申,认为如果远在若干光年之外的恒星发出的光子有两条路径到达地球上的观测站,在光子的传播过程中,光子的行为将会取决于观测站的实验配置。它可能呈现粒子性 (选择一条路径传播),或者呈现波动性 (同时在两条路径传播)。如果在光子即将抵达观测站的瞬间,实验者突然改变实验设置,光子就会改变已经经历的传播过程,由波动性改为粒子性,或者由粒子性改为波动性。这些结论就更加离奇了。

从量子力学三阶段论的观点看来,第二阶段函数的演化在先,第三阶段所作的测量在后。测量不改变历史,第三阶段的任何测量都不可能改变波函数在第二阶段里已经发生的演化历史。测量之前波函数的每个分支都存在,直到测量时才"坍缩"。惠勒提出了量子推迟选择实验的概念,但是从来没有赞成过"因果颠倒"的结论。他曾经明确批评过这种对量子推迟选择的错误解读。他说:"人们在争论光子是何时和怎样知道实验装置处于某种特定的配置,从而从波变化到粒子以配合这种实验配置的要求。导致这种争论的根源是一种假设,即一个光子在天文学家观察到它之前就具备某种具体形状,它要么是波要么是粒子,要么经过绕着星系的两条路径要么只经过一条路径。而实际上,量子现象既不表现为波也不表现为粒子,在被测量之前,它们本质上是不确定的。"[60] (The thing that causes people to argue about when and how the photon learns that the experimental apparatus is in a certain configuration and then changes from wave to particle to fit the demands of the experiment's configuration is the assumption that a photon had some physical form before the astronomers observed it. Either it was a wave or a particle; either it went both ways around the galaxy or only one way. Actually, quantum phenomena are neither waves nor particles but are intrinsically undefined until the moment they are measured.)

8.7 "哈迪佯谬"

在 8.6 节讨论 "量子推迟选择实验" 的时候，经典直观逻辑 (8.5) 似乎也可以解释实验结果，但是却会导致 "因果颠倒" 这样的荒谬结果。如果根据这一点就否定经典直观逻辑 (8.5)，有人可能不赞成，会说 "结果荒谬" 不足以判处理论的死刑，在历史上 "EPS 佯谬" 也曾导致看起来荒谬的结果，但是现在又认为这样的结果也许并不荒谬。另一方面，如果按照逻辑 (8.5) 把第二阶段的光子看成 "有确定轨迹的粒子"，就不能统一解释图 8.9(a) 和 (b) 的两种现象，但是用 "波函数" 来描述光子却能够做到，那么理论物理学家通常会认为，能够对各种情况作统一解释的理论就更有说服力。对此，又会有人说，理论在表达形式上是否漂亮，也不是判断是非的标准，哥本哈根诠释本身在表达形式上就不是无懈可击的。毫无疑问，判断是非的最终标准，还应当靠实验。本节将介绍哈迪设计的一个实验，它可以判断两种理论孰是孰非。为了讨论这个实验，需要先介绍伊利泽–威德曼炸弹测试问题 (Elitzur–Vaidman bomb-testing problem)。

现有 100 个盒子，其中有一部分盒子里有炸弹，其余的盒子是空的。为了把有炸弹的盒子挑出来，可以发射光子并且令其通过盒子。如果盒子是空的，光子就顺利通过；如果盒子里有炸弹，光子就会把炸弹引爆。这种方法虽然可以把空盒子挑出来，但是炸弹也全部被引爆了。能不能想一个办法，既把有炸弹的盒子挑出来，又不引爆炸弹？初看起来，似乎不可能，因为只有在光子接触到盒子时，才能判断盒子是不是空的。

伊利泽 (A. C. Elitzur) 和威德曼 (L. Vaidman) 在 1991 年最早讨论了这个问题，所以该问题被称为伊利泽–威德曼炸弹测试问题。当时他们只是以预印本的形式发表了研究结果 [65]，但是立即引起了学术界的重视，他们的研究成果两年之后正式发表 [66]。又过了 20 年，伊利泽–威德曼炸弹测试问题的讨论导致了一种新的量子通信方案，本书将在 9.7 节介绍这个方案。

伊利泽和威德曼的实验装置利用了马赫–曾德尔干涉仪，如图 8.10 所示。"光子" 从右下方进入分光镜 BS1，有一半穿过分光镜后沿左边路径向左上方传播，另外一半被反射后沿右边路径向右上方传播。在左右两条路径上分别安装了一个反光镜 O 和 I。这个实验装置与图 8.9(b) 基本上是一致的，区别仅仅在于右边路径上可能有炸弹，而这个炸弹可能会堵塞光子的一条路径。

按照经典直观逻辑 (8.5)，如果路径上没有炸弹，则光子通过两条路径到达分光镜 BS2 并发生干涉，检测器 B 亮。如果路径上有炸弹，光子就只能选择走某一条路径。如果检测器 B 或 D 亮 (各占 25% 几率)，光子就只有走左边一条路才可以到达分光镜 BS2；如果引爆了炸弹，光子就只有右边一条路可走 (占 50%几率)，没有光子会到达分光镜 BS2，检测器 B 和 D 都不会亮。按照这种"经典直观逻辑"，伊利泽–威德曼实验各种可能的结果总结在表 8.2 中。

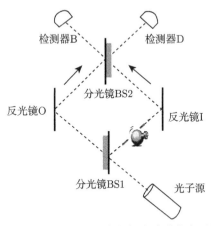

图 8.10　用马赫–曾德尔干涉仪把有炸弹的盒子挑出来

表 8.2　按照"经典直观逻辑"，各种可能结果发生的几率

盒子状态	路径	炸弹是否引爆	检测器	有炸弹时事件的几率
没有炸弹	光子走两条路	炸弹不引爆	B 亮	—
炸弹存在	光子走左边路径	炸弹不引爆	B 亮	25%
			D 亮	25%
	光子走右边路径	炸弹引爆	都不亮	50%

　　关于伊利泽–威德曼炸弹测试问题的量子力学计算，见附录 L。读者不难发现，上述"经典直观逻辑"的结果恰好符合量子力学的计算。在上述经典直观逻辑的分析之中，最值得注意的是，如果检测器 D 亮，则炸弹存在并且光子走左边路径。这时光子必须表现为粒子，而且右边路径必须被炸弹 (或者其他什么) 堵死，否则检测器 D 就不会亮。但是，波函数至少要有机会访问过右边路径，才能够确认右边通道已经被堵死。所以哈迪认为，逻辑 (8.5) 在量子力学中不正确[56]。哈迪提出的量子力学逻辑是 (8.6)，这个逻辑不排除波函数访问右边路径并且抵达炸弹的可能性。为了论证量子力学的正确性，哈迪提出了一个实验方案[67]，经典直观逻辑和量子力学对这个实验的结果分别作出不同的预言，因此可以用来判断孰是孰非。

　　在伊利泽–威德曼炸弹测试问题中，如果用一个正电子代替炸弹，用电子代替光子，那么本节前面一部分的所有经典直观逻辑和量子力学的推理都无须做任何改变。另一方面，如果用一个电子代替炸弹，用正电子代替光子，所有经典直观逻辑和量子力学的推理也无须做任何改变。哈迪考虑的实验方案，如图 8.11 所示。"电子–正电子对"[e−,e+] 被生成后，分别飞往分光镜 BS1e 和 BS1p。正电子的内途径

I_p 和电子的内途径 I_e 相交于 Y 处。如果正电子和电子同时出现在 Y 处，电子–正电子对将会湮灭。哈迪的实验设计巧妙地把两个 "炸弹测试实验" 糅合在一起，让电子和正电子分别在对方的两条路径之中相互扮演炸弹的角色，使得经典直观逻辑所导致的荒谬结果更加明显地表现出来。表 8.3 是量子力学的计算结果，计算过程很复杂，在附录 M 中介绍，供读者参考。

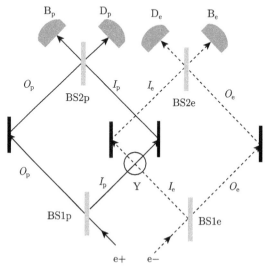

图 8.11   哈迪实验示意图

表 8.3   对哈迪实验的量子力学预言

检测器状态	发生的几率
$[B_e, B_p]$ 亮	9/16
$[B_e, D_p]$ 亮	1/16
$[B_p, D_e]$ 亮	1/16
都不亮	1/4
$[D_p, D_e]$ 亮	1/16

量子力学的计算结果中，最值得注意的是检测器 $[D_p, D_e]$ 亮的情况，有 1/16 的几率发生，见表 8.3 最下面的一行。但是，按照 "经典直观逻辑"，由于检测器 D_p 亮，正电子就只有一条途径可走，途径 I_p 一定被关闭，因此电子必定在 Y 处出现；又由于检测器 D_e 亮，电子也只有一条途径可走，途径 I_e 一定被关闭，于是正电子也必定在 Y 处出现。但是，如果这种情况真的发生，电子–正电子对将会湮灭，所有检测器都不会亮。按 "经典直观逻辑" 的解释，这个实验结果意味正电子和电子同时出现在 Y 处，但是它们却没有湮灭。电子和正电子相撞却不湮灭，这就是哈迪佯谬。

按照量子力学的观点，在实验部件中包括 4 个检测器，就是 B_e，B_p，D_e 和

D_p。在 4 个检测器进行最后测量之前的任何瞬间,在两个马赫–曾德尔干涉仪内电子和正电子的运动都要由波函数描述。波函数由 5 个本征态叠加组成,而 4 个检测器最终把波函数"坍缩"到这 5 个本征态之中的一个,那就是表 8.3 里列出的 5 种情况。如果在测量的时刻波函数坍缩到检测器 $[D_p, D_e]$ 都亮的状态,其他 4 个本征态就消失了。所谓"正电子走途径 O_p,电子走途径 O_e"的说法是没有意义的,所以哈迪佯谬不成立。

实验结果证实了量子力学的预言 [68],所以量子力学系统满足逻辑 (8.6) 而不满足经典直观逻辑 (8.5)。这就迫使人们不得不彻底放弃经典直观逻辑。即使在有些情况下这种逻辑看起来也可以解释量子现象,但是毕竟经不起实验的检验。相反,只有量子力学三阶段论才有能力对各种量子现象作出统一的理论解释。

8.8 关于"经典直观逻辑"的讨论

在量子力学实验中,实验者可以获得两组信息,一组是粒子的初始状态,另一组是结束时的测量结果。理论的任务就是把初始状态与测量结果联系起来,提供一种令人信服的解释。为完成此任务,经典力学与量子力学遵循不同的逻辑,前者认定"粒子运动的原因要在粒子性自身之中寻找",而后者则坚持"粒子的运动的原因要通过波函数来探索"。因此,在量子力学三阶段论的第二阶段里,应当关注波函数如何演化,而不要绕过波函数直接讨论粒子如何运动。8.1 节列举的三个经典直观逻辑命题,只是常见的三个例子,其实类似的错误逻辑常常在量子力学的科普读物甚至学术论文中出现。

作为本章的结束,最后再简单讨论一下第三个经典逻辑命题的否命题。如果粒子通往检测器有两个或两个以上的路径可以选择,而且当这些路径都畅通无阻时检测器发现了这个粒子,而当堵塞其中某一路径之后检测器就接收不到了,能否断定这个粒子就是沿着这条路径走向检测器的?通常人们会接受下面的逻辑:

> 已知粒子通往检测器有两个或两个以上的路径可以选择,而且当这些路径都畅通无阻时检测器可以接收到这个粒子。只要堵塞其中某一路径之后检测器就再也接收不到粒子了,那么该路径畅通时检测器接收到的粒子实际上就是沿着该路径运动到检测器。　(8.9)

但是这仍然属于经典直观逻辑。在量子力学中,波函数不仅可以处于"沿某一条路径运动的本征态",也可以处于"沿两条路径运动的叠加态"。只要还没有实施测量,波函数就会按照薛定谔方程演化,在测量之前波函数有可能沿着所有可能的路径传播,不一定被局限于某一条路径。所以,在量子力学中:

已知粒子通往检测器有两个或两个以上的路径可以选择，而且当这些路径都畅通无阻时检测器可以接收到这个粒子。即使堵塞其中某一路径之后检测器就再也接收不到粒子了，仍然不能断定该路径畅通时检测器接收到的粒子必然沿着该路径运动到达检测器。 (8.10)

2004 年，安鲁 (W. Unruh) 在其博客中提出了一个思想实验 [69]。他的实验可以用来解释上述经典直观逻辑的错误。实验装置如图 8.12(a) 所示，其中包括两

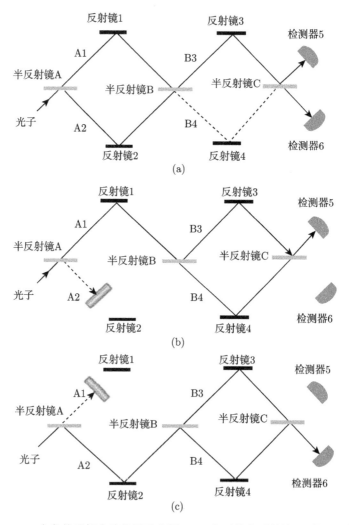

图 8.12　　安鲁的思想实验装置示意图。(a) 光子从半反射镜 A 的下方射入，检测器 5 和 6 各接收 50% 光子；(b) 路径 A2 堵塞，只有检测器 5 接收光子；(c) 路径 A1 堵塞，只有检测器 6 接收光子

个马赫–曾德尔干涉仪,相当于图 8.9 那样的两个实验装置"串联"起来。光子从半反射镜 A 的下方射入,有 A1 和 A2 两条出口,两束波函数汇聚在半反射镜 B。由于两束波函数干涉,波函数全部经由路径 B3 射向反射镜 3,它在到达半反射镜 C 的时候,被分成两束,分别到达检测器 5 和 6。没有波函数到达反射镜 4。所以,在两条路径都通畅的条件下,两个检测器都接收到光子,几率各占 50%。

如果把半反射镜 A 通往反射镜 2 的途径堵塞 (图 8.12(b)),波函数就只有 A1 这条路径可走,它到达半反射镜 B 之后,就会分裂成两束,分别被反射镜 3 和 4 反射后,汇聚在半反射镜 C 并且发生干涉,因此就只有检测器 5 接收到光子,检测器 6 就接收不到光子了。

类似地,如果把半反射镜 A 通往反射镜 1 的途径堵塞 (图 8.12(c)),波函数就只有 A2 这条路径可走。结果只有检测器 6 接收到光子,检测器 5 就接收不到光子了。

能否从以上实验得出"检测器 5 接收到的光子都来自反射镜 1"和"检测器 6 接收到的光子都来自反射镜 2"的结论呢?如果戴上量子力学的"眼镜",就可以"看到"在两条路径都畅通的时候 (图 8.12(a)),无论检测器 5 还是 6,接收到的波函数都来自单一路径 B3。因此,到达检测器 5 或 6 的每个光子都"只知道"自己来自路径 B3,"不知道"自己曾经走过路径 A1 还是 A2,就像双缝干涉实验中在屏幕上发现的任何一个粒子都不知道自己"走哪条路"一样。阻挡一条被允许的路径,这种做法与在一条路径上安装探测器一样,可能使波函数变得面目全非。

把安鲁的实验装置稍稍改变一下,在图 8.12 的实验装置中,将半反射镜 B 通往反射镜 3 的路径堵塞 (图 8.13(a))。在路径 A1 和 A2 都畅通时,所有光子都不会走路经 B4,而走路经 A3 的光子都被挡住,所以检测器 5 和 6 都接收不到光子。这个装置可以表演一个更加神奇的魔术。在路径 A1 插入一片挡板将这条路径堵塞,但是保持另一条路径 A2 畅通,经过 A2 的光子就会有半数走 B3,另外半数走 B4。只有走 B4 的光子可以到达反射镜 C,所以将会发现检测器 5 和 6 反而都接收到相同数目的光子 (图 8.13(b))。同理,堵塞路径 A2 而保持路径 A1 畅通,也会发现两个检测器都接收到相同数目的光子。所以,在量子力学中,如果有多条可能的路径,不能依据经典直观逻辑天真地断言粒子是从其中哪一条路径通过的。

本章的讨论表明,试图在第二阶段里发现粒子如何运动,这种努力常常导致荒谬的结论 (或称"佯谬"),有些甚至通向迷信。读者可能会问,明明是在讨论粒子的运动,量子力学为什么不能直接讨论粒子,却偏偏要依赖波函数?这涉及"波函数究竟是什么"等尚未解决的问题,也正是量子力学理论经常被质疑之处。但是,这并不妨碍量子力学解决实际问题。由于量子力学可以正确地预言实验结果,所以在物理学界得到了广泛的认可。

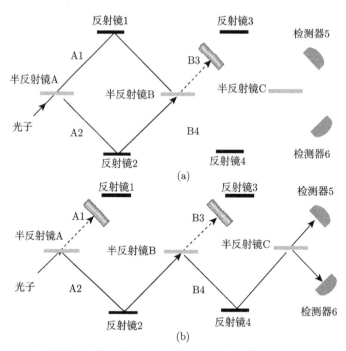

图 8.13　把路径 B3 堵塞之后，安鲁的思想实验的装置示意图。(a) 检测器 5 和 6 都接收不到光子；(b) 一旦路径 A1 被堵塞，在光子源发射光子总数中只有 50% 的光子沿路径 A2 飞行，25% 沿路径 B4 飞行，最后检测器 5 和 6 各接收光子源发射光子总数的 12.5%

思　考　题

有人认为，在描述 "量子推迟选择实验" (图 8.9) 时，"移开半反射镜 2" 时只能观察到光子的粒子性，"置入半反射镜 2" 时只能观察到光子的波动性，这两种行为合起来就是 "波粒二象性"。这样的说法对吗？

第9章　量子力学在信息传递中的应用

近年来发展极为迅速的量子研究领域之一，就是量子力学在信息传递中的应用。虽然对处于纠缠态的两个粒子之一所做的测量可以立即影响到另一个粒子的状态，但是这种测量手段不可能用来实现信息的超光速传递。通常所说的"量子通信"，实际上是保密通信中需要的密钥分发，纠缠态可以用来完成这一任务。BB84量子密钥分发协议可以有效防止在密钥分发过程中被敌方截获。量子密钥被认为是安全的，因为通信双方在密钥分发过程中能够判断是否有人监听。RSA密码系统用公钥给信件加密，用私钥解密，公钥是公开的，私钥则是保密的，这种方案利用正函数产生公钥，但敌方难以通过求解反函数取得私钥，因此破解难度很大。人们期待不久的将来发展的量子计算机有望破解一些经典计算机目前难以破解的反函数，这促使人们进一步寻求更加难解的反函数建立公钥私钥密码方案。"量子安全直接通信"则是直接用纠缠态粒子完成通信的方案，它的传输效率高于BB84量子密钥分发协议，但是保密性能稍差。"反事实量子通信方案"是通过改变仪器设置来实现信息传输的方案。

为了保持叙述的连贯性，比较专门的知识收集在附录 N～附录 P 中，供读者参考。

9.1　信息传递的速度

由于对两个处于纠缠态粒子之一的测量会立即影响到另一个粒子的状态，有人设想用这种方式实现超光速传递信息。但是，仔细研究发现，这做不到。

以一个彩票中奖的问题为例。某机构发行的彩票只有 0 和 1 两个选项，在开奖之前，0 和 1 各有 50% 的几率中奖。每个人都可以选 0 和 1 中的任意一个。彩票游戏的规矩是，购买彩票在先，开奖在后。假定开奖机器安置在月球上，月球距地球约 38 万千米，如果以火箭传递中奖号码，在一天之后才传到地球。在这个信息到达地球之前，地球上的居民仍然可以购买彩票。开奖知道 0 中奖之后，月球上的居民 A 首先得到这个信息，他可以立即把这个信息发给地球上的朋友 B，如果这个信息可以传递得比火箭更快，B 得到信息之后立即购买彩票 0，他就可以中奖了。

如果彩票发行机构以光速传递中奖号码，只需要 1.28 秒就能传到地球。只有当月球居民 A 以超光速把这个信息发给地球上的朋友 B，他地球上的这位朋友才来得及购买 0。在量子力学中，处于纠缠态的一对电子，当测量其中一个电子的自旋时，测量的结果会立即被另一个电子"知道"，没有任何"时间差"。根据量子力学，A 和 B 之间能否通过对纠缠态电子的测量来传递中奖号码呢？结论是否定的。原因是处于纠缠态的电子之间的关联无法把信息从一方传递到另一方。下面就详细解释其中的原因。

为了通过纠缠态电子的测量来传递中奖号码，需要在月球和地球之间建立一个空间站，在空间站上产生的电子对，分别飞往月球和地球。月球居民 A 测量自旋并得到结果，地球居民 B 接收到的电子状态就能立即改变。但是 A 的测量结果与他想要发送的信息是两回事。在这一过程中，电子对是由空间站上仪器提供的，A 和 B 都是被动的信息获得者，任何一方都无法主动发出信息。既然任何一方都无法控制测量结果，也就不能把知道的中奖号通知同伴。

那么月球居民 A 能否通过事先约定的测量方法影响实验结果，使地球居民 B 根据约定以及自己的测量结果知道月球居民 A 的测量手段呢？为了回答这个问题，需要考虑月球居民 A 如何影响实验结果。假定电子传播沿 z 方向，他可能做的是，如果中奖号码是 0，就测量 x 方向自旋，反之，如果中奖号码是 1，就测量 y 方向自旋。地球居民 B 如果能够知道月球居民 A 是测量 x 方向还是 y 方向的自旋，就可以知道中奖号码了。

不妨假定地球居民 B 总是测量 x 方向的自旋。如果 A 测量 x 方向的自旋，则 B 测到的自旋总是与 A 的测量结果相反，如果 A 测量 y 方向的自旋，则 B 测到的自旋总是 $-1/2$ 和 $+1/2$ 各占 50%。似乎 A 这样做有可能让 B 知道中奖号码。但是，从 B 的角度看来，如果 B 测到的自旋是 $-1/2$，则有可能 A 测量 x 方向的自旋得到 $+1/2$，也可能 A 测量 y 方向的自旋；如果 B 测到的自旋是 $+1/2$，则有可能 A 测量 x 方向的自旋得到 $-1/2$，也可能 A 测量 y 方向的自旋。所以，无论 B 测到的自旋是 $-1/2$ 或 $+1/2$，都无法判断 A 是沿哪个轴测量自旋，也就无法猜出中奖号码。

细心的读者可能发现，既然 A 的测量方向会影响到 B 测量的几率分布，能否通过多次测量来传递信息呢？设想空间站上发射很多对纠缠态电子，而且 B 总是测量 x 方向的自旋。如果 A 测量 x 方向的自旋，而且 A 测到的自旋是 $-1/2$ 和 $+1/2$ 各占 50%，B 测到的自旋必然与 A 结果相反，因此 $+1/2$ 和 $-1/2$ 各占 50%。如果 A 测量 y 方向的自旋，不论 A 测量的结果如何，B 测到的自旋仍然是 $+1/2$ 和 $-1/2$ 各占 50%。所以 B 始终无法得到中奖号码。只有在 A 测量 x 方向的自旋得到确定值 ($-1/2$ 或 $+1/2$) 被 B 知道的前提下，B 测量的几率分布才能判断出 A 的测量方向。但是，这就要求把 A 测量 x 方向的自旋所得到的值从月球传送到地球。这不得不借助火箭或者电磁波，其传播速度无论如何不能超过光速。

能否在空间站制备一对纠缠态电子，在 A 测量之后，B 把地球上收到的电子

"克隆"若干份,测量每个克隆的自旋,从而得到几率分布呢?历史上曾经有人提出过这样的问题,但人们很快就认识到,量子力学不允许克隆电子[70]。关于量子力学中的不可克隆定理,见附录 N。

在以上所有方案里,只要 A 不将测量结果通知 B,后者就不可能知道 A 是否做过观测,更不可能知道 A 的测量结果 (如果测量的话)。读者可以设想其他方案。要想在这本小册子里穷尽所有可能的传递信息的方案是不现实的。能否从理论上证明 "对纠缠态粒子状态的测量行为无法传递信息" 呢?从相对论角度考察,可以得到一些线索。考虑处于纠缠态的两个电子,设想 A 的观察行为可以影响 B 的观察结果,那么在时间顺序上 A 处必须先接收到电子,然后 B 处才接收到另一个电子。但是,按照爱因斯坦的狭义相对论,哪一个电子先到达测量仪器,哪一个电子后到达测量仪器,在不同的惯性参照系中发生的顺序会不一样。在一个惯性坐标系里 A 先 B 后,在另一个惯性坐标系里就可以变成 B 先 A 后。既然对纠缠态粒子两次测量的时间顺序可能会颠倒,那么两次测量之间就不应当有任何因果关系。读者可以注意到,本书 7.6 节已经证明了测量结果不依赖测量的顺序。如果对纠缠态粒子状态的测量行为可以传递信息,测量结果就必然依赖于测量顺序,于是就违反了狭义相对论。

温伯格说过[5]: "量子力学中纠缠现象的存在会自然产生一个问题,即对于纠缠系统的一部分的测量是否可以用来将信息发送到另一部分,而不受到光速有限的限制。不,它不能。在 Einstein-Podolsky-Rosen 实例中,粒子 2 的观察者不可能判定它有没有确定的动量 —— 如果她测量其动量,她会得到某个数值,但她不知道她是否本来也可能得到其他数值。即使这个实验重复多次,粒子 2 的观测者也不知道在粒子 1 上做过什么测量。她测量了粒子 2 的动量并得到了各种不同的值,但是她不可能知道这是因为粒子 1 的位置已经被测量过了,或是粒子 1 一开始就处于动量本征态的叠加。"(The existence of entanglement in quantum mechanics naturally raises the question whether a measurement of one part of an entangled system can be used to send messages to another part, with no limitation set by the finite speed of light. No, it can't. In the Einstein-Podolsky-Rosen case, there is no way that an observer of particle 2 can tell that it does or does not have a definite momentum — if she measures the momentum she gets some value, but she does not know whether there is any other value she could have gotten. Even if this experiment is repeated many times, the observer of particle 2 cannot tell what measurements have been made on particle 1. She measures various values for the momentum of particle 2, but she can't know whether this is because the position of particle 1 was measured, or whether particle 1 was in a superposition of momentum eigenstates to begin with.)

把量子力学的原理用于信息传递,这个设想有着迷人的应用前景。本节的讨论证明, 对处于纠缠态的粒子之一所做的测量, 不可能将信息发送到另一粒子, 因为任何一方都是被动的信息获得者, 无法主动发出信息。但是, 如果以 "任何信息的传播速度都不能超过光速" 为依据, 否认处于纠缠态的电子之间的瞬时关联, 则是不正确的。事实上, 纠缠态电子之间的瞬时关联是存在的, 只是不能通过这种关联来传播信息而已。如果有人希望突破光速传送信息, 则是不切实际的幻想。

9.2　保密通信中的密钥分发

尽管对纠缠态粒子的测量无法主动传递信息, 纠缠态粒子在保密通信中的应用仍然是当前极其热门的话题之一。保密通信的目的是把信息从一处转移到另一处。通常把发送者称为爱丽丝 (Alice), 接收者称为鲍勃 (Bob)。在讨论保密通信时, 常常假定有第三方试图窃取爱丽丝与鲍勃的通信内容, 而第三方称为夏娃 (Eve)。

在通信过程中, 发送者和接收者双方需要传递的电文称为 "明文"(plaintext), 它可能是一封长信, 也可能只是一个单词。通信双方需要共享同一个字符串, 称为 "密钥"(cipher-key)。爱丽丝使用这个密钥把信件 "加密"(encrypt), 而鲍勃使用同一个密钥把收到的信件 "解密"(deciphering)。加密之后的信件称为 "密文"(ciphertext), 密文可以用通常的方式传递, 如明码电报或者电话。本节讨论保密通信时, 读者要暂时把通信看成是一个游戏, 爱丽丝和鲍勃组成 "红军", 目标是把信息从爱丽丝传送给鲍勃, 而夏娃是 "蓝军", 目标是截获爱丽丝和鲍勃之间传送的信息。假定爱丽丝、鲍勃和夏娃都是遵守规则的, 完全排除 "夏娃偷偷到爱丽丝那里窃取情报" 之类的行为。为了明确起见, 爱丽丝与鲍勃约定使用数字 1~26 代表 26 个拉丁字母书写电文, 如表 9.1 所示。进一步假定夏娃知道上述约定, 而且她可以在公开信道上截获爱丽丝和鲍勃之间的明码电文。

表 9.1　爱丽丝与鲍勃的约定

字母	A	B	C	D	⋯	Y	Z
代码	01	02	03	04	⋯	25	26

现在游戏开始。爱丽丝要发送给鲍勃的电文是 "SCIENCE" 这个词。根据代码的设计, 爱丽丝需要发出的明文是数字串 "19-03-09-05-14-03-05", 见表 9.2。数字串里的短横仅用于分隔代码, 以便于本书读者阅读, 电文不需要发送它们。

表 9.2　爱丽丝发送的电文和明文

电文	S	C	I	E	N	C	E
明文	19	03	09	05	14	03	05

如果爱丽丝直接把代码 "19-03-09-05-14-03-05" 发给鲍勃, 夏娃就会知道信的

内容。为了保密，爱丽丝和鲍勃准备了与信件同样长度的一串随机数 "21-04-24-22-18-12-14"，称为 "密钥"。密钥是爱丽丝和鲍勃之间共享的秘密，要避免让夏娃知道。爱丽丝把信件的每个代码中加上密钥中相应的随机数，形成 "密文"，见表 9.3。注意当代码与随机数之和数超过 26 时，须减去 26，以保证密文的每个代码都用 1~26 的数字。

表 9.3 爱丽丝用密钥把明文加密

电文	S	C	I	E	N	C	E
明文	19	03	09	05	14	03	05
密钥	21	04	24	22	18	12	14
密文	14	07	07	01	06	15	19

加密之后，爱丽丝把密文发给鲍勃。即使夏娃得到密文，因为她不掌握 "密钥"，就不明白爱丽丝的密文包含什么信息。但是鲍勃持有密钥，所以鲍勃收到密文之后可以把密信 "解密"，即把密文每个代码减去密钥的随机数，见表 9.4。当代码与随机数之差小于 1 时，须加上 26。解密之后就得到爱丽丝发来的电文。保密通信就这样实现了。

表 9.4 鲍勃利用密钥完成解密

密文	14	07	07	01	06	15	19
密钥	21	04	24	22	18	12	14
明文	19	03	09	05	14	03	05
电文	S	C	I	E	N	C	E

上述方案是最基本的保密通信方案，可以概述为以下四个步骤：

(1) 爱丽丝通过秘密渠道向鲍勃传送密钥，密钥不能通过公共渠道传送，以防夏娃截获；

(2) 爱丽丝利用密钥把明文改写成密文；

(3) 爱丽丝通过公共渠道 (电话、电报等) 向鲍勃传送密文，不必担心夏娃窃听；

(4) 鲍勃利用密钥把密文解码，得到明文。

实际通信中使用的密钥长度不必等于信件的长度，它可以循环使用，因此可以比信件短。例如，凯撒大帝曾经用过一种自己设计的密码，加密时把每个字母向后移动三位，即 A 改写为 D，B 改写为 E，等等。这样，SCIENCE 就变成 VFLHQFH。解密时再把每个字母向前移动三位，就恢复了原来的信件。凯撒密码相当于密钥的每一位都是数字 03。爱丽丝与鲍勃如果使用这个简单密钥，只要夏娃不知道它，通信就是安全的。但是，如果这个简单的密钥用了很多次，夏娃就可能破译。读过柯南道尔侦探小说的读者都知道，福尔摩斯就曾经在截获罪犯的几封密信之后破译了密文。福尔摩斯破译时使用了频率分析法。基于每个字母使用的频率不同，通过对若干份密文的统计分析，就可以猜到字母的对应规则。在实践中，密钥越简单，被破译的机会就越多。如果密钥使用一长串数字，被破译的机会就小多了。但是如果同一组密钥多次使用，即使密钥的长度与明文同样长，仍然有可能被破译。用"密钥分发"方式实现保密通信，要权衡保密性和成本两个因素。为了降低成本，就不得不牺牲一点保密性。

理论上说，如果可以做到 (a) 密钥跟明文一样长，(b) 密钥完全随机生成，(c) 每组密钥只用一次就更新，而且 (d) 保证除了发送者和接收者之外其他所有人都不知道，那么密文就不可能被破译。这种不可能被破译的密文在通信理论中被认为是"绝对安全"的。如果这四个条件有一项没有满足，密文就存在被破译的可能性。"绝对安全"不是指"密钥绝对不会被敌方窃取"，而是指在密钥不被窃取的情况下"密文绝对不会被敌方破译"。

为了保证通信顺利，爱丽丝和鲍勃必须持有相同的密钥，并且不能让夏娃得到。显然，尽管通信内容必须由爱丽丝发给鲍勃，或者鲍勃发给爱丽丝，但是这个密钥不必从一方发给另一方。例如，密钥可以由爱丽丝和鲍勃的共同上司分发给两个人，只要保证通信双方共享同一个密钥就够了。于是，通信的保密问题，从用保密的方式传递信件，转移到用保密的方式实现"密钥分发"，使得"密钥不会被敌方窃取"。

"密钥分发"通信方案可以概述为以下四个步骤：

(1) 采用某种方式分发密钥，爱丽丝和鲍勃通过秘密渠道得到密钥，密钥不能通过公共渠道分发，以防夏娃截获；

(2) 爱丽丝利用密钥把明文改写成密文；

(3) 爱丽丝通过公共渠道 (电话、电报等) 向鲍勃传送密文，不必担心夏娃窃听；

(4) 鲍勃利用密钥把密文解码，得到明文。

其中第一步是四个步骤中唯一可能泄密的步骤，必须防止夏娃截获密钥。量子通信中最重要的话题就是量子密钥分发 (quantum key distribution)。这里提醒读者注意，在 9.1 节讨论中说过，处于纠缠态的两个电子之间的相互关联，不能用来由任何一方向另一方传递信息，但是通信的双方可以同时获得相互关联的信息。纠缠态的这个性质，恰好用来分发密钥。9.3 节将深入讨论量子密钥分发方案。

9.3　BB84 量子密钥分发协议

为了让爱丽丝和鲍勃分别接收到一对纠缠态光子中的一个，可以在爱丽丝和鲍勃之间某处放一个发射器，每次发射一对纠缠态光子，分别飞往爱丽丝和鲍勃；也可以把发射器放在爱丽丝处，爱丽丝自己保存一个光子，把另一个光子发送给鲍勃。如果是前者，密钥分发过程依赖纠缠态，爱丽丝和鲍勃都是密钥的被动接受者，这种方式不能用来传送信息，只能分发密钥。如果是后者，密钥分发过程不依赖纠缠态，密钥的每一比特都是由爱丽丝制备之后传送给鲍勃的，因此可以传送信息。9.1 节说过 "对纠缠态粒子状态的测量行为无法传递信息"，读者不要误解为 "粒子处于纠缠态就不能传播信息"，因为处于纠缠态的两个粒子之一从 A 处飞到 B 处，这个粒子就可以携带信息。

假定光子的初始状态是线偏振。记水平方向为 x 轴，竖直方向为 y 轴。x 轴和 y 轴之间的角平分线有两条，一条位于第一、三象限，另一条位于第二、四象限，见图 9.1。约定用 H, V, H', V' 分别记录偏振方向。沿 x 轴的偏振记为 H，沿 y 轴的偏振记为 V，沿第一、三象限角平分线的偏振记为 H'，沿第二、四象限角平分线的偏振记为 V'。这里 H' 和 V' 方向可以分别由 H 和 V 方向旋转 45° 得到。所以 H, H', V, V' 四个方向与 x 轴的夹角分别为 0°，45°，90° 和 135°。如果测量 $[H,V]$ 方向偏振，那么 H 方向偏振代表 0，V 方向偏振代表 1，这组基底常称为 $\oplus$ 基。如果测量 $[H',V']$ 方向偏振，那么 H' 方向偏振代表 0，V' 方向偏振代表 1，这组基底常称为 $\otimes$ 基。

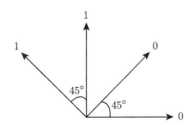

图 9.1　在 BB84 协议里逻辑 0 和 1 根据光子的偏振方向而定

先考虑一个利用纠缠态光子的最简单密钥分发模型。爱丽丝和鲍勃都测量光子沿 $[H,V]$ 方向偏振，即 H 方向偏振代表 0，V 方向偏振代表 1。很容易理解，发射器每发射一对纠缠态光子，在理想情况下，爱丽丝和鲍勃都会得到相同的记录，同时为 1，或同时为 0，所以通信双方获得了相同的密钥。这种方案似乎解决了密钥分发问题。但是，在上述 "红军" 和 "蓝军" 的游戏中，还有夏娃存在，她的目标是窃取密钥。如果夏娃在爱丽丝发射的光子通往鲍勃的路上安装一个测量光子沿 $[H,V]$ 方向偏振的检测器，就可以得到爱丽丝发射的光子，测量后她再制造一个同样偏振的光子发射给鲍勃。鲍勃接收的光子，无论直接来自爱丽丝还是被夏娃截获之后再转发，其偏振方向都是一样的，所以鲍勃无法鉴别这个光子是否直接来自爱丽丝。这样一来，夏娃就截获了密钥，而且爱丽丝和鲍勃都毫无察觉。此后爱丽丝发送的密文, 不仅鲍勃可以解密, 夏娃也可以解密。所以, 在这种最简单的密钥分发的方案里, 不能有效地防御夏娃的窃听行为。

1984 年, 贝内特 (Charles Henry Bennett) 和 Gilles Brassard 提出了第一个利用光子实现保密通信的可行方案 [71], 称为 BB84 协议 (BB84 protocol)。假定光子的初始状态是线偏振。爱丽丝和鲍勃测量时不是总选取固定的 $[H,V]$ 方向, 而是双方分别都随机地测量光子沿 $[H,V]$ 方向或 $[H',V']$ 方向偏振。这样一来, 夏娃如果要截获爱丽丝发给鲍勃的光子, 就无法保证自己测量光子沿着与爱丽丝发送时一致的方向, 因此就不那么容易窃取密钥了。

表 9.5 用一个简单的例子说明在 BB84 协议里爱丽丝与鲍勃之间分发量子密钥的全过程, 其中八行对应着密钥分发的八个步骤。每个步骤解释如下:

(1) 爱丽丝随机选择偏振基 $A = [H,V]$ 或 $[H',V']$, 准备发射光子。发射的光子数目必须足够多。所谓 "足够多", 是根据所需要的密钥的长度决定的。因为大约一半的记录将被删除, 所以爱丽丝发射光子的数目至少是密钥长度的 2 倍。这个例子里一共准备发射 12 个光子, 所以选择了 12 个偏振基。

(2) 爱丽丝随机选择 $a = 0$ 或 $a = 1$, 然后根据 A 和 a 确定发射光子的偏振态。如果 $a = 0$, 就发射 H 或 H' 方向偏振的光子; 如果 $a = 1$, 就发射 V 或 V' 方向偏振的光子。

(3) 鲍勃随机选择偏振基 $B = [H,V]$ 或 $[H',V']$, 它们不一定与爱丽丝的选择一致。

(4) 鲍勃测量从爱丽丝发射来的光子; 如果偏振方向是 H 或 H', 则记录 $b = 0$, 如果偏振方向是 V 或 V', 则记录 $b = 1$。如果鲍勃没有收到光子, 就记录 "丢失"。

(5) 重复步骤 $(1) \sim (4)$, 直到鲍勃接收到足够多数目的光子。表 9.5 记录了爱丽丝发射的 12 个光子。鲍勃把自己选择的 12 个偏振基 B 通过公共途径告诉爱丽丝, 但是记录 b 不传播给爱丽丝。爱丽丝把鲍勃的偏振方向 B 和自己记录的 A 作比较, 删除所有 A 与 B 不一致 (例如, A 和 B 一个是 $[H,V]$ 另一个是 $[H',V']$) 的记录, 仅保留 A 与 B 一致 (例如, A 和 B 都是 $[H,V]$ 或都是 $[H',V']$) 的记录。

(6) 爱丽丝通过公共途径告诉鲍勃哪些记录满足 $A = B$, 要保留下来。这些信息是爱丽丝与鲍勃之间通过公共途径交换的, 所以夏娃也得到了这些信息, 但是夏娃只知道哪些记录满足条件 $A = B$, 却不知道要保留的这些记录里的 a 和 b 究竟是什么。到此为止, 爱丽丝和鲍勃有了一组 $A = B$ 条件下互相对应的 a 和 b, 称为裸码 (raw key)。表 9.5 的第 6 行显示, 在爱丽丝发射的 12 个光子中, 留下了 6 个裸码。爱丽丝只知道 a, 鲍勃只知道 b, 夏娃既不知道 a, 也不知道 b。爱丽丝和鲍勃都知道, 如果没有被窃听, 他们得到的 a 和 b 应当是一致的。但是他们必须确认没有被窃听, 才可以开始正式通信。

(7) 爱丽丝和鲍勃在裸码中随机选择若干个 a 和 b, 通过公共途径验证 $a = b$。

如果发现有 $a \neq b$ 的情况, 则可以断定密钥分发过程有误。错误原因, 可能是夏娃偷听, 也可能来自噪声的干扰。如果仅仅选择一两个记录做验证码, 即使 $a = b$, 也不能保证其余记录没有错误。用来验证的记录越多, 验证结果就越可靠。但是验证消耗的裸码越多, 可以用来作为密钥的裸码就越少。爱丽丝和鲍勃可以指定一个容许的出错率, 如果发现出错率高于事先指定阈值, 就废弃整个序列, 重复以上全部过程, 直到满足验证条件。在表 9.5 的第 7 行, 爱丽丝和鲍勃选择了 2 个验证码, 通过了验证。

(8) 现在爱丽丝和鲍勃各自有一个 0 和 1 的序列, 分别为 a 和 b。只有在通过随机验证 $a = b$ 之后, 才把剩余的 (未被用于验证的)0 和 1 序列用作密钥。在表 9.5 的第 8 行, 爱丽丝和鲍勃得到长度为 4 比特的密钥 1101。

表 9.5　BB84 协议生成密钥过程说明

1 爱丽丝选 A	$[H,V]$	$[H',V']$	$[H,V]$	$[H,V]$	$[H',V']$	$[H,V]$	$[H,V]$	$[H,V]$	$[H',V']$	$[H,V]$	$[H,V]$	$[H',V']$
2 爱丽丝选 a	1	1	0	0	0	1	0	0	1	1	0	0
3 鲍勃选 B	$[H,V]$	$[H',V']$	$[H',V']$	$[H,V]$	$[H,V]$	$[H,V]$	$[H,V]$	$[H',V']$	$[H',V']$	$[H',V']$	$[H,V]$	$[H,V]$
4 鲍勃记录 b	1	1	1	0	1	丢失	0	0	1	1	0	0
5 判断 $A=B$?	是	是	否	是	否	—	是	否	是	否	是	否
6 裸码 $a(b)$	1	1	—	0	—	—	0	—	1	—	0	—
7 验证 $a=b$?				通过							通过	
8 密钥	1	1	—	—	—	—	0	—	1	—	—	—

容易发现, 以上第 (5) 和第 (7) 两个步骤都依赖经典通信方式完成。即使不使用验证码, 也必须在经典通信方式确认 A 和 B 相同之后, 爱丽丝和鲍勃才知道双方共享了同样的密钥。

以上生成密钥的方式和表 9.5 的例子, 是在没有夏娃窃听的前提下讨论的。如果夏娃企图窃听, 那么爱丽丝和鲍勃能否发现夏娃的窃听行为呢? BB84 协议里的通信双方有可能发现窃听。与本节开始所讨论过的最简单密钥分发模型情况不同的是, 在 BB84 协议中, 爱丽丝和鲍勃没有固定的偏振基, 而是随机变化的。在截获爱丽丝发出的光子时, 夏娃必须选择一种测量偏振基, 可以是 $[H,V]$, 也可以是 $[H',V']$。但是, 无论怎样选择方向, 夏娃在截获光子时必须再给鲍勃发射一个光子, 否则, 鲍勃将丢失这个光子, 这个代码就不会被爱丽丝采用。在 BB84 协议的密钥分发过程里, 夏娃为了窃听, 在截获光子时和给鲍勃发射一个光子时, 按照上面步骤 (5) 知道, 如果爱丽丝和鲍勃选择的测量方向不一致, 他们就会舍弃这一次的记录, 即使夏娃窃听, 也不会被爱丽丝和鲍勃觉察到。只有当爱丽丝和鲍勃选择的测量方向一致的时候, 他们才会验证是否有人窃听。所以需要考虑如下两种可能性。

第一种, 爱丽丝和鲍勃选择的方向一致, 而且夏娃选择的方向恰好也与他们两方一致。这时夏娃的窃听行为就不会改变爱丽丝和鲍勃接收到的光子的状态，她的窃听就不会被发现。例如，爱丽丝和鲍勃都选择了 $[H, V]$ 方向测量偏振，爱丽丝得到 $a = 1$，在没有被窃听时，鲍勃得到 $b = 1$。夏娃窃听选择 $[H, V]$ 方向，如果她接收到光子是 H 偏振，记录 $c = 1$，然后又发射 H 偏振的光子给鲍勃，鲍勃仍然得到 $b = 1$，爱丽丝和鲍勃之间的这次验证就被通过了，他们没有发现夏娃窃听。

　　第二种，爱丽丝和鲍勃选择的方向一致，但是夏娃选择了与爱丽丝不同的方向测量偏振，夏娃的测量就会改变来自爱丽丝的光子的状态；同时，由于夏娃选择的测量方向与鲍勃也不同，鲍勃的测量就会改变来自夏娃的光子的状态。例如，爱丽丝和鲍勃都选择了 $[H, V]$ 方向测量偏振，爱丽丝得到 $a = 1$。如果夏娃窃听选择 $[H', V']$ 方向，她得到的结果可能是 H' 方向，于是 $c = 1$，也可能是 V' 方向，于是 $c = 0$。夏娃再发送一个 H' 或 V' 方向的光子给鲍勃，鲍勃沿 $[H, V]$ 方向测量偏振，不论 $c = 1$ 还是 $c = 0$，都有可能得到 $b = 1$，也可能得到 $b = 0$。如果 $b = 1$，这次验证就被通过了，爱丽丝和鲍勃没有发现窃听；如果 $b = 0$，这次验证就不会被通过，爱丽丝和鲍勃就认为可能被窃听了。如果爱丽丝和鲍勃恰好使用这对纠缠态光子作为验证码，就会发现错误，爱丽丝和鲍勃就有机会发现夏娃窃听。

　　由此可见，在用 BB84 协议分发密钥时，如果被窃听，是可能被通信双方发现的。窃听行为被发现的几率有多大呢？假定量子密钥分发过程一共发射了 $2n$ 对纠缠态光子，由于爱丽丝和鲍勃在随机选择偏振方向时是互相独立的，双方选择相同偏振测量方向的几率是 50%，所以他们得到裸码的比特数是 n。假如夏娃窃听了爱丽丝和鲍勃之间所有纠缠态光子，在获取 n 个裸码的光子中间，会存在 50%(即 $n/2$) 光子，对它们测量时夏娃幸运地选择了与通信双方相同的偏振方向，以致夏娃和鲍勃的测量都没有改变光子的偏振态。但是，其余 50%(即 $n/2$) 光子将经历两次改变偏振方向的测量，一次是由夏娃的测量引起，另一次是由鲍勃的测量引起。两次测量引起的改变恰好互相抵消的几率是 50%。因此，如果夏娃窃听全部纠缠态光子的情况下，在每个验证码中发现 a 和 b 不相等的几率就是 25%，a 和 b 相等的几率就是 75%。假定爱丽丝和鲍勃可以在全部裸码中随机选取三分之一作为验证码，如他们一共得到 300 个裸码，随机选取了 100 个验证码，那么全部验证码中 a 和 b 都相等 (爱丽丝和鲍勃未发现窃听) 的几率就是 0.75^{100}，大约为 3.2×10^{-13}，即约十万亿分之三。随着验证码数目的增大，窃听者不被发现的几率几乎是零。当然，要确认窃听者的存在，前提条件是通信设备工作稳定，噪声水平极低，否则窃听的痕迹就会被淹没在噪声之中。

　　自从 1989 年在 32 厘米距离上首次实现量子密钥分发以来，科学家一直致力于实现安全的远距离密钥分发，并最终瞄准全球范围的实际应用。最直接的方法是通过光纤或地面自由空间发送单个光子。但是，由于量子非克隆定理的限制，量子信号不能无噪声地被放大，这种密钥分发能够达到的距离不超过几百千米。全球尺度量子密钥分发更有希望的解决方案是通过太空中的卫星实现。2016 年 8 月 16 日，在中国酒泉成功发射了一颗量子科学实验卫星，并通过这颗卫星首次实现了从卫星到地面大约 1200 千米的量子密钥分发 [72]。

与传统通信方案相比，BB84 协议通信的优点是明显的。在量子密钥分发方案出现之前的所有密钥分发方案里，通信双方都不能发现分发过程中可能发生的窃听行为，这是因为过去的窃听方式可能不留下任何痕迹。在 BB84 协议里，密钥是在分发的时候才生成的，事前不可能泄密。在分发的过程中，如果有人试图窃听，就很可能被通信双方发现，从而防止密钥泄露 [73]。只要密钥分发过程有敌方窃听，爱丽丝和鲍勃之间就不得不重复 BB84 协议里的全部 6 个步骤，重新分发密钥，直到没有被窃听。尽管夏娃可以不断通过窃听来破坏爱丽丝和鲍勃之间分发密钥，但是，一旦爱丽丝和鲍勃享有了共同的密钥，他们之间就可以通过公开的途径完成保密通信。

9.4 RSA 密码系统

前面曾经假定爱丽丝、鲍勃和夏娃都是遵守规则的，完全排除 "夏娃偷偷到爱丽丝那里窃取情报" 之类的行为。但是在实际应用密码通信的时候，攻守双方常常不遵守 "游戏规则"。第二次世界大战期间，德国发展出以机械代替人工的加密方法，在军事中使用恩尼格玛密码机 (Enigma)，它可以提供一亿亿种编码的可能性。德国军方购入了三万多台恩尼格玛密码机，成为德国在第二次世界大战中的重要情报工具。后来，英国在一次行动中意外缴获密码簿，破解了恩尼格玛密码机，使得盟军提前获得大西洋战役的胜利。所以有些人认为，使用密钥加密并不是最佳的保密通信方法，因为密钥需要有专门的通道传递，在所谓秘密通道中总存在泄露的几率。

如果爱丽丝和鲍勃之间能够建立一种保密通信方法，不需要任何秘密通道传递密钥，就完全避免了在传递过程中泄密的可能性。优秀的保密通信方案，应当不担心自己传递的信息被敌方获得。即使通信双方交换的所有通信都公开给敌方，通信的秘密性仍然有保障。这个原则首先由柯克霍夫 (Auguste Kerckhoffs) 提出并被称为柯克霍夫原则 (Kerckhoffs' principle)。香农 (Claude Shannon) 把这个原则表述为："敌人知道系统。" 这就是现代密码学的基本原则。按照这个原则，通信不需要传递密钥，量子力学对于信息传递还有帮助吗？为了回答这个问题，需要先了解在这个原则下保密通信是如何实现的。

基于 "敌人知道系统" 的假设，Ronald Rivest, Adi Shamir 和 Leonard Adleman[74] 在 1978 年提出了 RSA 密码系统 (RSA encryption)，现在仍然被广泛应用。这个系统用一把钥匙给信件加密，用另一把钥匙解密。加密的钥匙称为 "公钥" (public key)，而解密的钥匙称为 "私钥" (private key)。公钥是公开的，不仅爱丽丝和鲍勃有，夏娃也可以得到。私钥则是保密的，爱丽丝和鲍勃各有自己的私钥。私钥不需要传递，因此夏娃无法在爱丽丝和鲍勃通信过程中截获。

假定鲍勃要向爱丽丝发送信息，RSA 密码系统通过以下四个步骤完成通信：

(1) 爱丽丝和鲍勃约定一个数学函数 $A = F(a)$。这个数学函数可以公开，所以夏娃可以获得。

(2) 爱丽丝先确定自己的私钥 a，并且用这把私钥通过数学函数 $A = F(a)$ 计算出公钥 A，并且把公钥通过公开渠道通知鲍勃。

(3) 鲍勃就用公钥 A 给信件加密，把加密后的密文通过公开渠道发给爱丽丝。

(4) 爱丽丝用私钥 a 把收到的密文解密，得到明文。

如上所述，在 RSA 密码系统中，首先要由收件方选择私钥，生成公钥，并且通知发件方。当鲍勃要向爱丽丝发送信息时，爱丽丝可以用自己的私钥 a 解密。夏娃只有可能得到公钥，但是没有私钥，因此无法像爱丽丝那样解密。反过来，如果爱丽丝要给鲍勃发信，就需要鲍勃先确定自己的私钥 b，再用这把私钥通过一个数学函数 $B = F(b)$ 计算出公钥 B，然后鲍勃把公钥 B 发给爱丽丝。爱丽丝用公钥 B 加密后，把密文发给鲍勃，鲍勃用私钥 b 解密。显然，RSA 系统完全避免 "密钥分发" 过程中私钥被夏娃窃取。

有些读者可能会认为，既然鲍勃可以用公钥给明文代码加密，为什么夏娃不能用公钥解密呢？问题在于，鲍勃使用公钥给信件加密时，从明文代码运算得到密文代码，是正运算，但是夏娃想要从密文代码计算明文代码，就需要做逆运算。逆运算所需要的计算机时间远大于正运算时间，附录 O 中列举的一个具体例子可能会对理解这个概念有所帮助。

除了直接用公钥破解密文之外，夏娃在上述四个步骤里可能窃密的只有步骤 (2)。夏娃已经知道了公钥 A，既然有数学函数 $A = F(a)$，夏娃就有可能从公钥 A 反解出私钥 a，于是夏娃就可以像鲍勃一样解密了。从理论上说是这样，然而实践上却未必容易。有许多数学函数，正问题很容易解，但是反问题的求解却很难。公开密钥算法大多基于计算复杂度上的难题，通常来自于数论。现在 RSA 系统最常使用的数学函数，就是质因数分解。由两个大的质数求得乘积易如反掌，但是反过来从一个大数分解质因数则极其困难。关于 RSA 系统的细节，有兴趣的读者可以阅读本书附录 O。

衡量密码系统的安全与否的标准，在于破解者需要花费多少时间以及多少成本。如果破解所需要的成本明显高于该信息的价值，或者破解所需要的时间超过该密钥的寿命，这个密码系统就被认可。如果作为公钥的整数位数 N 不大，分解质因数会相对容易，密码就容易破解。1024 比特 (309 位) 长的整数，用当前的个人计算机可以在几个小时内分解质因数。因此目前应当使用至少 2048~4096 比特

(617~1234 位) 长的整数来建立 RSA 密码系统的公钥。如果用现在的经典计算机破解 RSA 密码，在 N 增大时，分解质因数所需要的计算机时间呈指数增长，因此 RSA 密码系统被认为是安全的。目前 RSA 密码系统仍然在广泛使用。

现在可以回答量子力学对公钥密码系统信息传递是否还有帮助的问题了。公钥密码系统的缺点是它对计算机的计算方法的依赖。如果没有好的算法分解质因数，RSA 密码系统就是安全的。但是，Peter Shor 提出了大数因子化算法 [75]，有望在量子计算机上实现。如果使用 Shor 算法 (Shor's algorithm)，就有可能高效率地分解质因数，于是大大降低了破解密码的成本 [76]。一旦这种快速分解质因数的计算方法在量子计算机上实现，经典计算机上 RSA 密码系统就会被迅速破解，那时正在使用 RSA 密码系统的银行和机构都需要立即更新密码系统。从通信一方 (爱丽丝和鲍勃) 与窃听一方 (夏娃) 的对抗来说，谁先掌握了相应的算法和技术，谁就在 RSA 密码系统通信中占据上风。但是话又说回来，量子计算机不会终结公钥算法，相反，量子计算机的发展将促进人们寻找更好的计算方法来更新公钥通信方式，RSA 密码系统的使用和破解之间的争斗也将在更高的层次上展开。

9.5 量子安全直接通信

量子安全直接通信 (quantum secure direct communication, QSDC) 是量子通信的另一个分支。通信传输的内容不是密钥而是信息。这种通信方式中，通信双方不需要先建立密钥，而是直接传输有效信息，从而完成通信。本节用 "乒乓量子通信协议"(ping-pong quantum communication scheme) 为例介绍量子安全直接通信的方案 [77]。

谈到量子直接通信方案，首先要问，9.3 节提到的 BB84 协议能否用来实现量子安全直接通信呢？如果 BB84 协议中位于通信双方之间的某处产生纠缠态光子分发到通信双方，那么答案是否定的，因为这种情况下通信双方所接收的密钥是被动的，不包含任何一方打算传递给另一方的信息。如果光子是由通信的一方发送给另一方，那么 BB84 协议可以实现量子直接通信，但是效率很低。在本节把 BB84 协议与量子通信方案作比较时，总是指 "光子由通信的一方发送给另一方" 这种 BB84 协议。

"乒乓量子通信协议" 里，爱丽丝可以选择控制模式和信息模式两种方式对粒子进行操作。在图 9.2 里，左边是爱丽丝，右边是鲍勃。假定爱丽丝要把一串信息 "0110" 传给鲍勃，"乒乓量子通信协议" 的做法如下所述。

(1) 鲍勃先制备两光子纠缠态：

$$\left|\Psi^+\right\rangle_{\mathrm{ht}} = \frac{1}{\sqrt{2}}\left(|01\rangle_{\mathrm{ht}} + |10\rangle_{\mathrm{ht}}\right)$$

其中下标 h 和 t 分别意味着 home 和 travel。鲍勃将其中的光子 t 通过量子通道发送给爱丽丝，自己保留光子 h。

(2) 爱丽丝收到粒子 t 之后，随机地使用信息模式或控制模式对光子 t 进行操作，所以要区分两种情况：

(2A) 如果爱丽丝选择了信息模式，她就根据要发送的信息决定相应的操作，见图 9.2(b)。如果要发送 "0"，就把光子 t 原样送回鲍勃；如果要发送 "1"，就把光子的纠缠态变成

$$|\Psi^-\rangle_{ht} = \frac{1}{\sqrt{2}} (|01\rangle_{ht} - |10\rangle_{ht})$$

再把这个光子通过量子通道送回鲍勃。鲍勃对两个光子 h 和 t 的纠缠态进行测量，就知道信息 "0" 或 "1"。

(2B) 如果爱丽丝选择了控制模式，她就测量光子 t 沿水平方向的偏振，同时把测量结果通过公开通道告知鲍勃，见图 9.2(a)。鲍勃于是知道这是控制模式，他也测量光子 h 沿水平方向的偏振。如果两人测量结果一致，就认为通信未被窃听。反之，通信可能被窃听。但是仅仅就一次结果还不能确认被窃听。

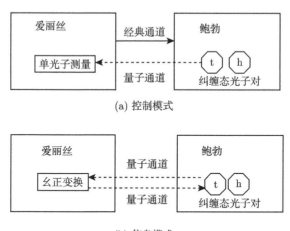

(a) 控制模式

(b) 信息模式

图 9.2　量子安全直接通信。鲍勃从量子通道把光子 t 送给爱丽丝。
(a) 如果爱丽丝选择控制模式，则测量光子 t，并把测量结果通过经典通道通知鲍勃；(b) 如果爱丽丝选择信息模式，就对光子 t 作幺正变换，再通过量子通道送回鲍勃。详细解释见正文

(3) 重复以上两个步骤，每次信息模式，爱丽丝就传送一个比特信息，直到全部信息 "0110" 都传送；每次控制模式，爱丽丝与鲍勃就验证两人测量结果是否一

致，并且记录出错的几率，如果发现出错的几率超过在理论上预言的方案出错率的安全阈值，就中断通信。

由于光子可能在爱丽丝和鲍勃之间往复传递，这个协议因此得名"乒乓量子通信协议"。如果用 BB84 协议通信，即使不消耗验证码，平均也只有一半数目的光子可以有效发送信息。假定分发过程一共发射了 $2n$ 对纠缠态光子，得到裸码的比特数是 n，每四个光子可以分发一个比特有效信息，总的比特传输效率大约为 25%。与 BB84 协议相比，"乒乓量子通信协议"中所有信息模式的光子都可以有效传送信息，如果爱丽丝选择所有光子作为信号模式，每两个光子就可以传递一个比特信息，总的比特传输效率就可接近 50%。

"乒乓量子通信协议"是量子安全直接通信方案中的一种，它的保密性能不如BB84 协议。回想 BB84 协议，通信双方只有在确认不被窃听的前提下才开始通信。相比之下，在"乒乓量子通信协议"中，控制模式和信息模式交替采用，仅仅当爱丽丝选择控制模式的时候才能够检测是否被窃听，而窃听者 (夏娃) 可能对所有传输粒子都窃听，因此在爱丽丝和鲍勃发现被窃听的时候，夏娃可能已经得到了通信双方在信息模式中的有效信息。如果以密钥分发为目的，或者需要传送的比特数目不多的时候，不需要传输许多光子，传送效率不那么重要，但是保密性能更为重要，所以宜采用 BB84 分发协议。如果需要传送的比特数目多，为了提高传送效率，可以采用"乒乓量子通信协议"。

9.6 量子隐形传态

以上几节讨论的通信方式所传送的信息都是经典比特，它携带的是经典信息"0" 和 "1"。在量子通信和量子计算机中不仅需要传送经典比特，而且也需要传送量子比特 (quantum bit，或者写成 qubit)。量子比特含有量子信息，就是一个量子态。"量子隐形传态"(或 "量子远程传态"，quantum teleportation) 是一种利用纠缠态把第一个粒子的未知状态 (不是已知状态) 从爱丽丝传给鲍勃的方案。这个方案最早是贝内特等六人于 1993 年提出的 [78]。下面大致介绍 "量子隐形传态" 的量子力学原理。

为了把一个未知的量子态从一方 (爱丽丝) 传输到另一方 (鲍勃)，需要在爱丽丝与鲍勃之间建立两条信息通道，一个是量子通道，另一个是经典通道。为确定起见，假设爱丽丝处有一个电子 A，它处于两个量子态的叠加态：

$$|\phi\rangle_A = a|A+\rangle + b|A-\rangle$$

其中 $|A+\rangle$ 和 $|A-\rangle$ 分别表示电子 A 自旋为 1/2 和 −1/2 的状态 (下面用到电子 B 和 C 的符号具有类似的含义)；系数 a 和 b 是复数，满足归一化条件。如果系数 a

和 b 已知, 爱丽丝就可以把这两个系数通过经典通道告诉鲍勃, 然后鲍勃就可以制造一个相同的状态。但是, 如果这是一个未知状态, 就是说, 爱丽丝不知道上式中系数 a 和 b 的值, 她能够把 $|\phi\rangle_A$ 这个状态的信息传送给鲍勃吗? 换句话说, 鲍勃能制造一个与 $|\phi\rangle_A$ 完全相同的状态吗?

为了把一个量子态从爱丽丝传给鲍勃, 需要四个步骤, 见图 9.3。这里仅仅简要地叙述量子隐形传态的这四个步骤。如果读者对更详细的描述有兴趣, 可以阅读附录 P。

第一步, 从某处 (可以就在爱丽丝处, 也可以在另外任何地方) 发出的一对纠缠态电子 B 和 C, 其中电子 B 飞往爱丽丝而电子 C 飞往鲍勃。从量子力学关于纠缠态的理论知道, 在爱丽丝测量了电子 B 的状态之后, 电子 C 的状态就立即确定了。但是爱丽丝不直接测量电子 B 的状态。

第二步, 爱丽丝让电子 A 和 B 相互作用, 使得这两个电子纠缠在一起。这两个电子的纠缠态共有 4 个本征态。为了知道纠缠态的电子 A 和 B 处于这四个本征态中的哪一个, 爱丽丝需要实施测量。测量结果可能是这四个本征态里的任意一个。爱丽丝每次测量得到这四个结果中任何一个的几率都是 25%。在爱丽丝测量的同时, 鲍勃处的电子 C 也 "坍缩" 到相应的状态。但是, 鲍勃现在还不知道自己得到的电子 C 处于什么状态。

第三步, 爱丽丝把得到的关于本征态的信息通过经典通道传给鲍勃。

第四步, 爱丽丝可能得到的四个本征态分别对应于鲍勃所需要作的四个特定变换。鲍勃根据得到的爱丽丝发来的本征态的信息, 就可以知道自己应当实施哪一个特定的 "变换", 把电子 C 的状态转换到传输之前电子 A 的状态。于是, 电子 A 的状态原封不动地传输到鲍勃那里了。

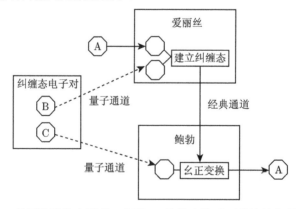

图 9.3　量子隐形传态图示, 电子 A 的状态从爱丽丝处被传送到鲍勃
　　　　处。传送过程见正文描述

隐形传态 (teleportation) 这个词原本出现在科幻小说中, 量子力学借用了这个

词。如果要问量子隐形传态的实验成功是否意味着科幻小说中描绘的那种"五行遁术"有任何现实可能性，读者只需回忆第 1 章里讨论过的一个宏观粒子能够穿透势垒的三千亿亿分之一的几率，或者第 3 章里讨论过的双-方势阱里的一个细小的沙粒从中央势垒左边穿透到右边需要的 6000 年的时间，就可以找到答案。诚然，在理论上，宏观世界与微观世界之间没有不可逾越的鸿沟，但是，如果谈论在宏观客体上观察到这些量子力学效应的可能性，还是要回到几率"几乎 0"的现实世界来。

1997 年，Dik Bouwmeester 以及潘建伟等第一次在实验上实现了量子隐形传输[79]。利用量子科学通信卫星已经实现了从地面天文台到地球低轨道卫星的独立单光子量子位的量子隐形传输，距离达 1400 千米[80]，这项工作是迈向全球尺度量子互联网的重要一步。"量子隐形传态"将有可能应用在量子计算机或量子互联网上[81]。从理论上说，对量子隐形传输的速度的最严厉的限制来自前面说到的第三步，即爱丽丝通过经典通道把测量结果传给鲍勃。由于量子隐形传输依赖经典通道，因此不可能超过光速。

9.7 反事实量子通信方案

本章前面几节讨论的密码通信方案，包括 BB84 量子密钥分发协议、量子安全直接通信以及量子隐形传态，都是在已经给定通信双方的设备的基础上，通过交换粒子 (如光子) 传输信息。在这种类型的方案中，粒子的纠缠态都起到重要作用，在理论界受到的关注也比较多。但是还可以考虑其他的通信方案。从 8.3 节讨论的伊利泽-威德曼炸弹测试问题中可以看到，在光路上"有炸弹"或"没有炸弹"两种情况下，探测器接收到的信号会有所不同。因此，可以考虑一种新的量子通信方案，通过改变系统设置造成波函数传播途径的变化，从而传递信息。

仍然考虑爱丽丝与鲍勃之间的通信。在图 9.4 中，爱丽丝在甲地发射光子并且控制左边通道，同时观察检测器 B 和 D，而鲍勃在乙地控制右边通道。当爱丽丝发出光子时，鲍勃可以把反射镜"置入"右边通道 (把光子反射回爱丽丝一边，称为 PASS)，也可以反射镜从右边通道"移开"(使得光子不会回到爱丽丝一边，称为 BLOCK)。鲍勃用"置入"和"移开"这种方式发出信息，而爱丽丝通过观察检测器 B 和 D 来接收信息。例如，他们约定鲍勃把镜子从右边通道"移开"代表信息"1"，把镜子"置入"右边通道代表信息"0"。根据 8.2 节的讨论，"置入"镜子的时候 B 亮 D 不亮，而"移开"镜子的时候 B 和 D 都有可能亮或者不亮。于是爱丽丝在发现 B 不亮的时候，无论 D 亮或不亮，都知道鲍勃想要发出的信息是"0"；如果爱丽丝发现 B 亮，就不能确定鲍勃想要发出的信息是"0"还是"1"。虽然鲍勃"移开"或"置入"镜子的动作与爱丽丝收到"1"和"0"的结果不是一一对应的，图 9.4 的装置仍然可以在容许某些错码的条件下完成低标准通信。不仅马赫-曾德尔干涉仪可能用来完成量子通信，其他干涉仪，如迈克耳孙干涉仪 (Michelson interferometer)，也可能用来完成量子通信。鲍勃也不必在路径上设置"炸弹"之类的障碍物，他可以放上一面镜子反射光子，只要鲍勃所做的动作会引起爱丽丝一方的仪器作出相应的测量结果，她就可以判断出鲍勃所要传达的信息。

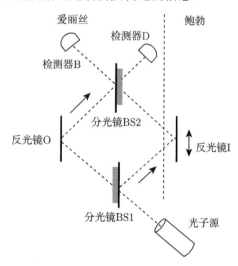

图 9.4　　当爱丽丝发出光子时，鲍勃通过阻挡或打开右边通道的方式发出信息，而爱丽丝通过观察检测器 B 和 D 来接收信息

仅仅使用一个干涉仪不能在鲍勃的动作和爱丽丝的测量结果之间建立一一对应的关系。为了提高信息传递的准确性，可以放置许多干涉仪，让每一个光子在爱丽丝和鲍勃之间往返多次。萨利赫 (Salih) 等在理论上首先建议这个方案[82]。通常设计的量子通信方案里，左边的爱丽丝发出光子作为信息源，右边的鲍勃接收光子并且获得信息。现在这个方案却反过来做，让右边不发射光子的鲍勃发出信息，让左边发射光子的爱丽丝接收信息，所以萨利赫等把这个新的方案称为"反事实量子通信方案" (counterfactual quantum communication scheme)。

萨利赫等对实验设备的解读，仍然遵循"按照实验装置的不同，光子有时表现为粒子，有时表现为波"的经典直观逻辑。他们认为，在鲍勃"移开"镜子的时候，光子表现为粒子，爱丽丝一侧接收到的光子都未曾到达过鲍勃一侧；把镜子"置入"右边通道阻挡光子的情况下，光子表现为波，爱丽丝一侧接收到的光子依然没有到达过鲍勃一边。因此萨利赫等断言，在他们这个通信方案的设计中，没有任何光子从鲍勃一边回到爱丽丝一边，但是鲍勃仍然成功地把信息传递给爱丽丝。于是他们声称这个通信方案实现了"无粒子的信息传播"。但是，按照量子力学，从爱丽丝一端产生了光子开始，到她最后测量并且接收到了光子为止，都属于三阶段论的第二阶段，波函数在这一段里到达了所有可能到达的地方，包括鲍勃一端。即使在爱丽丝一端的测量仪器里发现了光子，也不能说光子一直徘徊在爱丽丝一边。所以这个通信方案不应当解释为"无粒子的信息传播"。

萨利赫等的文章发表之后不久，威德曼发现了萨利赫等的错误[83]，并且分析了错误的原因。威德曼指出，他们的结论是建立在一个天真的经典假设上，即"由于光子不能穿过这个传输通道，它就不可能在这个传输通道里存在过"。(The photon could not have been in the transmission channel because it could not pass through it.) 不难发现，威德曼所批评的这个天真的经典假设，其实就是经典直观逻辑 (8.5) 的另一种表达。威德曼还明确指出这一方案在保密性能方面的漏洞："夏娃在传输通道上实施投影的弱测量可以获得关于逻辑位的一些信息。"(Eve, performing weak measurements of the projection on the transmission channel can get some information about the logical bits.)

萨利赫等在理论解读上的错误并不意味着他们的通信方案不可行。曹原 (Cao Yuan) 等在 2017 年发表文章，宣布已经通过实验证实了反事实量子通信方案的可行性[84]。实验采用迈克耳孙干涉仪。他们的实验装置，在理想情况下可以做到信息 "1" 正确传送的几率为 100%，信息 "0" 正确传送的几率为 85.4%。为了降低实验中光子损失所造成的误差，每个比特的信息都传送了多次。实验历经了 5 小时，传送了 10^4 比特信号，把一个 "中国结" 图像从鲍勃一方传输到爱丽丝一方，见图 9.5。整个过程中信息 "1" 的传输正确率达到 91.2%±1.1%，而信息 "0" 的传输正确率达到 83.4%±2.2%。

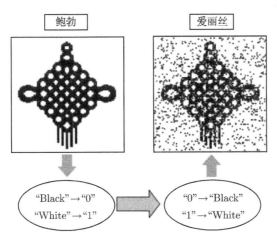

图 9.5   证实反量子通信方案可行性的实验装置。实验把一个 "中国结" 图像从鲍勃一方传输到爱丽丝一方[84]

反事实量子通信得到曹原等的实验证实之后，萨利赫等仍然没有放弃 "无粒子的信息传播" 的主张，但是说了这样一句话："我相信这个实验提供了对量子波函数实在性的一些支持：如果不是实物粒子在传递信息，那么是什么在传递信息呢？"(I believe this experiment has something to say in support of the reality of the quantum wave function: If physical particles did not transfer information then what did?) 在反事实量子通信方案的争论中，物理学家一致赞同量子力学理论的计算方法，也普遍认可实验结果，但是在对结果的解释上却不一致。目前对这个方案的讨论仍在继续 [85]。笔者认为，在哥本哈根诠释的范围内，威德曼的批评意见已经对 "反事实量子通信" 作出了正确的解释，只是萨利赫等不愿意接受而已。至于波函数是否具有实在性，这的确是理论界长久以来存在的疑问，但不是哥本哈根诠释需要回答的问题。

9.8   小   结

把量子力学原理应用于保密通信，是目前在学术上和技术上都非常活跃的领域，有着十分诱人的应用前景。开展这方面的研究，不仅要熟悉量子力学的原理，还要掌握信息论和密码学方面的知识。近几年来，这个领域中的新的通信方案层出不穷，许多作者在发表论文的同时申请了专利。另一方面，新方案的提出和实现，反过来推动了量子力学理论的研究。9.7 节关于 "反事实量子通信方案" 的讨论就是一个很好的例子。到此为止，本章非常简略地介绍了量子力学在信息通信中的应用，解释了有关的量子力学概念。笔者水平有限，完全没有涉及技术层面的内容，也不能详细讲解量子通信。把量子力学的原理应用在信息传递上，还面临着许多技术方面的挑战。有兴趣的读者可以阅读参考文献 [86]。

量子力学理论从 20 世纪 80 年代以来的蓬勃发展，量子力学在通信和计算方面显现的应用前景，这些都引发了越来越多的人的学习兴趣。关于量子力学理论的科普作品和网络博客也随之大量出现。在这些科普作品和网络博客之中，不乏优秀的作品。有那么多的人关心量子力学及其应用，是一件可喜的事情。读者可能也已经听到或看到了来自各方面专家的评论，但是其中一些见解值得商榷。

有一些批评意见来自对量子力学的原理的怀疑。从本书前八章的讨论可以发现，量子力学理论有时候看起来很离奇，特别是有关叠加态、纠缠态、不确定度关系等的概念，都与人们日常生活常识背道而驰，所以有些人根据日常生活或经典物理中的现象否定量子力学。有一些物理学家也在用 "违背常识" 之类的理由批评量子力学。应当指出，科学是对真理的探求，科学不相信所谓 "权威"。量子力学之所以被称为科学，不是因为它得到某些 "权威" 理论物理学家的认可，而是由于量子力学得到实验结果的支持，而且其中有关键意义的实验已经被多次重复无误。在量子力学发展史上, 有些物理学家对量子力学也曾经发表过不正确的见解, 但是面对无可置疑的实验结果, 都不再固执己见, 欣然接受新的概念。在物理学某一领域的专家, 可以在自己擅长的领域做出突出的成绩, 却仍然可能并不熟悉量子力学, 如果他们贸然以自己在经典物理领域的经验评论量子力学, 就容易犯错误。量子力学已经是十分成熟的科学, 物理学家在批评量子力学基本原理的时候, 应当持慎重而虚心的态度, 把自己的观点提交该专业的科学杂志, 得到同行专家的评论。如果所持的新观点不同于当前理论的共识, 则应当提出实验证据, 至少提出思想实验的构思, 以便在同行讨论中逐步探求真理。

有些专家虽然在总体上肯定量子力学的正确性, 但是在宣传和讲解量子力学时却很不专业, 有时所做的宣传还包含许多错误。个别专家甚至将量子力学渲染成宗教迷信一样的东西, 把量子力学庸俗化。这些宣传实际上损害了科学的信誉, 使得量子力学在人们心目中 "贬值"。有些听众于是产生误解, 以为量子力学是 "伪科学", 从理性上排斥量子力学。在面向大众进行科学普及的时候, 物理学家应当把科学知识做通俗但是准确的宣传, 使得听众 (尤其是青年学生) 有正确的理解, 增长知识的同时逐渐形成科学的世界观。

思 考 题

(1) 在量子通信的宣传中, 关于通信速度是否可以超过光速, 是许多人所关心的。本章所讨论的各种通信方案可以突破光速的限制吗?

(2) 量子隐形传态与科幻中的隐形传态是一回事吗?

第10章　量子力学的困惑

量子力学虽然获得了巨大的成功，但是也留下了许多困惑，例如，波函数是几率波还是物质波？波函数是定域性的吗？粒子如何运动？量子系统和测量仪器之间的界限在哪里？追求客观真理是物理学家进行科学研究的动机。本章总结了量子力学的三阶段论以及量子力学留给研究者的困惑，这些困惑会激励物理学家对真理的追求。

10.1　"量子力学三阶段论"带来的困惑

在第 1 章曾经说过，量子力学描述粒子的运动的时候遵循"量子力学三阶段论"。本书前面九章对量子力学作了简单的介绍，并且在介绍中逐步充实了三阶段论的内容。"量子力学三阶段论"的基本内容可以总结如下。

第一阶段，根据粒子的初始条件确定初始波函数。这一阶段有两种可能的情况：

(1) 一般来说，初始波函数是由制备这个粒子的仪器所决定的。例如，在电子双缝干涉实验中，当粒子源发射的电子到达双缝的时候，初始波函数就给定了，它是由从双缝射出的两束平行的波函数所组成的。

(2) 如果刚刚发生的过程的第三阶段里，测量造成波函数的坍缩，生成了新的波函数，这个新的波函数可以作为新的三阶段过程的初始波函数。

第二阶段，由薛定谔方程计算波函数的动力学演化，这是个可逆的演化过程，是确定性的。这是量子力学三阶段论里内容最丰富多彩的阶段，也是目前在量子力学教科书中占据篇幅最多的内容。这一阶段包含以下要点：

(1) 波函数描述单个量子力学系统，它按照薛定谔方程的演化，具有波动性。量子力学区别于经典物理的各种奇特行为，大多会在这一段里找到原因。例如，一维势垒问题，无论粒子的初始动能是高于或是低于势垒的阈值，总有一部分波函数穿过势垒，同时有一部分波函数被势垒反射。又如干涉现象的产生，就是穿过两条缝的两支波函数到达屏幕时的相位差别，造成屏幕上波函数的振幅在叠加时有些位置加强，在另一些位置抵消。

(2) 量子力学系统的定态是不含时哈密顿算符的本征态，定态波函数是空间因子与时间因子的乘积。如果第一阶段准备的初始条件是定态，那么粒子的几率密度分布将不随时间改变。如果初始条件不是定态，例如，它可以是坐标算符的本征态, 初始波函数就可以写成若干个定态的叠加, 波函数的演化可以从组成该叠加态的每个定态的时间演化得到。

(3) 如果初态在空间广阔分布, 意味着系统的量子效应显著, 经典近似不适用。反之, 如果初态在空间里是一个很狭窄的波包, 就意味着系统在初始时刻的量子效应不显著, 经典近似可能适用, 即波包最可几位置在初始一段时间里的运动近似满足经典力学方程。但是随着波包逐渐扩散, 粒子将会在越来越大的范围内被发现, 同时波包最可几位置的运动也可能逐渐偏离经典力学方程预言的轨道。

(4) 德布罗意关系在波函数的波长与粒子的动量之间建立了联系, 也在波函数的频率和粒子的能量之间建立了联系。

(5) 除非系统恰好处于某个物理量的本征态, 否则系统的各物理量 (能量、动量、坐标等) 在第二阶段没有确定的值, 通过波函数也不可能计算出任何物理量的值。但是, 从波函数可以计算系统的各物理量取不同值的几率, 也可以计算这些量的平均值, 而且系统总能量、总动量等守恒量的平均值遵守相应的守恒定律。

(6) 不论研究对象客体是微观粒子还是宏观粒子, 薛定谔方程都可以正确描述波函数的运动。因此微观世界和宏观世界之间不存在不可逾越的鸿沟。

(7) 在普朗克常量趋于零的极限条件下, 量子力学计算结果与经典物理的计算结果一致, 所以经典物理可以近似描述量子效应不显著的系统。但是, 经典直观逻辑在理论上与量子力学是不相容的, 不应当用粒子的图像讨论第二阶段里的系统演化。

(8) 纠缠态是量子力学中特有的概念, 经典物理不存在纠缠态。处于纠缠态的两个粒子, 不论测量时距离多么远, 都会保持着它们之间的关联。这种关联可以来自某种守恒定律 (如动量守恒、能量守恒或角动量守恒) 的约束。

第三阶段, 用测量仪器来发现粒子最终的状态。这是一个不可逆过程, 有随机性, 遵守玻恩法则。测量是量子力学理论中争论不休的课题。在量子力学的哥本哈根诠释中, 测量的含义是:

(1) 必须严格区分作为研究客体的部件和作为测量仪器的部件。测量仪器的尺寸可以很大, 也可以很小, 但是必须服从经典物理定律。测量是被研究的客体与测量仪器发生相互作用的过程。

(2) 同一次测量对被测量系统的过去和未来起着不同的作用。对过去而言, 测量某个物理量所得到的值是该物理量的一个本征值, 测量时被研究客体的波函数立即坍缩到该物理量的相应的本征态。对未来而言, 测量将建立一个新的波函数。

(3) 从波函数的分布可以预测对任何一个物理量的测量可能得到的结果, 其中每个结果出现的几率遵守玻恩法则, 也就是说, 得到它的某个本征值的几率正比于相应的本征态波函数模的二次方。如果该物理量的本征值组成连续谱, 那么测量结果在某个本征值附近出现的几率密度正比于相应本征态波函数模的二次方。

(4) 由于两个不同的物理量可能有完全不同的两组本征态，所以一个物理量 (如坐标) 的本征态通常不会恰好是另一个物理量 (如能量) 的本征态，而是第二个物理量的两个或更多个本征态的叠加态。即使测量之前系统处于第一个物理量的本征态，在测量第二个物理量的时候，系统也会坍缩到第二个物理量的本征态。所以，量子力学中的测量可能改变被测量系统的状态。

(5) 对量子力学系统来说，物理量只有在系统被测量的时候才有确定的值。"经过测量发现物理量为某个值"，并不意味着 "测量之前该物理量就是这个值"。特别是，"经过测量发现粒子在某处"，并不意味着 "测量之前粒子就在该处"。

(6) 在量子力学中，坐标–动量的不确定度关系，源自第二阶段里波函数在空间的延展程度和它的波长不确定度之间互相牵制，而能量–时间的不确定度关系源自第二阶段里波函数在时间的持续程度和它的频率之间存在的紧密的制约关系。不确定度关系不是由测量手段带来的误差。即使测量仪器是完全精确的，对一个系综里的每个系统的测量结果也会在一定的范围内分布，而且这个分布总会满足不确定度关系。

(7) 总能量的单次测量结果可能不守恒，能量守恒定律仅仅在 "能量–时间不确定度关系" 的精确度范围之内成立。类似地，总动量的单次测量结果也可能不守恒，动量守恒定律仅仅在 "坐标–动量不确定度关系" 的精确度范围之内成立。但是对于一个系综里的大量系统而言，守恒定律在统计意义上总是成立的。如果纠缠态粒子之间的关联来自某种守恒定律的约束，那么对其中一个粒子的测量结果，会使得另一个粒子的波函数坍缩到满足相应守恒定律的本征态，测量之后两个粒子不再处于纠缠态。

(8) 在测量位置的时候，单个粒子总是被发现处于某个特定的位置而不是弥散在各处，这就呈现了粒子性。由于粒子在某个特定的位置被发现的几率正比于该位置波函数模的二次方，所以对大量粒子的测量可以在统计意义上观察到几率密度分布，呈现了波动性。对其他物理量的测量，可以有类似的解读。例如，在每次测量动量的时候，粒子总是被发现具有确定的动量，呈现了粒子性。对一个量子力学系综，测量发现粒子具有某个特定动量的几率正比于该动量波函数模的二次方，所以对大量粒子的测量可以在统计意义上观察到粒子动量的几率密度分布，呈现了波动性。

(9) 粒子是在到达检测器被测量的时候才决定命运的，这就是 "测量决定命运"。只有当检测器发现粒子的瞬间，波函数才发生 "坍缩"。波函数在第二阶段里遵照薛定谔方程的演化过程中，常常存在多个分支 (反映了粒子有多条可能的路径)。任何测量都不可能改变第二个阶段里波函数曾经发生过的演化过程。不能因为最后检测器在某一支波函数发现了粒子，就断言波函数的其他分支不曾存在，或者断言粒子没有访问过其他路径。

(10) 处于纠缠态的两个粒子, 测量其中之一的状态会立即引起另一个粒子的状态改变。对于量子效应显著的系统, 测量结果可能违背贝尔不等式。

(11) 由于一个量子力学系统在某个时刻的测量行为会改变系统的状态, 因此对于量子效应显著的系统, 测量时间关联函数得到的结果可能违背 LG 不等式。

以上描述的三阶段论, 可以看成是对正统量子力学方法的大致描述。本书关于三阶段论的介绍, 可能给一些读者带来困惑。越是善于思考的读者, 越是有更多的困惑。这种困惑其实正是来自量子力学本身, 不妨称之为 "量子力学的困惑"。面对五彩缤纷的微观世界, "正统" 的量子力学只回答 "是什么" 的问题, 而不回答 "如何解释" 的问题, 这就留下了许多疑惑。一本好的量子力学教科书, 只需要说清楚 "是什么" 就足够了。如果一本介绍量子力学的书涉及不少 "如何解释" 的问题, 却没有清楚地回答 "是什么" 的问题, 就反而会使读者一头雾水。通常, 量子力学教科书对 "如何解释" 问题有简要的论述, 但是回避关于这一问题的争议。对 "如何解释" 的不同理解并没有对理论的应用造成重大影响。

10.2　波函数是几率波还是物质波？

在量子力学中令人困惑的概念首先是波函数。在量子力学三阶段论的第二阶段, 仅仅描述波函数如何运动, 完全不讨论粒子本身。所以人们最常提出的问题就是, 波函数到底是什么？德布罗意和薛定谔曾经认为波函数是物质波, 玻恩因为提出波函数的几率解释而获得 1954 年诺贝尔物理学奖 [16]。波函数究竟是几率波还是物质波？这两种看法究竟谁对谁错, 或者两者都对？

德布罗意和薛定谔所说的物质波是粒子的一种实际结构, 这种认识无法解释波包扩散的现象。遵从玻恩对波函数的解释, 量子力学教科书一般把波函数称为 "几率波"。如果一个电子被 "测量", 那么在某处发现这个电子的几率, 就正比于该处电子的波函数的模的二次方。在量子力学建立之前, 物理学一直认为外部世界的演化是确定性的, 几率概念的运用是在人们对演化过程缺乏足够了解的时候不得已采用的描述方式。掷骰子的例子可以用来说明经典几率波的概念。把一颗骰子放进一个封闭的盒子, 摇动盒子, 使骰子在盒子里面翻滚一阵子, 然后把盒子放稳。如果骰子有关信息 (如骰子的初始条件和摇动盒子的全过程中所受到的力等) 都已经知道, 这个骰子的最终状态就可以预测。但是在这些有关的信息缺失的情况下, 只好假设各种可能性都有相等的几率, 物理学里称之为 "先验的等几率假设"(postulate of equal a priori probabilities)。按照这个假设, 在打开盒子之前不知道骰子向上的一面是几点, 实际上 1~6 都有可能, 出现每个数的几率都是 1/6。一旦打开盒子, 就看到究竟哪面向上。如果 3 点向上, 那么几率分布就从 "出现每个数的几率都是 1/6" 坍缩为 "出现 3 的几率是 1 而出现其他数的几率都是 0" 的状态。

　　读者一定会注意到，量子力学中的测量与掷骰子的过程有本质不同之处。在掷骰子的例子里，打开盒子之前"出现每个数的几率都是 1/6"的断言，反映了人们对骰子状态认识的局限。事实上，"3 点向上"这个现象已经存在了，只不过还没有被观察到而已。量子力学中的情况与掷骰子的例子不同：在测量之前，测量结果并不确定；只有在测量之后，波函数才坍缩在某个特定的结果。但是，如果只考虑几率分布的坍缩行为，量子力学中的测量与掷骰子的过程还是有类似之处的。在观察骰子之前，出现每个数的几率都存在，但在观察之后，结果就被确定了。不管是量子力学中的测量，还是对掷骰子结果的观察，都可以把分散的几率坍缩在某个特定的结果。在这个意义上说，不论是掷骰子结果的几率分布还是波函数，都只是数学符号，并不具备任何物理内容。因此波函数应当是几率波。"几率波"发生坍缩是容易理解的，因为这种坍缩只是数学函数的坍缩，并没有把弥漫在空间的物质收缩在某处。反之，如果波函数是一种物质波，那么就无法解释波函数坍缩的行为，因为弥漫在空间的物质不可能在瞬间收缩在某一处。

　　玻恩关于波函数的几率解释只能描述"在某个状态发现粒子的几率"，却不能解释"为什么粒子不得不服从这种几率安排"。为了理解"粒子必须服从波函数所规定的几率分布"，就必须假定粒子受到波函数的某种"作用"。例如，在双缝干涉实验中，波函数在到达双缝时分成两个部分，分别通过上下两个狭缝，再汇聚在一起，于是发生干涉，在某些位置发现粒子的几率很大，而在另外某些位置发现粒子的几率几乎是零。粒子为什么会被那些几率大的位置所吸引，同时又被那些几率几乎是零的位置所排斥呢？这只能理解为粒子受到了波函数的某种作用，这种作用在经典力学中没有。所以波函数应当具备某种实在的物理内容，也就是说它是物质，它的存在迫使粒子不得不服从它的几率安排。附录 I 里介绍的德布罗意–玻姆理论就认为波函数以"量子势"的形式对粒子施加作用。

　　有人会说，粒子只要接收到某种信息就可以选择自己的路径，不一定要接收到任何物质的作用。这种说法是站不住脚的。至于信息本身是不是物质，这个问题可以暂且不讨论。但是任何信息要传播，就必须有某种物质来承载。注意，在双缝干涉实验中汇聚在一起时发生叠加的是波函数，而不是几率密度 (也就是说，发生叠加的是波函数本身而不是波函数模的二次方)。如果两束"几率波"汇聚在一起，总几率密度应当是每个几率密度之和，不会发生干涉现象。只有当"某种物质"通过上下两个狭缝再汇聚起来，才有可能发生干涉。水波、光波 (电磁波)、声波等都可以发生干涉，因为它们都是物质波。既然通过上下两个狭缝的"波函数"可以发生干涉现象，它们就一定不仅仅是"某种信息"，而应当是一种物质波。这里所说的物质波不是德布罗意和薛定谔早年认为的物质波，而是造成双缝干涉等各种物理现象的某种物质。如果双缝干涉实验中观察到的干涉现象还不足以说服"波函数是物质波" 的观点，那么在伊利泽–威德曼炸弹测试实验中，炸弹不被引爆的时候仍然可以确认炸弹的存在，这一事实就使得 "与炸弹接触的波函数是物质波" 的说法具有说服力。如果坚持 "波函数不是物质波" 的观点，就不得不承认在没有任何物质接触炸弹的情况下确认了炸弹的存在。除此之外，"反事实量子通信方案" 利用波函数直接传递信息，使这个问题变得更加尖锐。如果承认 "信息传播必须依靠物质载体"，就需要接受 "波函数是物质波" 的命题。

一些学习过统计力学的读者可能会说，单粒子分布函数按照玻尔兹曼方程 (Boltzmann equation) 演化，但是单粒子分布函数不是物质。这当然不错，但是经典统计力学中的玻尔兹曼方程是对大量分子运动行为的统计描述，方程本身是对经典力学运动行为统计得到的，它不是经典力学的 "第一原理"。运动着的每个粒子都是信息的载体。粒子的运动从几率上满足玻尔兹曼方程，是因为每个粒子的运动遵守牛顿方程，而牛顿方程才是 "第一原理"。但是，薛定谔方程本身就是 "第一原理"，它不是从更加基本的运动定律经过统计处理之后得到的，因此不可以与玻尔兹曼方程相提并论。

总之，在量子力学 "三阶段论" 的第三阶段，波函数在测量时发生坍缩，它应当是几率波。但是，在量子力学 "三阶段论" 的第二阶段，波函数按照薛定谔方程演化，它应当是物质波。这说明量子力学中的波函数不仅是数学函数，同时也是物理实在。所以，波函数既是几率波又是物质波。至于为什么波函数会同时具有几率波和物质波两种互相矛盾的本质，这个问题至今没有确定的答案。现有的量子力学教科书中，通常只说波函数是几率波，但是回避波函数是否同时又是物质波的问题。

10.3 波函数是定域性的吗？

假定接受了 "波函数不仅是几率波，也是物质波" 的观念，那么立即面临新的问题，即波函数是什么样的物质？波函数这种物质与经典物理中的物质一样吗？

经典物理中，电荷是物质，一个电荷在空间占据一定的位置，被限制在空间的一个范围内。当人们说 "这个电荷存在于 A 点"，就意味着 "这个电子不能同时存在于空间另外一点 B"。这个事实说明 "电荷是定域性的"。一个电荷周围形成电场，电场也是物质。电场可以弥散在空间，但是弥散的电场可以看成由许多无穷小单元所组成，它的每一个小单元被局限于空间的某一范围内。在空间任何一点，电场都有确定的强度，这个电场是由这个电荷所形成的。即使有多个电荷在空间各处同时存在，在空间任何一点 A，电场仍然有确定的强度，因为空间 A 点的电场强度矢量是每个电荷在 A 点产生的电场强度的合矢量。空间这个点 A 的电场是由多个电荷共同形成的，可以首先分别计算每个电荷在空间 A 点形成的电场，然后计

算所有电荷在空间 A 点形成的总电场。总之，在任意时刻，电场强度在空间每一点有确定的值，当然这个值可以随时间变化。经典物理学里经常说，在 A 点存在电场，就意味着"A 点的这个电场不可能同时存在于空间里另外的一点 B"。这个事实可以表述为"电场是定域性的"。这里"定域性"的含义是，在确定的时间，任何物质都只存在于确定的空间位置，而不能存在于不同的地方。经典物理中，外部世界里的任何物质都是定域性的。

在量子力学中，波函数能否看成是同电场一样"定域性"的物质呢？如果空间只有一个粒子，它的波函数就像电场一样弥散在空间。单粒子的波函数通常可以写为 $\Psi(A)$，它的绝对值的二次方表示这个粒子在 A 处的几率密度。在这种情况下，波函数可以划分为许多"小单元"，每个"小单元"都被局限在空间的某一处，而且波函数在空间每一点都有确定的值，因此可以说波函数在 A_1 处的值是 $\Psi(A_1)$，在 A_2 处的值是 $\Psi(A_2)$。这就是说，可以把单粒子波函数理解为定域性的。

纠缠态对波函数提出了进一步要求。如果两个粒子处于纠缠态，它们的波函数就是两个粒子位置 A 和 B 的函数，它的绝对值的二次方描述"第一个粒子在 A 处而且第二个粒子在 B 处"的几率，即"联合几率"。双粒子波函数通常可以写成 $\Psi(A,B)$。如果两个粒子相互完全独立，这两个粒子的波函数可以写为每个粒子波函数的乘积，就是 $\Psi(A,B)=\psi_1(A)\psi_2(B)$。第一个粒子的波函数在 A 附近的值 $\psi_1(A)$ 应当与第二个粒子的位置 B 无关，而且第二个粒子的波函数在 B 附近的值 $\psi_2(B)$ 应当与第一个粒子的位置 A 无关。第一个粒子的波函数的小单元被局限在空间 A 附近，第二个粒子的波函数的小单元被局限在空间 B 附近。这种情况与经典物理中两个电荷共同形成的电场情况类似，仍然可以想象每一个粒子的波函数都是定域性的，因此 $\Psi(A,B)=\psi_1(A)\psi_2(B)$ 也是定域性的。但是，在更普遍的情况下，通常双粒子波函数 $\Psi(A,B)$ 无法把两个粒子贡献分离开来。既不能说波函数 $\Psi(A,B)$ 的一个"小单元"在 A 点附近存在，也不能说这个波函数的一个"小单元"在 B 点附近存在。所以，这个波函数 $\Psi(A,B)$ 显然不可能划分成许多"小单元"，而且每个"小单元"被局限在空间的某个点附近的小范围内。也就是说，这个波函数不是定域性的。量子力学在讨论多电子原子时，波函数可以是几十个电子位置的函数，它就更无法被想象为定域性的 [15]。

如上所述，经典物理的外部世界的定域性意味着"经典意义上物质"的"可分割性"，物质的任何性质都是"位置"的函数。如果量子力学中多粒子的波函数是"经典意义上物质"，它也应该能被划分到空间每个有限的范围内，而且每个有限范围内的值也应该能从每个粒子的贡献计算出来。但是，这在量子力学中不可能。在空间某个体积元里的波函数里，我们不能说"这些成分"是由"这个粒子"贡献的，而"那些成分"又是由"那个粒子"贡献的。波函数的非定域性，使得波函数不能被想象为经典物理所理解的构成外部世界的物质。在经典物理或日常生活中，人们

习惯于 "在确定的时间任何物质存在于空间的特定位置" 的信念，而这个信念与量子理论是格格不入的。我们不禁要问，这种信念有必要吗？这个信念反映了关于现实的真理，还是我们思维方式受到的限制？

前面提到的量子力学中会呈现 "诡异" 的超距相互作用，其实是与波函数的非定域性相关的。从经典物理的观念看来，任何相互作用都发生在 "定域" 的范围内。处于电场中某地的电荷在电场中受力，是该电荷与该地的电场之间的相互作用，这个相互作用当然发生在该地。但是，在量子力学中，波函数可以有若干分支，分布在空间不同地方。例如，在势垒穿透问题中，波函数遇到势垒时分成穿透部分和反射部分。如果测量发现粒子穿透了势垒，那么反射部分的波函数就立刻消失。也就是说，在穿透检测器的位置上发生的相互作用，造成在另外位置上波函数反射部分的变化。造成这种超距相互作用的原因究竟是什么？这个问题仍然使物理学家感到困惑。

10.4 粒子 "在哪里" 和粒子 "如何运动"？

在量子力学教科书中，在空间某位置的波函数模的二次方被解释为 "在该位置发现粒子的几率"，而没有被解释为 "粒子处在该位置的几率"。在表述上如此 "咬文嚼字"，正是因为在量子力学理论中，"经过测量发现粒子在某处" 并不意味着 "测量之前粒子就在该处"。由于 "对粒子位置的测量过程参与了粒子位置的确定"，才使得测量结果 "发现粒子在该位置"。量子力学的这个观点显然与经典物理矛盾。从经典物理观念看来，在一个确定的时刻，任何物体总有确定的性质，如质量、位置、速度等。所谓 "在某时刻一个物体存在"，意味着这个物体的这些确定的性质在该时刻前的确存在。从量子力学的三阶段论的角度看来，第二阶段只关注波函数，而波函数本身是不可以被测量的。量子力学不回答在第二阶段粒子如何运动的问题。尽管测量发现粒子 "在那里"，并不意味着在测量之前粒子 "在那里"。爱因斯坦就曾经质疑量子力学，提出 "在没有任何人观察月亮的时候它是否在那里" 的问题。这类问题的争论已经持续了很久，而且现在仍然在继续。

在量子力学创立之前，物理学家始终认为任何粒子的运动都是连续的。运动连续性的含义是，如果运动的初始状态和最终状态之间表现出差异，那么运动过程必须经历每个可能的中间状态。换句话说，系统的演化必然通过初终状态之间相空间的某一条不间断的路径。任何粒子从 A 处移到 B 处，一定会经过一条途径，不会无过程地移动过去。例如，在观看魔术表演时，观众初始时刻看到一枚硬币在 A 处，魔术师似乎没有接触到硬币，表演一段时间之后，观众某时刻在 B 处发现该硬币。观众会认定硬币不会凭空移动，而应当是被某种方式一步一步地移过去的。根据自己一贯的经验，观众会想，如果用某种先进的科技手段跟踪硬币，就会知道硬币移动的途径。

但是，量子力学颠覆了 "运动的连续性" 的观念。通过计算波函数的演化，人们可以描述每一个时刻粒子在空间的几率密度分布，从而了解有关粒子运动过程的某些信息，例如，可以知道 "粒子可能在哪些地方被找到"，也可以知道 "粒子最可能在哪里被找到"，但是不可能知道粒子究竟在哪里。如果于某时刻在 A 处发现粒子，于下一时刻在 B 处发现粒子，量子力学只可以描述 "波函数" 在这两个时刻之间如何演化，从而知道几率密度是如何从 A 处流动到 B 处的，但是绝不能说粒子是沿某一条从 A 到 B 的路径移动过去的。设想双–方势阱模型里，粒子的初始动能低于中央势垒的势能，如果粒子穿透了势垒，我们只知道粒子的初始位置和最终位置分别位于势垒的两侧，不知道粒子是如何从势垒的一侧到达另一侧的，因为量子力学中的粒子不具有这种运动轨迹。

有些人从经典物理或经典直观逻辑出发，根据初始条件和测量结果来推测粒子如何运动，这样做是无法理解量子现象的。在量子力学历史上，一些物理学家曾经试图用各种方法探测粒子在第二阶段如何运动，但是都没有成功。在本书第 8 章已经通过一些例子讨论了粒子运动之谜。在双缝干涉实验中，物理学家试图在知道粒子经过哪个缝的同时观察到干涉条纹，但是，仿佛 "一旦我们知道粒子怎么走，粒子就会知道我们知道它怎么走，它就改变了自己的走法"。更有甚者，如果在第二阶段里波函数的演化存在多个分支，那么 "测量决定命运"。例如，在势垒问题中，波函数的一部分穿透势垒，另一部分被势垒反射，那么粒子的最后命运就有多种可能性存在。在经典物理中，粒子的命运是在粒子出发的时候或者在它与势垒相互作用的时候就已经被决定的。但是，在量子力学中，粒子的命运是在被穿透检测器或反射检测器发现的时候才决定的。在测量之前，不仅我们不知道粒子的命运，而且粒子也 "不知道" 自己的命运。

根据第 3 章关于波包的讨论，有些读者可能会想，既然波包的运动可以被跟踪，那么在量子力学三阶段论的第二阶段里，粒子的运动也就可以被跟踪了。这种想法可能从数学角度找到某种 "根据"，因为薛定谔方程在以普朗克常量为小参量展开之后，最初级的近似就是经典的运动方程，这时波包的运动就能够近似地描述粒子的运动。例如，把薛定谔方程的初级近似用于一维势垒穿透问题中，就会把穿透几率 "几乎 0" 变成 "精确 0"，那么粒子就从来没有到达过势垒的另一边。但是，这些结果不是薛定谔方程的精确解。从物理意义上说，量子力学与经典力学 (以及经典直观逻辑) 是不相容的理论，即使在某些情况下两者对测量结果作了相同的预言，也不能把两者在理论上互相混淆。量子力学理论必须对微观粒子和宏观粒子作统一的描述，不能在经典近似可以应用的范围内否定量子力学，更不能用经典近似的计算结果来推测微观粒子的运动轨迹。

米勒 (W. A. Miller) 和惠勒曾经用一条 "龙" 的形象对基本量子现象作了生

动的解释 [87]。在他们的描述中，量子力学这条龙的头部和尾巴是可见的，但是，在它的头尾之间，其身体是不为人知的。米勒和惠勒说，"不过，在中间时段关于龙做什么或者龙长什么样子，无论在这个还是在任何延迟选择的实验中我们都没有发言权。我们看到一个计数器的读数，但我们既不知道，也没有权利说它是怎么来的。基本的量子现象是这个奇怪世界中最奇怪的事情。"(But about what the dragon does or looks like in between we have no right to speak, either in this or any delayed-choice experiment. We get a counter reading but we neither know nor have the right to say how it came. The elementary quantum phenomenon is the strangest thing in this strange world.) 米勒和惠勒所描绘的 "奇怪世界中最奇怪的事情"，正是在学习量子力学的时候几乎每个人都会提出的困惑之处。对这个困惑之处作 "想当然" 解读，也是许多 "量子力学伴谬" 出现的主要原因。

10.5 量子系统和测量仪器之间的界限在哪里？

经典物理和量子力学都是正确的学说，二者的适用范围应当如何界定呢？有一些物理学家认为，经典物理与量子力学有各自的适用范围，有些客体 (如电子、光子、原子等) 必须用量子力学来研究，因为这些客体可以处于叠加态，而另一些客体 (如 "薛定谔猫") 不能用量子力学来研究，因为这些客体不能处于叠加态。他们在致力于寻找经典客体与量子客体之间的界限。在量子力学建立的初期，物理学家并不清楚量子系统和经典系统之间的界限，常常把所有宏观系统当作经典系统，而把所有微观粒子当作量子系统。近年来，这方面的实验工作已经有了很多进展，逐渐认识到有些大尺寸的物体也可能显示量子系统的特征，而有些微观层次的东西在一定条件下却可能显示经典力学行为。所以，量子力学适用的范围，不应当完全以研究对象的尺度大小来划定。

在量子力学三阶段论的第二阶段，任何尺度的研究对象都可以看成波函数，都可以用薛定谔方程处理，只是不同的研究对象具有不同的德布罗意波长，量子效应相应地有大有小而已。没有理由划分经典物理与量子力学的 "势力范围"。不论是微观系统，还是宏观系统，只要不是作为测量仪器出现，量子力学都适用。但是在第三阶段涉及测量，就用到测量仪器。这个测量仪器的尺寸可以很大，也可以很小。只要是测量仪器，就必须用经典物理来处理，薛定谔方程必须回避。所以，问题不在于如何划分经典物理和量子力学的适用范围，也不在于如何区分微观系统和宏观系统。按照哥本哈根诠释，我们必须正视的问题，是量子系统和测量仪器的界限在哪里。

许多书在谈到贝尔不等式的意义时说，这个不等式为经典系统和量子系统划了界限，证明了经典系统的测量结果总满足贝尔不等式，但是量子力学体系的测量结果可以违背贝尔不等式。类似地，一些书在谈到 LG 不等式的意义时也说，LG 不等式从时间角度划了界限，告诉我们量子力学体系可以违背 LG 不等式。这些说法都对，因为 "违背这两个不等式" 的确是量子力学系统的充分条件。通过对一个系综 (大量相同的系统) 的每个系统做测量，只要结果违背贝尔不等式或 LG 不等式，就可以把这样的系统归入量子系统一类。然而，必须注意，充分条件不等同于必要条件。量子系统在有些情况下也不违背这两个不等式，所以当测量结果服从这两个不等式的时候，不能简单地把这个系统归入经典系统。在许多情况下，由于研究对象的德布罗意波长非常短，所以它可以近似地用经典物理来处理，测量结果就仍然不违背这两个不等式。由此可见，贝尔不等式和 LG 不等式，都只是把研究对象的量子力学效应大小作了一番评估，而不能作为划分经典系统和量子系统的判据。

贝尔不等式或 LG 不等式能够把量子系统和测量仪器区分开来吗？为了判断一个系统的量子力学效应是大还是小，是大到必须用量子力学来处理，还是小到可以作为经典近似来处理，在使用贝尔不等式或 LG 不等式的时候，都离不开测量。因此，这两个不等式都没有能力把量子系统和测量仪器区分开来。在实验中，测量仪器常常是专门设计和制造的，它能够完成所期待的测量任务。但是，在自然界的许多过程中，可能并不存在这些仪器。哪些客体可以作为测量仪器把波函数 "坍缩" 呢？如果设计一个实验，其中所有客体都是微观粒子，这些粒子之间不断相互作用，波函数就不断演化。但是，由于没有测量仪器，波函数永远不会 "坍缩"。一旦在系统中出现了一个 "测量仪器"，原来系统中的波函数就改变了。测量之前存在的多种可能性就只留下一种，其余的可能性全部消失了！如果把 "测量决定命运" 这一命题用在地球起源的初期，在所有物质都是以微观粒子的状态存在的阶段，所有粒子都应当用波函数来描述，因此世界处于量子力学三阶段论的第二阶段。只是在温度逐渐降低之后才凝聚在一起，形成了较大的物质颗粒。那么，第一次 "测量" 是什么时候发生的呢？

贝尔说过 [88]："看来，这个理论关注的仅仅是 '测量的结果'，而不是任何其他什么。是什么赋予某些物理系统有资格扮演 '测量者' 的角色呢？难道世界波函数等待了亿万年，直到一个单细胞的生物出现之时才跃变？抑或它还须继续等待些许时日，直到更合格的系统出现 …… 一个有博士学位的系统？如果除了高度理想化的实验室操作之外，该理论适用于任何事物，那么是不是我们就没有必要承认那些多多少少算得上 '类测量' 的过程其实是在随时随地发生的呢？难道跃变不是每时每刻都在发生吗？"(It would seem that the theory is exclusively concerned about 'results of measurement', and has nothing to say about anything else. What exactly qualifies some physical systems to play the role of 'measurer'? Was the wavefunction of the world waiting to jump for thousands of millions of years until a single-celled living creature appeared? Or did it have to wait a little longer, for some better qualified system ... with a PhD? If the theory is to apply to anything but highly idealized laboratory operations, are we not obliged to admit that more or less 'measurement-like' processes are going on more or less all the time, more or less everywhere? Do we not have jumping then all the time?) 贝尔在这里所说的 "跃变" 就是指波函数的 "坍缩"。与 "薛定谔猫佯谬" 一样，贝尔的分析尖锐地揭示了量子力学理论的内在矛盾，这也是量子力学最令人困惑之处。

10.6 "量子力学的困惑" 是对物理学家的激励

"正统的" 量子力学已经建立了完整的理论体系，推理严谨，在回答 "是什么" 的时候，没有自相矛盾之处。但是，这个理论没有对它所描述的外部世界提供 "合理的" 图像解答 "为什么" 的问题。在基本上明白了量子力学 "是什么" 之后，很自然地会对 "如何解释" 感兴趣。人们期待着出现一个新的理论，不仅能够对外部世界的行为作出精确的预测，又能提供合理的图像。从发现理论的缺欠入手发展出崭新物理学理论，历史上曾经发生过。量子力学的新理论可以通过这条途径建立起来吗？

首先，本书介绍的量子力学理论没有考虑到相对论效应。如果粒子的运动速度接近光速，量子力学就需要有所修正。这样的修正能否为量子力学的解释提供合理图像呢？量子力学与狭义相对论结合起来的理论，是量子场论 [33]。这个理论在量子力学出现之后不久就已经出现了。在经典物理中，粒子存在于空间的确定位置。在量子力学中，粒子只是以某种几率存在于某个位置，这个几率是由波函数决定的，而粒子的波函数在空间任何位置具有确定值。在量子场论这个新的理论中，波函数在空间确定位置不再有确定的值，它只是以某种几率存在于空间各处，而在某处在空间任何位置有确定数值的是 "波函数的波函数"。就如同波函数满足薛定谔方程那样，这个 "波函数的波函数" 也满足一个相当于薛定谔方程的方程。在量子场论中，一切结论都与狭义相对论没有冲突。特别值得一提的是，量子场论中粒子的个数都是可以变化的，这就使得新理论可以描述粒子的产生和消灭现象。量子场论已经获得了广泛的成功。读者自然会问，这个成功的理论能不能解决本章前面几节的疑问呢？答案是否定的。从上面对量子场论的简单描述可以看出，这个新理论反而使得量子系统的物理图像更加令人困惑了。

进一步的问题是，量子力学可以与广义相对论统一起来吗？广义相对论是关于引力的理论。量子力学与广义相对论统一，应当是引力场的量子化理论。引力场的量子化仍是尚待解决的物理难题之一。霍金 (Stephen Hawking) 等物理学家对解决这个难题抱着乐观态度。至于这个统一的理论能否给量子力学以合理的图像，到今天为止, 看来前景并不乐观。

难道量子力学不应当追求完美的图像吗? 任何一个完美的物理学理论, 一方面应当能够解释并且预言实验结果, 另一方面理论体系本身要自圆其说。量子力学是迷人的理论。尽管它在理论上似乎不能自圆其说, 但是它总是作出正确的预言。有些人片面强调理论上的某些不足之处而否定量子力学, 这种极端化的态度是不可取的。这里所谓的 "量子力学不能自圆其说", 仅仅是指它目前对理论的许多内容无法提供合理的解释, 诸如前面提到的有关量子理论的许多 "困惑" 之处。这些 "困惑" 之处, 意味着量子力学的理论可能存在一些缺欠甚至错误。温伯格说过 [5]: "如果说一个物理系统的状态是由希尔伯特空间中的一个矢量来描述, 而不是由这个系统中所有粒子的位置和动量的数值来描述的, 这种思想我们是可以容忍的。但是, 如果说对于物理状态完全不存在任何描述, 只存在一种计算几率的算法, 我们就很难接受了。我自己的结论 (不是被普遍认同的) 是, 今天对于量子力学还不存在一种没有严重缺陷的解释, 而且我们应该严肃考虑可能找到其他更令人满意的理论, 量子力学只是这种理论的一个好的近似。"(We can live with the idea that the state of a physical system is described by a vector in Hilbert space rather than by numerical values of the positions and momenta of all the particles in the system, but it is hard to live with no description of physical states at all, only an algorithm for calculating probabilities. My own conclusion (not universally shared) is that today there is no interpretation of quantum mechanics that does not have serious flaws, and that we ought to take seriously the possibility of finding some more satisfactory other theory, to which quantum mechanics is merely a good approximation.) 引文中的 "希尔伯特空间中的矢量" 是刻画 "波函数" 的一种抽象数学工具, 读者可以简单地把它理解为波函数。

历史上一个新的物理理论的出现, 常常是在发现旧理论对实验现象作出错误预言的时候。自从量子力学理论在 20 世纪 30 年代创立以来, 正统量子力学的预言从来是精确的。在这个时候建立的任何新理论, 必须对所有已知的实验现象作出与正统量子力学完全相同的预言, 否则这个 "新" 理论立即会被淘汰。关于 "如何解释" 的问题, 人们尽可以提出多种答案, 但是目前不可能有 "标准答案", 或者说没有公认正确的答案。仅仅提出一种解释是不够的, 还应该提出一种鉴别实验, 能够证明 "这种解释" 是正确的而 "那种解释" 是错误的。应当把理论上不同意见的争论归结到可以用实验来验证的问题上。如果不同的理论见解并不造成可观察的区别, 这样的争论就很难达到理论的共识。所以说, 解决 "如何解释" 这个问题的时机还没有来临。

如果有一天, 发现一个实验得到的结果与正统量子力学的预言不一致, 可能就是新理论诞生之日, 解决 "如何解释" 这个问题就有希望了。任何自称 "终极真理" 的理论都害怕实验发现反例, 但是量子力学承认自己只在一定范围内才正确, 它期待实验发现反例。如果能找到一个 (非相对论的) 例子, 发现正统量子力学预言了错误的结果, 就有希望在量子力学的解释上得到突破, 那将是量子力学的盛大节日。物理学界期待这一发现已经很久了。

物理学家相信, 真理是客观的, 追求客观真理是物理学家进行科学研究的动机。物理学家虽然不可能认识全部真理, 但是他们的本性是不停地追求真理。面对任何困惑, 物理学家都不会望而却步。恰恰相反, 这些困惑将激励他们更努力地寻找答案。一旦这个困惑有了答案, 它立刻变得不那么有吸引力了, 物理学家就会寻找新的困惑, 继续他们对真理的追求。

写这本书的目的, 不是企图解答量子力学的困惑, 而是整理出量子力学的困惑的来龙去脉, 尽量用 "没有高等数学" 的语言表达出来, 并且让非物理专业的朋友们也来参与讨论。有必要介绍给物理专业的朋友们的一些理论推导, 已经列入本书的附录之中, 供读者参考。读者若有兴趣进一步了解量子力学的最新进展, 可以阅读文献 [89]~[93]。

最后引用黄祖洽先生充满激情的文字, 作为本书的结束语 [18]:

事实上, 物理学本身确实是非常奇妙、非常有趣的一门学问, 学起来其乐无穷! 它帮助我们深入地了解到自然界许多奥妙现象的本质。物理学最讲究实证, 以观测和实验为基础; 最推崇理性, 不满足于观测和实验所揭示的现象, 而要寻求现象背后隐藏的规律; 既善于根据对现象的概括和抽象, 做出大胆的假设, 对现象做出理论解释; 又敢于大胆怀疑、寻根问底, 考究已有的假设和理论是否真能符合实际。物理学研究令人振奋, 使人陶醉。正如艺术创造力一样, 理解和发现新事物是人类前进的基本动力。它不能被压抑、限制或禁止。在物理学研究中充满好奇和快乐、失败与成功, 这种强烈的情感令研究者入迷。他们的动机是从新的认识中获得可能的新创造, 从而服务人民, 造福社会。

思 考 题

读者可能已经在一些书上读到 "没有人真正懂得量子力学" 以及 "如果一个人说自己懂得量子力学, 就说明他不懂量子力学" 等说法。这些说法有道理吗?

参 考 文 献

[1] 曾谨言. 量子力学 (现代物理学丛书) 卷 I . 4 版. 北京：科学出版社，2007.

[2] Feynman P R, Leighton R, Sands M. The Feynman Lectures on Physics, Vol. 3. Reading, Boston: Addison-Wesley, 1965.

[3] 狄拉克. 量子力学原理. 陈咸亨，译. 北京：科学出版社，1965.

[4] 朗道，栗弗席茨. 量子力学 (非相对论理论) 上册. 严肃，译. 北京：人民教育出版社，1980.

[5] Weinberg S. Lectures on Quantum Mechanics. 2nd ed. Cambridge: Cambridge University Press, 2015.

[6] French A P, Taylor E F. Introduction to Quantum Physics (M.I.T. Introductory Physics Series). New York: W. W. Norton & Company, 1978.

[7] 海森伯. 量子论的物理原理. 王正行，李绍光，张虞，译. 北京：高等教育出版社，2017.

[8] 喀兴林. 高等量子力学. 2 版. 北京：高等教育出版社，2001.

[9] 周世勋. 量子力学教程. 2 版. 北京：高等教育出版社，2008.

[10] 钱伯初. 量子力学. 北京：高等教育出版社，2006.

[11] 张永德. 量子力学. 北京：科学出版社，2002.

[12] Griffiths D J. Introduction to Quantum Mechanics. 2nd ed. Boston: Addison-Wesley, 2005.

[13] 苏汝铿. 量子力学. 上海：复旦大学出版社，1997.

[14] 倪光炯，陈苏卿. 高等量子力学. 上海：复旦大学出版社，2003.

[15] Squires E. The Mystery of the Quantum World. 2nd ed. Oxford: Taylor & Francis, 1994.

[16] Born M. The statistical interpretation of quantum mechanics. Nobel Lecture, December 11, 1954.

[17] Duane W, Palmer H H, Yeh C S. A remeasurement of the radiation constant, h, by means of X-rays. Proc. Natl. Acad. Sci. USA, 1921, 7(8): 237-242.

[18] 黄祖洽. 现代物理学前沿选讲. 北京：科学出版社，2007.

[19] Merli P G, Missiroli G F, Pozzi G. On the statistical aspect of electron interference phenomena. American Journal of Physics, 1976, 44(3): 306-307.

[20] Rosa R. The Merli-Missiroli-Pozzi two-slit electron interference experiment. Physics in Perspective, 2012, 14: 178.

[21] Nairz O, Arndt M, Zeilinger A. Quantum interference experiments with large molecules. Am. J. Phys., 2003, 71: 319.

[22] Eibenberger S, Gerlich S, Arndt M, et al. Matter-wave interference of particles selected

from a molecular library with masses exceeding 10000 amu. Phys. Chem. Chem. Phys., 2013, 15: 14696.

[23] Peacock-López E. Exact solutions of the quantum double-square-well potential. The Chemical Educator, 2006, 11(6): 383.

[24] Bohr N. The quantum postulate and the recent development of atomic theory. Supplement to Nature, 1928.

[25] Bohr N. Atomic Theory and the Description of Nature: Four Essays with an Introductory Survey. Cambridge: Cambridge University Press, 1934.

[26] Bohr N. Atomic Physics and Human Knowledge. New York: John Wiley, 1958.

[27] Schrödinger E. Zum Heisenbergschen Unscharfeprinzip. Sitzungsberichte der Preussischen Akademie der Wissenschaften, Physikalisch-mathematische Klasse, 1930, 14: 296.

[28] Held C. The meaning of complementarity. Studies in History and Philosophy of Science, 1994, 25: 871-893.

[29] Faye J. Copenhagen interpretation of quantum mechanics//Zalta E N. The Stanford Encyclopedia of Philosophy (Fall 2014 Edition). https://plato.stanford.edu/archives/fall2014/entries/qm-copenhagen/.

[30] Gerlach W, Stern O. Der experimentelle Nachweis der Richtungsquantelung. Zeitschnft fur Physik, 1922, 9: 349-352.

[31] Franklin, Perovic. Supplement to experiment in physics//Zalta E N. The Stanford encyclopedia of philosophy (Swinter 2016 Edition). http://plato.stanford.edu/archives/swin 2016/entries/physics −experiment/app5.html.

[32] Mclntyre D H. Spin and Quantum Measurement. Oregon State University, 19 December 2002.

[33] 朱洪元. 量子场论. 2 版. 北京: 北京大学出版社, 2013.

[34] Bohr N. Can quantum-mechanical description of physical reality be considered complete? Phys. Rev., 1935,48: 696.

[35] 布洛欣采夫. 量子力学原理. 叶蕴理, 金星南, 译. 北京: 高等教育出版社, 1956.

[36] Schlosshauer M. Decoherence, the measurement problem,and interpretations of quantum mechanics. Reviews of Modern Physics, 2005, 76: 1267.

[37] Namiki M, Pascazio S. Wave-function collapse by measurement and its simulation. Phys. Rev. A, 1991, 44(1): 39-53.

[38] von Neumann J. Mathematische Grundlagen der Quanten Mechanik. Berlin: Julius Springer, 1931. 英译本: Mathematical Foundation of Quantum Mechanics. Princeton: Princeton Univ. Press, 1955.

[39] Everett H. "Relative state" formulation of quantum mechanics. Reviews of Modern Physics, 1957, 29: 454.

[40] Ballentine L E. Quantum Mechanics: A Modern Development. 2nd ed. Singapore: World Scientific, 1998.

[41] Goldstein S. Bohmian mechanics.//Zalta E N. The Stanford Encyclopedia of Philosophy (Fall 2016 Edition). https://plato.stanford.edu/archives/fall2016/entries/qm-bohm/.

[42] Bell J S. Beables for quantum field theory. CERN preprint TH 4035/84, 1984.

[43] Bell J S. On wave packet reduction in the Coleman-Hepp model. CERN preprint Ref.TH.1923-CERN, 1974.

[44] Schrödinger E. The present situation in quantum mechanics. Naturwissenschaften, 1935, 23: 807. 英译本: Wheeler J A, Zurek W. Quantum Theory of Measurement. Princeton: Princeton Univ. Press, 1983.

[45] Carpenter R Anderson A. The death of Schrödinger's cat and of consciousness-based quantum wavefunction collapse. Annales de la Fondation Louis de Broglie, 2006, 31: 1.

[46] Einstein A, Podolsky B, Rosen N. Can quantum-mechanical description of physical reality be considered complete? Phys. Rev., 1935, 47: 777.

[47] Franson J D. Bell inequality for position and time. Phys. Rev. Lett., 1985, 62: 2205.

[48] Bell J S. On the Einstein-Podolsky-Rosen paradox. Physics, 1964, 1: 195.

[49] Clauser J F, Horne M A, Shimony A, et al. Proposed experiment to test local hidden-variable theories. Phys. Rev. Lett., 1969, 23: 880.

[50] Aspect A, Grangier P, Roger G. Experimental tests of realistic local theories via Bell's theorem. Phys. Rev. Lett., 1981, 47(7): 460-463.

[51] Aspect A, Grangier P, Roger G. Experimental realization of Einstein-Podolsky-Rosen-Bohm Gedankenexperiment: a new violation of Bell's inequalities. Phys. Rev. Lett., 1982, 49(2): 91-94.

[52] Aspect A, Grangier P, Roger G. Experimental test of Bell's inequalities using time-varying analyzers. Phys. Rev. Lett., 1982, 49(25): 1804-1807.

[53] Franson J D. Bell's theorem and delayed determinism. Phys. Rev. D, 1985, 31(10): 2529.

[54] Weihs G, JenneweinT, Simon C, et al. Violation of Bell's inequality under strict Einstein locality conditions. Phys. Rev. Lett., 1998, 81(23): 5039-5043.

[55] Hensen B, Bernien H, Dréau AE et al. Loophole-free Bell inequality violation using electron spins separated by 1.3 kilometres. Nature, 2015, 526(7575): 682.

[56] Hardy L. On the existence of empty waves in quantum theory. Physics Letters A, 1992, 167(1): 11.

[57] Scully M O, Englert B G, Walther H. Quantum optical tests of complementarity. Nature, 1991, 351(6322): 111-116.

[58] Hilmer R, Kwiat P. A do-it-yourself quantum eraser. Scientific American, 2007, 296(5): 90.

[59] Kim Y H, Yu R, Kulik S P, et al. Delayed "choice" quantum eraser. Phys. Rev. Lett., 2000, 84(1): 1-5.

[60] Narasimhan A, Kafatos M C. Wave particle duality, the observer and retrocausality. AIP Conference Proceedings 1841, 040004, 2017.

[61] Leggett A J, Garg A. Quantum mechanics versus macroscopic realism: is the flux there when nobody looks? Phys. Rev. Lett., 1985, 54(9): 857.

[62] Emary C, Lambert N, Nori F. Leggett-Garg inequalities. Reports on Progress in Physics, 2014, 77(1): 016001.

[63] Jacques V, Wu E, Grosshans F, et al. Experimental realization of Wheeler's delayed-choice Gedanken experiment. Science, 2007, 315(5814): 966-968.

[64] Wheeler J A. Law without law// Quantum Theory and Measurement. Princeton: Princeton Univ Press, 1984.

[65] Elitzur A C, Vaidman L. Quantum mechanical interaction-free measurements. Tel Aviv preprint, 1991.

[66] Elitzur A C. Vaidman L. Quantum mechanical interaction-free measurements. Found. Phys., 1993, 23: 987-997.

[67] Hardy L. Quantum mechanics, local realistic theories, and Lorentz-invariant realistic theories. Phys. Rev. Lett., 1992, 68: 2981.

[68] Lundeen J S, Steinberg A M. Experimental joint weak measurement on a photon pair as a probe of Hardy's paradox. Phys. Rev. Lett., 2009, 102: 020404.

[69] Unruh W. Shahriar Afshar-quantum rebel? http://www.theory.physics.ubc.ca/rebel.html, 2004.

[70] Wooters W K, Zurek W H. A single quantum cannot be cloned. Nature, 1982, 299(5886): 802-803.

[71] Bennett C H, Brassard G. Quantum cryptography: public key distribution and coin tossing. Proc. of the IEEE International Conference on Computers, Systems and Signal Processing, Bangalore, 1984.

[72] Liao S K, Cai W Q, Liu W Y, et al. Satellite-to-ground quantum key distribution. Nature, 2017, 549(7670): 43-47.

[73] 邓富国，龙桂鲁. 量子通信及有关理论方案介绍//龙桂鲁，裴寿镛，曾谨言. 量子力学新进展，第四辑. 北京: 清华大学出版社，2007.

[74] Rivest R, Shamir A, Adleman L. A method for obtaining digital signatures and public-key cryptosystems. Communications of the ACM, 1978, 21(2): 120-126.

[75] Shor P W. Polynomial-time algorithms for prime factorization and discrete logarithms on a quantum computer. SIAM J. Comput., 1997, 26(5): 1484.

[76] 刘旭峰，孙昌璞. 大数分解的 Peter Shor 算法及其数论基础//龙桂鲁，裴寿镛，曾谨言. 量子力学新进展，第四辑. 北京: 清华大学出版社，2007.

[77] Bostroem K, Felbinger T. Deterministic secure direct communication using entangle-ment. Phys. Rev. Lett., 2002, 89(18): 187902.

[78] Bennett C H, Brassard G, CrépeauC, et al. Teleporting an unknown quantum state via dual classical and Einstein-Podolsky-Rosen channels. Phys. Rev. Lett., 1993, 70: 1895.

[79] Bouwmeester D, Pan J W, Mattle K, et al. Experimental quantum teleportation. Nature, 1997, 390: 575-579.

[80] Ren J G, Xu P, Yong H L, et al. Ground-to-satellite quantum teleportation. Nature, 2017, 549(7670): 70-73.

[81] 潘建伟，Zeilinger A. 量子态远程传送的实验实现. 物理, 1999, 28(10): 609-613.

[82] Salih H, Li Z H, Al-Amri M, et al. Protocol for direct counterfactual quantum communication. Phys. Rev. Lett., 2013, 110(17): 170502.

[83] Vaidman L. Comment on "protocol for direct counterfactual quantum communication". Phys. Rev. Lett., 2014, 112: 208901.

[84] Cao Y, Li Y H, Cao Z, et al. Direct counterfactual communication via quantum Zeno effect. Proceedings of the National Academy of Sciences, 2017, 114(19): 4920.

[85] Roebke J. Nil communication: how to send a message without sending anything at all. Scientific American, 2017. https://www.scientificanmerian.com/article/ni/-communication-how- to-send-a-message-without-anything-at-all/.

[86] 张永德. 量子信息物理原理. 北京: 科学出版社. 2005.

[87] Miller W A, Wheeler J A. Delayed-choice experiments and Bohr's elementary quantum phenomenon//Proceedings of International Symposium of Foundations of Quantum Mechanics in the Light of New Technology. Tokyo: Physical Society of Japan, 1983.

[88] Bell J S. Against measurement. CERN-TH-5611/89, December 1989.

[89] 曾谨言，裴寿镛. 量子力学新进展，第一辑. 北京：北京大学出版社，2000.

[90] 曾谨言，裴寿镛，龙桂鲁. 量子力学新进展，第二辑. 北京：北京大学出版社，2001.

[91] 曾谨言，龙桂鲁，裴寿镛. 量子力学新进展，第三辑. 北京：清华大学出版社，2003.

[92] 龙桂鲁，裴寿镛，曾谨言. 量子力学新进展，第四辑. 北京：清华大学出版社，2007.

[93] 龙桂鲁，邓富国，曾谨言. 量子力学新进展，第五辑. 北京：清华大学出版社，2011.

附录A 量子势垒穿透系数的计算

假定一维势垒的形状是矩形，如图 A.1 所示，势垒的高度是 V_0，宽度为 a，位于 $0 \leqslant x \leqslant a$，粒子从势垒的左边入射，动能为 E，其中 $0 < E < V_0$。需要在 $x < 0$，$0 \leqslant x \leqslant a$ 和 $x > a$ 三个区域分别求解薛定谔方程。

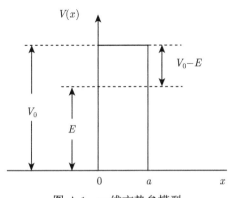

图 A.1 一维方势垒模型

区域 1：$x < 0$。定态薛定谔方程写为

$$\frac{\mathrm{d}^2}{\mathrm{d}x^2}\psi(x) = -\frac{2m}{\hbar^2}E\psi(x)$$

记 $k = \sqrt{2mE}/\hbar$，就可以改写为

$$\frac{\mathrm{d}^2}{\mathrm{d}x^2}\psi(x) = -k^2\psi(x) \tag{A.1}$$

薛定谔方程在该区域的解是

$$\psi(x) = \exp(\mathrm{i}kx) + R \cdot \exp(-\mathrm{i}kx) \tag{A.2}$$

式中第一项波函数沿 x 轴正方向传播，代表入射波，第二项波函数沿 x 轴负方向传播，代表反射波。波函数暂时没有归一化。不失一般性，第一项系数可以取为 1。R 是待定系数。

区域 2：$0 \leqslant x \leqslant a$。定态薛定谔方程写为

$$\frac{\mathrm{d}^2}{\mathrm{d}x^2}\psi(x) = \frac{2m}{\hbar^2}(V_0 - E)\psi(x)$$

记 $\kappa = \sqrt{2m(V_0 - E)}/\hbar$，就可以改写为

$$\frac{\mathrm{d}^2}{\mathrm{d}x^2}\psi(x) = \kappa^2\psi(x) \tag{A.3}$$

薛定谔方程在该区域的解是

$$\psi(x) = A \cdot \exp(\kappa x) + B \cdot \exp(-\kappa x) \tag{A.4}$$

式中 A 和 B 是待定系数。

区域 3: $x > a$。与区域 1 一样，薛定谔方程写为

$$\frac{\mathrm{d}^2}{\mathrm{d}x^2}\psi(x) = -k^2\psi(x) \tag{A.5}$$

其中 $k = \sqrt{2mE}/\hbar$。薛定谔方程在该区域的解是

$$\psi(x) = S \cdot \exp(\mathrm{i}kx) \tag{A.6}$$

在这个区域中，波函数只沿 x 轴正方向传播，代表穿透波 (见图 A.2)。S 是待定系数。

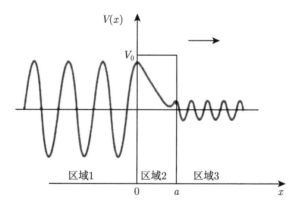

图 A.2   一维方势垒的穿透系数的计算

这里共有四个待定系数 A，B，R 和 S。为了计算它们，需要利用波函数及其导数连续的条件。

在 $x = 0$ 处，由 (A.2) 式和 (A.4) 式得知，波函数及其导数连续的条件导致

$$1 + R = A + B$$

$$\frac{\mathrm{i}k}{\kappa}(1 - R) = A - B$$

由上面两式可以解出

$$A = \frac{1}{2}\left(1 + \frac{\mathrm{i}k}{\kappa}\right) + \frac{R}{2}\left(1 - \frac{\mathrm{i}k}{\kappa}\right)$$

$$B = \frac{1}{2}\left(1 - \frac{\mathrm{i}k}{\kappa}\right) + \frac{R}{2}\left(1 + \frac{\mathrm{i}k}{\kappa}\right)$$

$$\tag{A.7}$$

在 $x = a$ 处，由 (A.4) 式和 (A.6) 式得知，波函数及其导数连续的条件导致

$$S \cdot \exp(\mathrm{i}ka) = A \cdot \exp(\kappa a) + B \cdot \exp(-\kappa a)$$

$$\mathrm{i}kS \cdot \exp(\mathrm{i}ka) = \kappa A \cdot \exp(\kappa a) - \kappa B \cdot \exp(-\kappa a)$$

由上面两式可以解出

$$A = \frac{S}{2}\left(1 + \frac{\mathrm{i}k}{\kappa}\right)\exp(\mathrm{i}ka - \kappa a)$$

$$B = \frac{S}{2}\left(1 - \frac{\mathrm{i}k}{\kappa}\right)\exp(\mathrm{i}ka + \kappa a)$$

$$\tag{A.8}$$

首先从 (A.7) 式和 (A.8) 式消去 A 和 B，得到

$$\left(1 + \frac{\mathrm{i}k}{\kappa}\right) + R\left(1 - \frac{\mathrm{i}k}{\kappa}\right) = S\left(1 + \frac{\mathrm{i}k}{\kappa}\right)\exp(\mathrm{i}ka - \kappa a)$$

$$\left(1 - \frac{\mathrm{i}k}{\kappa}\right) + R\left(1 + \frac{\mathrm{i}k}{\kappa}\right) = S\left(1 - \frac{\mathrm{i}k}{\kappa}\right)\exp(\mathrm{i}ka + \kappa a)$$

再从上面两式消去 R，就得到关于系数 S 的方程式：

$$\left(\frac{\kappa - \mathrm{i}k}{\kappa + \mathrm{i}k}\right)^2 = \frac{S \cdot \exp(\mathrm{i}ka - \kappa a) - 1}{S \cdot \exp(\mathrm{i}ka + \kappa a) - 1}$$

于是可以求出

$$S \cdot \exp(\mathrm{i}ka) = \frac{(\kappa - \mathrm{i}k)^2 - (\kappa + \mathrm{i}k)^2}{(\kappa - \mathrm{i}k)^2 \exp(\kappa a) - (\kappa + \mathrm{i}k)^2 \exp(-\kappa a)}$$

分别计算这个式子的分子和分母，可以得到

$$S \cdot \exp(\mathrm{i}ka) = \frac{-4\mathrm{i}\kappa k}{2(\kappa^2 - k^2)\sinh(\kappa a) - 4\mathrm{i}\kappa k \cosh(\kappa a)}$$

$$\tag{A.9}$$

注意到分子绝对值的二次方等于

$$16\kappa^2 k^2$$

而分母绝对值的平方等于

$$4(\kappa^2 - k^2)^2 \sinh^2(\kappa a) + 16\kappa^2 k^2 \cosh^2(\kappa a) = 4(\kappa^2 + k^2)^2 \sinh^2(\kappa a) + 16\kappa^2 k^2$$

就可以从 (A.9) 式求得

$$T = |S|^2 = \frac{4k^2\kappa^2}{(k^2 + \kappa^2)^2 \sinh^2(\kappa a) + 4k^2\kappa^2}$$

注意到 $\kappa = \sqrt{2m(V_0 - E)}/\hbar$ 和 $k = \sqrt{2mE}/\hbar$, 因此穿透系数可以由下面的公式计算:

$$T = \left[1 + \frac{V_0^2}{4E(V_0 - E)} \sinh^2(\kappa a)\right]^{-1} \tag{A.10}$$

穿透系数的公式 (A.10) 式不仅适用于微观粒子, 也适用于宏观粒子。

对于微观世界里的一个电子, $m = 9.109 \times 10^{-28}$ 克, $a = 2 \times 10^{-8}$ 厘米, $V_0 = 2$ 电子伏特, $E = 1$ 电子伏特 (1 电子伏特 $= 1.6 \times 10^{-12}$ 尔格)。因此 $\kappa = \sqrt{2m(V_0 - E)}/\hbar = 5.1194 \times 10^7$ 厘米$^{-1}$, $\kappa a = 1.0239$, $\sinh^2(\kappa a) = 1.4700$, 从 (A.10) 式就得到

$$T = \left[1 + \frac{V_0^2}{4E(V_0 - E)} \sinh^2(\kappa a)\right]^{-1} = 0.4049$$

这个结果表明, 电子的穿透几率大约是 40%。

在宏观世界里, 如果小球的质量 $m = 10^{-13}$ 克, 势垒宽度 $a = 10^{-4}$ 厘米, 高度是 10^{-4} 厘米, 就知道 $V_0 = 9.8 \times 10^{-15}$ 尔格, 如果 $V_0 - E = 10^{-18}V_0$, 那么 $\kappa = \sqrt{2m(V_0 - E)}/\hbar = 4.198 \times 10^4$ 厘米$^{-1}$, 所以 $\kappa a = 4.198$, 故 $\sinh^2(\kappa a) = 1.107 \times 10^3$。不难得到

$$\frac{V_0^2}{4E(V_0 - E)} = 2.5 \times 10^{17}$$

于是从 (A.10) 式就得到

$$T = \left[1 + \frac{V_0^2}{4E(V_0 - E)} \sinh^2(\kappa a)\right]^{-1} = 3.6 \times 10^{-19}$$

这个结果表明, 小球的穿透几率大约为三千亿亿分之一。也就是说, 穿透几率几乎是 0, 实验中不会观察到这个小球穿透势垒。

附录B　双缝干涉的数值模拟程序

波函数在到达双缝时分为两部分，分别穿过两个缝，然后这两部分重新汇合，最终到达屏幕，所以，在量子力学中，

到达屏幕任一区的波函数 =从左边缝隙到达屏幕该区的波函数

+ 从右边缝隙到达屏幕该区的波函数

每个缝隙的波函数与水波的情况类似：水波不仅有振幅，也有相位；波函数不仅有几率幅，也有相位。在屏幕的不同位置，两束波函数传播的路程长短不同。在路程差为波长的整数倍的地方，几率幅加强，而在路程差为波长的半整数 (即整数加1/2) 倍的地方，几率幅抵消。由于每个缝隙也有一定的宽度，就需要把每个缝隙分成若干相等宽度的小区域，并且必须考虑到波函数穿过不同小区域到达屏幕上同一地点的路程都略有不同。不妨假定，左右两个缝隙都被分成 n 个小区域，那么就应当把上式改进为

到达屏幕任一区 j 的波函数

=(从左边缝隙中第 1 个小区域到达屏幕该区的波函数

+ 从左边缝隙中第 2 个小区域到达屏幕该区的波函数

+ ⋯

+ 从左边缝隙中第 n 个小区域到达屏幕该区的波函数)

+ (从右边缝隙中第 1 个小区域到达屏幕该区的波函数

+ 从右边缝隙中第 2 个小区域到达屏幕该区的波函数

+ ⋯

+ 从右边缝隙中第 n 个小区域到达屏幕该区的波函数)

见图 B.1。无论如何，在屏幕的不同位置，有些区域波函数的几率幅加强，另一些区域波函数的几率幅互相抵消。

可以用任何一种程序语言编写一个简单的程序来模拟双缝干涉。设每个狭缝的宽度为 w，两个狭缝中心之间距离为 d，狭缝到屏幕间的直线距离为 L，粒子的德布罗意波长为 λ。把屏幕分成 m 等份。在把参数 w, d, L, λ 初始化之后，程序的结构可以大致描述如下。

```
For j=1 to m                    //Loop1: 分别计算屏幕上j处波函数模的二次方
    R(j)=0;                     //初始化屏幕上j处波函数的实部
    I(j)=0;                     //初始化屏幕上j处波函数的虚部
    For k=1 to 2                //Loop2: 分别计算经过两个缝的波函数
        For i=1 to n            //Loop3: 对每个狭缝里的每个小区进行计算
            计算狭缝k内第i个小区到屏幕上j处的直线距离D;
            剥离出D/λ的分数部分y;
            计算到达j处的波函数的幅角φ=2πy
            累计波函数的实部R(j)=R(j)+(L/D)*cosφ
            累计波函数的虚部I(j)=I(j)+(L/D)*sinφ
        end of loop 3           //Loop3 结束
    end of loop 2               //Loop2 结束
    计算屏幕j处波函数模的二次方A(j)=R(j)^2+I(j)^2
end of loop 1                   //Loop1 结束
找到A(j)的最大值M, 根据A(j)/M绘图。
```

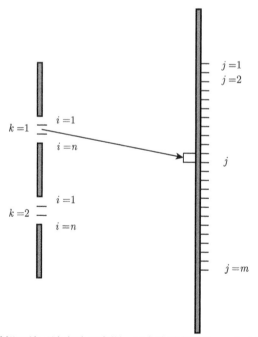

图 B.1   模拟双缝干涉实验示意图。两个狭缝都分为 n 个小区域。屏幕
         被分为 m 个部分,每个部分用它的中心位置为代表,依次计算
         每个中心位置的波函数。对于第 j 个部分,计算来自两个狭缝
         ($k = 1, 2$) 里每个小区域的波函数

　　上面的程序中出现的系数 (L/D) 是来自波函数传播方向与屏幕所成角度造成的影响。如果波函数垂直照射到屏幕上，被照射的面积较小，单位面积上强度较大；如果波函数不是垂直照射到屏幕上，被照射的面积较大，单位面积上强度较小。另外，在剥离出 D/λ 的分数部分 y 的时候要注意舍入误差对分数部分 y 的影响。如果 λ 太小，D/λ 的整数部分会占据绝大部分有效数字，分数部分 y 就会有较大误差，计算结果就不那么可靠了。

附录C 双缝干涉现象的解释

在图 2.3(d) 里存在着 "在某处上搜集到的电子数目可能比图 2.3(a) 和 (b) 中任何一种情况下在该处搜集的电子数目都要少"，或 "在某处搜集到的电子数目可能比图 2.3(a) 和 (b) 两种情况下在该处搜集的电子数目的总和还要多" 这两种现象。这里从量子力学的计算来解释这种现象。

先简单描述一下计算的基本思路。用 $\varphi_R(B)$ 记左边缝被遮挡右边缝打开时在 B 处的波函数，用 $\varphi_L(B)$ 记右边缝被遮挡左边缝打开时在 B 处的波函数，用 $\varphi(B)$ 记左右两边缝都打开时在 B 处的波函数。在右边缝被遮挡，左边缝打开时，在 B 处收集到的电子数目 $N_L(B)$ 应当与 $|\varphi_L(B)|^2$ 成正比。类似地，在左边缝被遮挡，右边缝打开时，在 B 处收集到的电子数目 $N_R(B)$ 应当与 $|\varphi_R(B)|^2$ 成正比。左右两边缝都打开时，波函数是 $\varphi(B) = \varphi_L(B) + \varphi_R(B)$，所以电子数目 $N(B)$ 应当与 $|\varphi(B)|^2 = |\varphi_L(B) + \varphi_R(B)|^2$ 成正比。因为在相位不一致的地方 $\varphi_L(B)$ 和 $\varphi_R(B)$ 有可能互相抵消，所以，"在 B 处搜集到的电子数目可能比图 2.3(a) 和 (b) 中任何一种情况下在该处搜集的电子数目都要少"。

为了计算式子简洁，使用狄拉克符号，把通过左边缝的波函数 $\varphi_L(B)$ 写成 $|S1\rangle = \rho_1 \exp(\mathrm{i}\varphi_1)$，通过右边缝的波函数 $\varphi_R(B)$ 是 $|S2\rangle = \rho_2 \exp(\mathrm{i}\varphi_2)$。

如果两部分波函数不汇合在一起，容易算出，左边缝打开而右边缝关闭时屏幕上几率分布为 $I_1 = \langle S1|S1\rangle = \rho_1^2$，左边缝关闭而右边缝打开时屏幕上几率分布为 $I_2 = \langle S2|S2\rangle = \rho_2^2$，如图 C.1 中的波形 (a) 所示。

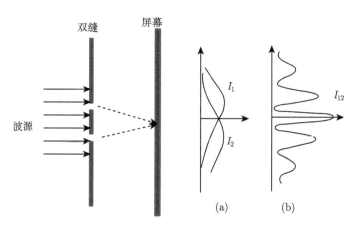

图 C.1 双缝不发生干涉时的几率分布 (a) 和发生干涉时的几率分布 (b)

　　但是，如果两个缝都打开，两束波函数汇合在一起，在屏幕上的归一化波函数就是

$$\psi = \frac{1}{\sqrt{2}}\left(|S1\rangle + |S2\rangle\right)$$

它的几率分布就是

$$I_{12} = \langle \psi \mid \psi \rangle = \frac{1}{2}\left[\langle S1 \mid S1 \rangle + \langle S2 \mid S2 \rangle + \langle S1 \mid S2 \rangle + \langle S2 \mid S1 \rangle\right]$$

其中 $\langle S1 \mid S1 \rangle + \langle S2 \mid S2 \rangle$ 就是 $\rho_1^2 + \rho_2^2$，有关相位的信息已经被消去，显示单缝的两个影像之和 $I_1 + I_2$。但是，这里要强调的是，另外两项 $\langle S1 \mid S2 \rangle + \langle S2 \mid S1 \rangle$ 里却保留了相位的信息，即

$$\langle S1 \mid S2 \rangle = \rho_1 \rho_2 \exp(\mathrm{i}\varphi_2 - \mathrm{i}\varphi_1)$$

$$\langle S2 \mid S1 \rangle = \rho_1 \rho_2 \exp(\mathrm{i}\varphi_1 - \mathrm{i}\varphi_2)$$

所以这两项之和是

$$\langle S1 \mid S2 \rangle + \langle S2 \mid S1 \rangle = 2\rho_1 \rho_2 \cos(\varphi_1 - \varphi_2)$$

到达屏幕某位置的时候，相位差 $\varphi_1 - \varphi_2$ 取决于每个缝到该位置的路程。在路程差为波长整数倍的地方，$\varphi_1 - \varphi_2$ 是 360° 的整数倍，$\cos(\varphi_1 - \varphi_2)$ 取极大值 1，到达的电子数目多，而在路程差为波长的半整数 (整数加 1/2) 倍的地方，$\varphi_1 - \varphi_2$ 比 360° 的整数倍多 180°，$\cos(\varphi_1 - \varphi_2)$ 取极小值 −1，到达的电子数目少。这样就在屏幕上形成了明暗相间的干涉条纹。因此，干涉条纹形成源于交叉项 $\langle S1 \mid S2 \rangle + \langle S2 \mid S1 \rangle$。最后得到的干涉条纹如图 C.1 中的波形 (b) 所示，它就是几率分布 I_{12}。

　　"交叉项 $\langle S1 \mid S2 \rangle + \langle S2 \mid S1 \rangle$ 形成干涉条纹"，这个结论在附录 K 里还会用到。

附录D 一维无限深方势阱的量子力学计算

本附录包括三部分内容：一维无限深方势阱的定态的性质；一维无限深方势阱的基态与第一激发态的叠加态的性质；证明基态满足坐标–动量不确定度关系。

1. 一维无限深方势阱的定态的性质

假定势阱的宽度为 a。在区间 $x \leqslant 0$ 和 $x \geqslant a$，势能 $V(x) = \infty$；在区间 $0 < x < a$，势能 $V(x) = 0$。根据给定的势能，可以求解薛定谔方程。

首先，波函数应当满足边界条件：

$$\psi(x, t) = 0, \quad x \leqslant 0 \text{或} x \geqslant a \tag{D.1}$$

在区间 $0 < x < a$，薛定谔方程写为

$$i\hbar \frac{\partial \psi(x, t)}{\partial t} = -\frac{\hbar^2}{2m} \frac{\partial^2}{\partial x^2} \psi(x, t) \tag{D.2}$$

其中 m 是粒子的质量。用分离变量法求解这个方程。容易看出，与时间有关的因子是指数形式的。假定第 n 个能级的波函数是

$$\psi_n(x, t) = \varphi_n(x) \exp(-iE_n t/\hbar) \tag{D.3}$$

将 (D.3) 式代入 (D.2) 式，可得

$$E_n \varphi_n(x) = -\frac{\hbar^2}{2m} \frac{\mathrm{d}^2}{\mathrm{d}x^2} \varphi_n(x) \tag{D.4}$$

这是本征值问题，需要同时求解未知函数 $\varphi_n(x)$ 和能量 E_n。满足边界条件 (D.1) 式以及归一化条件的解是

$$\varphi_n(x) = \sqrt{\frac{2}{a}} \sin\left(\frac{n\pi}{a}x\right), \quad 0 < x < a \tag{D.5}$$

和能量

$$E_n = \frac{n^2 \pi^2 \hbar^2}{2ma^2} \tag{D.6}$$

所以从 (D.2) 式得到粒子第 n 个能级的波函数是

$$\psi_n(x, t) = \sqrt{\frac{2}{a}} \sin\left(\frac{n\pi}{a}x\right) \exp\left(-\frac{iE_n}{\hbar}t\right) \tag{D.7}$$

对于基态, $n = 1$, 从 (D.6) 式可以得到

$$E_1 = \frac{\pi^2}{2} \cdot \frac{\hbar^2}{ma^2} \approx 4.9348 \frac{\hbar^2}{ma^2} \tag{D.8}$$

这就是 (3.1) 式。利用这个式子, (D.6) 式也可以写成

$$E_n = n^2 E_1, \quad n = 1, 2, 3, \cdots$$

这就是 (3.2) 式。

　　对应每一个能量本征值, 都有一个确定的定态波函数, 称为 "属于这个能量本征值的本征态"。属于能量本征值 E_n 的本征态就是 (D.7) 式。

　　从以上讨论可知, 每一个定态波函数是空间因子与时间因子的乘积。在 (D.7) 式中, 空间因子是 (D.5) 式, 它仅依赖空间坐标, 不随时间变化。而时间因子是

$$\xi(t) = \exp\left(-\frac{\mathrm{i}E_n}{\hbar}t\right)$$

它仅依赖时间, 所有位置上的时间因子都是同步变化的。

　　(D.7) 式也可以写成行波的形式:

$$\psi_n(x,t) = \sqrt{\frac{1}{2a}}\left[\exp\left(\frac{\mathrm{i}(k_n x - E_n t)}{\hbar}\right) - \exp\left(\frac{\mathrm{i}(-k_n x - E_n t)}{\hbar}\right)\right], \quad 0 < x < a \tag{D.9}$$

其中 $k_n = n\pi\hbar/a$。必须注意 (D.9) 式仅在 $0 < x < a$ 区间上成立。这里已经把驻波写成相向传播的两列行波, 行波的波长为

$$\lambda_n = \frac{2a}{n}, \quad n = 1, 2, 3, \cdots$$

波函数的频率为

$$\nu_n = \frac{E_n}{2\pi\hbar} = \frac{n^2\pi\hbar}{4ma^2}, \quad n = 1, 2, 3, \cdots$$

波函数的周期为

$$T_n = \frac{T_1}{n^2}, \quad n = 1, 2, 3, \cdots$$

其中 T_1 是基态的周期:

$$T_1 = \frac{4ma^2}{\pi\hbar} \tag{D.10}$$

这就是 (3.3) 式。

2. 一维无限深方势阱的基态与第一激发态的叠加态的性质

由 (D.7) 式写出叠加态的波函数：

$$\psi(x,t) = \frac{1}{\sqrt{c_1^2 + c_2^2}}\left[c_1\varphi_1(x)\exp\left(-\mathrm{i}\frac{E_1}{\hbar}t\right) + c_2\varphi_2(x)\exp\left(-\mathrm{i}\frac{E_2}{\hbar}t\right)\right] \qquad \text{(D.11)}$$

记

$$\omega = \frac{E_1}{\hbar} \qquad \text{(D.12)}$$

利用 (D.6) 式可以把叠加态写成

$$\psi(x,t) = \frac{1}{\sqrt{c_1^2 + c_2^2}}\left[c_1\varphi_1(x)\exp\left(-\mathrm{i}\omega t\right) + c_2\varphi_2(x)\exp\left(-\mathrm{i}4\omega t\right)\right] \qquad \text{(D.13)}$$

它的复共轭是

$$\psi^*(x,t) = \frac{1}{\sqrt{c_1^2 + c_2^2}}\left[c_1\varphi_1(x)\exp\left(\mathrm{i}\omega t\right) + c_2\varphi_2(x)\exp\left(\mathrm{i}4\omega t\right)\right]$$

所以波函数模的二次方为

$$\psi(x,t)\psi^*(x,t) = \frac{1}{c_1^2 + c_2^2}\left[c_1^2\varphi_1^2(x) + c_2^2\varphi_2^2(x) + c_1\varphi_1(x)c_2\varphi_2(x)\cos\left(3\omega t\right)\right] \qquad \text{(D.14)}$$

显然，叠加态与定态不同，定态的波函数模的二次方是不随时间演变的，但是叠加态波函数模的二次方随时间演变。用到 (D.8) 式和 (D.10) 式，可以得到

$$\omega = \frac{\pi^2\hbar}{2ma^2} = \frac{2\pi}{T_1} \qquad \text{(D.15)}$$

所以叠加态几率密度 (D.14) 式的演化周期是

$$T = \frac{2\pi}{3\omega} = \frac{T_1}{3} \qquad \text{(D.16)}$$

3. 证明基态满足坐标–动量不确定度关系

在宽度为 a 的无限深方势阱里，考虑处于基态的粒子在位置 x。经过简单的计算可以知道

$$\langle x \rangle = \int_0^a \varphi_1^*(x)x\varphi_1(x)\mathrm{d}x = \int_0^a \frac{2}{a}\sin^2\left(\frac{\pi x}{a}\right)\mathrm{d}x = \frac{a}{2}$$

$$\langle x^2 \rangle = \int_0^a \varphi_1^*(x)x^2\varphi_1(x)\mathrm{d}x = \int_0^a \frac{2}{a}x^2\sin^2\left(\frac{\pi x}{a}\right)\mathrm{d}x = \frac{a^2}{3}\left(1 - \frac{3}{2\pi^2}\right)$$

其中 $\varphi_1^*(x)$ 是 $\varphi_1(x)$ 的复共轭。从上面两式可以得到坐标的均方根差:

$$\Delta x = \frac{a}{\sqrt{12}}\sqrt{1 - \frac{6}{\pi^2}} \approx 0.1808a$$

为了计算动量的均方根差,必须先计算动量 p 的平均值。再次提醒读者注意,(D.9) 式仅在 $0 < x < a$ 区间上成立。有些教科书错误地认为基态粒子的动量只可能是 $\pm\pi\hbar/a$ 这两个值,朗道在他的理论物理教程中纠正了这个错误,以习题的形式给出正确答案 [4,9]。其实,不需要计算动量的谱也可以得到动量的平均值

$$\langle p \rangle = \int\limits_0^a \varphi_1(x)\left(-\mathrm{i}\hbar\frac{\mathrm{d}}{\mathrm{d}x}\right)\varphi_1(x)\mathrm{d}x = 0$$

和动量二次方的平均值

$$\langle p^2 \rangle = \int\limits_0^a \varphi_1(x)\left(-\hbar^2\frac{\mathrm{d}^2}{\mathrm{d}x^2}\right)\varphi_1(x)\mathrm{d}x = \frac{\pi^2\hbar^2}{a^2}$$

故均方根差 Δp 是

$$\Delta p = \frac{\pi\hbar}{a}$$

因而

$$\Delta x \cdot \Delta p = 0.1808\pi\hbar > \frac{\hbar}{2}$$

这就证明了基态满足坐标–动量不确定度关系。

附录E 一维双-方势阱的量子力学计算

在本附录中将讨论量子力学中双-方势阱模型 (图 3.8) 的求解方法。本附录包括三部分内容：一维双-方势阱的定态的性质；一维双-方势阱的基态与第一激发态的叠加态的性质；在中央势垒两边发现粒子的几率密度。

1. 一维双-方势阱的定态的性质

首先求解薛定谔方程。已知势能为

$$V(x) = \begin{cases} \infty, & |x| \geqslant L \\ 0, & a < |x| < L \\ V_0, & |x| \leqslant a \end{cases}$$

在区间 $-L < x < -a$ 和 $a < x < L$，薛定谔方程应当写为

$$i\hbar \frac{\partial \psi(x,t)}{\partial t} = -\frac{\hbar^2}{2m} \frac{\partial^2}{\partial x^2} \psi(x,t) \tag{E.1}$$

其中 m 是粒子的质量。在区间 $-a < x < a$，薛定谔方程为

$$i\hbar \frac{\partial \psi(x,t)}{\partial t} = -\frac{\hbar^2}{2m} \frac{\partial^2}{\partial x^2} \psi(x,t) + V_0 \psi(x,t) \tag{E.2}$$

假定第 n 个能级的波函数是

$$\psi_n(x,t) = \varphi_n(x) \exp(-iE_n t/\hbar) \tag{E.3}$$

如果知道能量 E_n，从这个式子容易得到波函数的变化周期是

$$T_n = \frac{2\pi\hbar}{E_n} \tag{E.4}$$

将 (E.3) 式分别代入 (E.1) 式和 (E.2) 式，可得

$$E_n \varphi_n(x) = -\frac{\hbar^2}{2m} \frac{\mathrm{d}^2}{\mathrm{d}x^2} \varphi_n(x), \quad -L < x < -a \text{ 或 } a < x < L \tag{E.5}$$

以及

$$E_n \varphi_n(x) = -\frac{\hbar^2}{2m} \frac{\mathrm{d}^2}{\mathrm{d}x^2} \varphi_n(x) + V_0 \varphi_n(x), \quad -a < x < a \tag{E.6}$$

由于势能关于 x 轴对称，所以波函数关于 x 轴对称或者反对称。先求对称波函数。记该能级能量为 E_1。由于在区间 $x \leqslant -L$ 和 $x \geqslant L$，波函数 $\psi(x, t) = 0$，所以满足这个边界条件的结果是

$$
\begin{aligned}
\varphi_n(x) &= A \sin\left[k(L + x)\right], & -L < x < -a \\
\varphi_n(x) &= \frac{\exp(\kappa x) + \exp(-\kappa x)}{2}, & -a < x < a \\
\varphi_n(x) &= A \sin\left[k(L - x)\right], & a < x < L
\end{aligned}
\tag{E.7}
$$

其中 A 是待定常数，而

$$
\begin{aligned}
k &= \frac{\sqrt{2mE_1}}{\hbar} \\
\kappa &= \frac{\sqrt{2m(V_0 - E_1)}}{\hbar}
\end{aligned}
\tag{E.8}
$$

在 $x = -a$ 和 $x = a$ 处波函数应当连续并且波函数的一阶导数也连续。在 $x = a$ 处的边界条件可以写为

$$
\varphi_n(x = a^-) = \varphi_n(x = a^+)
$$

$$
\frac{\mathrm{d}}{\mathrm{d}x}\varphi_n(x = a^-) = \frac{\mathrm{d}}{\mathrm{d}x}\varphi_n(x = a^+)
$$

在 $a = L/2$ 的特例，边界条件就是

$$
\begin{aligned}
A \sin(kL/2) &= \frac{\exp(\kappa L/2) + \exp(-\kappa L/2)}{2} \\
-Ak \cos(kL/2) &= \kappa \frac{\exp(\kappa L/2) - \exp(-\kappa L/2)}{2}
\end{aligned}
\tag{E.9}
$$

从这两个式子消去系数 A，就有

$$
k \cot(kL/2) + \kappa \frac{1 - \exp(-\kappa L)}{1 + \exp(-\kappa L)} = 0
\tag{E.10}
$$

为了简化求解过程，可以考虑使用无量纲的变量 $\hat{k}$，$\hat{\kappa}$，$\hat{V}_0$ 和 $\hat{E}_1$：

$$
k = \hat{k}/L
$$

$$
\kappa = \hat{\kappa}/L
$$

$$
V_0 = \hat{V}_0 \frac{\hbar^2}{mL^2}
$$

$$
E_1 = \hat{E}_1 \frac{\hbar^2}{mL^2}
$$

前面的 (E.8) 式就简化为

$$
\hat{k} = \sqrt{2\hat{E}_1}
$$

$$\hat{\kappa} = \sqrt{2(\hat{V}_0 - \hat{E}_1)}$$

同时，(E.10) 式简化为

$$\hat{k}\cot(\hat{k}/2) + \hat{\kappa}\frac{1 - \exp(-\hat{\kappa})}{1 + \exp(-\hat{\kappa})} = 0 \tag{E.11}$$

在给定 $\hat{V}_0$ 之后，变量 $\hat{k}$ 和 $\hat{\kappa}$ 中只有一个未知数 $\hat{E}_1$，因此上面的关于未知数 $\hat{E}_1$ 的方程可以用数值方法求解。如果给定 $\hat{V}_0 = 100$，可以得到

$$\hat{E}_1 = 15.050177625 \tag{E.12}$$

因此第 3 章的 (3.4) 式中的第一式得证。

关于 x 轴反对称的波函数和能级，可以通过类似的计算得到，这里列出主要步骤。关于 x 轴对称的波函数 (E.7) 式应当改写成关于 x 轴反对称的形式：

$$\begin{aligned}
\varphi_n(x) &= A\sin\left[k(L+x)\right], & -L < x < -a \\
\varphi_n(x) &= \frac{-\exp(\kappa x) + \exp(-\kappa x)}{2}, & -a < x < a \\
\varphi_n(x) &= -A\sin\left[k(L-x)\right], & a < x < L
\end{aligned} \tag{E.13}$$

遵循类似于推导 (E.11) 式的过程，反对称能级的能量 $\hat{E}_2$ 的方程是

$$\hat{k}\cot(\hat{k}/2) + \hat{\kappa}\frac{1 + \exp(-\hat{\kappa})}{1 - \exp(-\hat{\kappa})} = 0 \tag{E.14}$$

其中重新定义了工作变量 $\hat{k}$ 和 $\hat{\kappa}$：

$$\hat{k} = \sqrt{2\hat{E}_2}$$

$$\hat{\kappa} = \sqrt{2(\hat{V}_0 - \hat{E}_2)}$$

给定 $\hat{V}_0 = 100$，就可以得到

$$\hat{E}_2 = 15.050207335 \tag{E.15}$$

这就是第 3 章的 (3.4) 式中的第二式。由于 $\hat{E}_2$ 比 $\hat{E}_1$ 略高，所以 $\hat{E}_1$ 是基态能量，而 $\hat{E}_2$ 是第一激发态的能量。根据 (E.4) 式可以得到两个本征态波函数的变化周期分别是

$$T_1 = 0.41748164443\frac{mL^2}{\hbar}$$

$$T_2 = 0.41748246856\frac{mL^2}{\hbar}$$

这就是 (3.5) 式。

2. 一维双–方势阱的基态与第一激发态的叠加态的性质

叠加态 ψ_{L} 可以写成

$$\psi_{\mathrm{L}}(x,t) = \frac{1}{\sqrt{2}}\left(\psi_1(x,t) + \psi_2(x,t)\right)$$

也就是

$$\psi_{\mathrm{L}}(x,t) = \frac{1}{\sqrt{2}}\left[\varphi_1(x)\exp(-\mathrm{i}E_1 t/\hbar) + \varphi_2(x)\exp(-\mathrm{i}E_2 t/\hbar)\right]$$

所以几率密度是

$$\rho_L(x,t) = \psi_{\mathrm{L}}(x,t)^*\psi_{\mathrm{L}}(x,t) = \frac{1}{2}\varphi_1^2(x) + \frac{1}{2}\varphi_2^2(x) + \varphi_1(x)\varphi_2(x)\cos\left(\frac{t}{\hbar}(E_2 - E_1)\right)$$

也就是

$$\rho_L(x,t) = \frac{1}{2}\varphi_1^2(x) + \frac{1}{2}\varphi_2^2(x) + \varphi_1(x)\varphi_2(x)\cos\left(\frac{2\pi t}{T}\right) \tag{E.16}$$

其中周期是

$$T = \frac{2\pi\hbar}{E_2 - E_1}$$

经过计算可以得到

$$T = \frac{2\pi}{15.050207335 - 15.050177625}\frac{mL^2}{\hbar} = 2.1148 \times 10^5 \frac{mL^2}{\hbar}$$

这就是第 3 章的 (3.8) 式。

3. 在中央势垒两边发现粒子的几率密度

下面计算表 3.1 中列举的 7 个瞬间在中央势垒两边发现粒子的系统数目。由于基态和第一激发态波函数的空间因子分别是

$$\varphi_1(x) = \frac{1}{\sqrt{2}}\left(\psi_{\mathrm{L}}(x,0) + \psi_{\mathrm{R}}(x,0)\right) = \frac{1}{\sqrt{2}}\left(\varphi_{\mathrm{L}}(x) + \varphi_{\mathrm{R}}(x)\right)$$

和

$$\varphi_2(x) = \frac{1}{\sqrt{2}}\left(\psi_{\mathrm{L}}(x,0) - \psi_{\mathrm{R}}(x,0)\right) = \frac{1}{\sqrt{2}}\left(\varphi_{\mathrm{L}}(x) - \varphi_{\mathrm{R}}(x)\right)$$

将上面两式代入 (E.16) 式，就可以知道，叠加态 ψ_{L} 的几率密度可以写成

$$\rho_{\mathrm{L}}(x,t) = \frac{1}{4}\left(\varphi_{\mathrm{L}}(x) + \varphi_{\mathrm{R}}(x)\right)^2 + \frac{1}{4}\left(\varphi_{\mathrm{L}}(x) - \varphi_{\mathrm{R}}(x)\right)^2$$
$$+ \frac{1}{2}\left(\varphi_{\mathrm{L}}(x) + \varphi_{\mathrm{R}}(x)\right)\left(\varphi_{\mathrm{L}}(x) - \varphi_{\mathrm{R}}(x)\right)\cos\left(\frac{2\pi t}{T}\right)$$

记 $\theta = \dfrac{\pi t}{T}$，就得到

$$\rho_L(x,t) = \varphi_L^2(x)\cos^2\theta + \varphi_R^2(x)\sin^2\theta$$

类似地可以得到

$$\rho_R(x,t) = \varphi_R^2(x)\cos^2\theta + \varphi_L^2(x)\sin^2\theta$$

表 3.1 在 7 个瞬间测量粒子的位置就是从上面两个式子计算出来的。初始时刻粒子在左边，所以 $\varphi_L = 1$，$\varphi_R = 0$。当 $t = T/12$ 时，$\theta = \pi/12$，就有

$$\rho_L = \varphi_L^2\cos^2(\pi/12) + \varphi_R^2\sin^2(\pi/12) = 0.933$$

和

$$\rho_R = \varphi_R^2\cos^2(\pi/12) + \varphi_L^2\sin^2(\pi/12) = 0.067$$

这就是表 3.1 里的时间为 $T/12$ 的一行。其余各行可以类似得到。

附录F 电子的自旋

电子是费米子，它的自旋是 1/2，本附录里所有内容不仅适用于电子，也适用于所有自旋 1/2 粒子。本附录包括三个部分，分别讨论：电子自旋的泡利矩阵和本征态；自旋在任意方向的投影；(5.5) 式的证明。

1. 电子自旋的泡利矩阵和本征态

考虑处于均匀磁场中的电子。首先假定磁场沿 z 轴正方向，即

$$\boldsymbol{B} = (0, 0, B_z)$$

在这样的磁场中，电子的自旋只可以是沿 z 轴正方向或者负方向，所以电子的波函数可以写为

$$\psi(t) = c_1(t) |z+\rangle + c_2(t) |z-\rangle$$

其中 $|z+\rangle$ 和 $|z-\rangle$ 分别是自旋沿 z 轴向上和向下的两个本征态：

$$|z+\rangle = \begin{pmatrix} 1 \\ 0 \end{pmatrix}, \quad |z-\rangle = \begin{pmatrix} 0 \\ 1 \end{pmatrix}$$

它们在磁场中相应的能量本征值分别为 $-\mu B_z$ 和 μB_z，其中 μ 是玻尔磁子。薛定谔方程可以写为

$$i\hbar \frac{\partial}{\partial t} \psi(t) = \hat{H} \psi(t) \tag{F.1}$$

当哈密顿量 $\hat{H}$ 作用在本征态上的时候，可以写为

$$\hat{H} |z+\rangle = -\mu B_z |z+\rangle, \quad \hat{H} |z-\rangle = \mu B_z |z-\rangle$$

所以薛定谔方程可以写为矩阵形式：

$$i\hbar \frac{\partial}{\partial t} \begin{pmatrix} c_1 \\ c_2 \end{pmatrix} = \begin{pmatrix} -\mu B_z & 0 \\ 0 & \mu B_z \end{pmatrix} \begin{pmatrix} c_1 \\ c_2 \end{pmatrix} = -\mu B_z \begin{pmatrix} 1 & 0 \\ 0 & -1 \end{pmatrix} \begin{pmatrix} c_1 \\ c_2 \end{pmatrix} \tag{F.2}$$

现在考虑更普遍的情况，也就是磁场沿空间任意方向的情况。假定磁场

$$\boldsymbol{B} = (B_x, B_y, B_z)$$

薛定谔方程 (F.1) 式可以形式上写成

$$i\hbar\frac{\partial}{\partial t}\left(\begin{array}{c} c_1 \\ c_2 \end{array}\right) = \left(\begin{array}{cc} H_{11} & H_{12} \\ H_{21} & H_{22} \end{array}\right)\left(\begin{array}{c} c_1 \\ c_2 \end{array}\right) \tag{F.3}$$

(F.3) 式右边的 2×2 矩阵就是哈密顿量 $\hat{H}$，它满足以下四个条件：

(1) $\hat{H}$ 必须是厄米矩阵；

(2) $\hat{H}$ 所有矩阵元都应当是 B_x，B_y 和 B_z 的线性函数；

(3) 当 $B_x = B_y = 0$ 时，(F.3) 式应当与 (F.2) 式一致；

(4) 算符 $\hat{H}$ 的两个本征值是

$$\lambda = \pm\mu\sqrt{B_x^2 + B_y^2 + B_z^2} = \pm\mu\,|\boldsymbol{B}|$$

以下将根据这些条件设法 "猜测" $\hat{H}$ 里的每个矩阵元。

如果 $B_x = B_y = 0$，应当有 $H_{11} = -\mu B_z$，$H_{22} = \mu B_z$。现在作一个假定，即矩阵元 H_{11} 和 H_{22} 中不含 B_x 和 B_y。如果这个假定成立，那么矩阵元 H_{12} 和 H_{21} 中就不可能含 B_z，否则在 $B_x = B_y = 0$ 的条件下 (F.3) 式就无法回到 (F.2) 式。现在可以知道，哈密顿量可以写成

$$\hat{H} = \left(\begin{array}{cc} -\mu B_z & H_{12} \\ H_{21} & \mu B_z \end{array}\right)$$

其中矩阵元 H_{12} 和 H_{21} 应当是 B_x 和 B_y 的线性组合。哈密顿量的本征值可以写为

$$\lambda = \pm\sqrt{\mu^2 B_z^2 + H_{12}H_{21}}$$

由于矩阵元 H_{12} 和 H_{21} 应当是 B_x 和 B_y 的线性组合，可令

$$H_{12} = c_x B_x + c_y B_y$$

由于 $\hat{H}$ 必须是厄米矩阵，所以，

$$H_{21} = c_x^* B_x + c_y^* B_y$$

于是

$$H_{12}H_{21} = c_x^* c_x B_x^2 + c_y^* c_y B_y^2 + (c_x^* c_y + c_x c_y^*)B_x B_y$$

我们可以考虑一种最简单的形式，即 c_x 为实数，且 $c_y = -\mathrm{i}c_x$，这时，

$$H_{12}H_{21} = c_x^2(B_x^2 + B_y^2)$$

从这里不难得到

$$H_{12} = -\mu(B_x - \mathrm{i}B_y)$$

$$H_{21} = -\mu(B_x + \mathrm{i}B_y)$$

最后，(F.3) 式可以写为

$$\mathrm{i}\hbar\frac{\partial}{\partial t}\begin{pmatrix} c_1 \\ c_2 \end{pmatrix} = \begin{pmatrix} -\mu B_z & -\mu(B_x - \mathrm{i}B_y) \\ -\mu(B_x + \mathrm{i}B_y) & \mu B_z \end{pmatrix}\begin{pmatrix} c_1 \\ c_2 \end{pmatrix} \tag{F.4}$$

容易验证，哈密顿算符满足上述的四个条件。这证实以上的猜测是正确的。

如果 $B_y = B_z = 0$，就得到磁场沿 x 轴正方向时的薛定谔方程：

$$\mathrm{i}\hbar\frac{\partial}{\partial t}\begin{pmatrix} c_1 \\ c_2 \end{pmatrix} = \begin{pmatrix} 0 & -\mu B_x \\ -\mu B_x & 0 \end{pmatrix}\begin{pmatrix} c_1 \\ c_2 \end{pmatrix} = -\mu B_x\begin{pmatrix} 0 & 1 \\ 1 & 0 \end{pmatrix}\begin{pmatrix} c_1 \\ c_2 \end{pmatrix} \tag{F.5}$$

如果 $B_x = B_z = 0$，就得到磁场沿 y 轴正方向时的薛定谔方程：

$$\mathrm{i}\hbar\frac{\partial}{\partial t}\begin{pmatrix} c_1 \\ c_2 \end{pmatrix} = \begin{pmatrix} 0 & \mathrm{i}\mu B_y \\ -\mathrm{i}\mu B_y & 0 \end{pmatrix}\begin{pmatrix} c_1 \\ c_2 \end{pmatrix} = -\mu B_y\begin{pmatrix} 0 & -\mathrm{i} \\ \mathrm{i} & 0 \end{pmatrix}\begin{pmatrix} c_1 \\ c_2 \end{pmatrix} \tag{F.6}$$

如果把 (F.4) 式中的哈密顿算符写为

$$\hat{H} = -\mu\left(\sigma_x B_x + \sigma_y B_y + \sigma_z B_z\right) \tag{F.7}$$

σ_x，σ_y 和 σ_z 就称为泡利矩阵。从 (F.2) 式、(F.5) 式和 (F.6) 式知道，在 σ_z 表象 (在基矢量 $|z+\rangle$ 和 $|z-\rangle$ 展开的空间) 里，σ_x，σ_y 和 σ_z 矩阵可以写为

$$\sigma_x = \begin{pmatrix} 0 & 1 \\ 1 & 0 \end{pmatrix}$$

$$\sigma_y = \begin{pmatrix} 0 & -\mathrm{i} \\ \mathrm{i} & 0 \end{pmatrix}$$

$$\sigma_z = \begin{pmatrix} 1 & 0 \\ 0 & -1 \end{pmatrix}$$

它们的本征矢量分别为

$$|x+\rangle = \frac{1}{\sqrt{2}}\begin{pmatrix} 1 \\ 1 \end{pmatrix}, \quad |x-\rangle = \frac{1}{\sqrt{2}}\begin{pmatrix} -1 \\ 1 \end{pmatrix}$$

$$|y+\rangle = \frac{1}{\sqrt{2}}\begin{pmatrix} 1 \\ \mathrm{i} \end{pmatrix}, \quad |y-\rangle = \frac{1}{\sqrt{2}}\begin{pmatrix} 1 \\ -\mathrm{i} \end{pmatrix} \tag{F.8}$$

$$|z+\rangle = \begin{pmatrix} 1 \\ 0 \end{pmatrix}, \qquad |z-\rangle = \begin{pmatrix} 0 \\ 1 \end{pmatrix}$$

因此, 本征态之间有如下关系:

$$|x+\rangle = \frac{1}{\sqrt{2}}\left(|z+\rangle + |z-\rangle\right)$$

$$|x-\rangle = \frac{1}{\sqrt{2}}\left(-|z+\rangle + |z-\rangle\right)$$

$$|z+\rangle = \frac{1}{\sqrt{2}}\left(|x+\rangle - |x-\rangle\right)$$ (F.9)

$$|z-\rangle = \frac{1}{\sqrt{2}}\left(|x+\rangle + |x-\rangle\right)$$

2. 自旋在任意方向的投影

考虑 z 方向自旋在 A 轴方向的投影。设 A 轴的方向为 $(\sin\theta\cos\varphi, \sin\theta\sin\varphi, \cos\theta)$, 图 F.1 显示了 $\varphi = 0$ 时方向与 A 轴之间的位置关系, 那么 (F.3) 式可以写为

$$\mathrm{i}\hbar\frac{\partial}{\partial t}\begin{pmatrix} c_1 \\ c_2 \end{pmatrix} = -\mu B \begin{pmatrix} \cos\theta & \sin\theta\mathrm{e}^{-\mathrm{i}\varphi} \\ \sin\theta\mathrm{e}^{\mathrm{i}\varphi} & \cos\theta \end{pmatrix}\begin{pmatrix} c_1 \\ c_2 \end{pmatrix}$$

A 轴的方向自旋算符是

$$\sigma_A = \begin{pmatrix} \cos\theta & \sin\theta\mathrm{e}^{-\mathrm{i}\varphi} \\ \sin\theta\mathrm{e}^{\mathrm{i}\varphi} & -\cos\theta \end{pmatrix}$$

容易发现这个自旋算符的本征矢量就是

$$|A+\rangle = \begin{pmatrix} \cos(\theta/2)\mathrm{e}^{-\mathrm{i}\varphi/2} \\ \sin(\theta/2)\mathrm{e}^{\mathrm{i}\varphi/2} \end{pmatrix}$$

$$|A-\rangle = \begin{pmatrix} -\sin(\theta/2)\mathrm{e}^{-\mathrm{i}\varphi/2} \\ \cos(\theta/2)\mathrm{e}^{\mathrm{i}\varphi/2} \end{pmatrix}$$

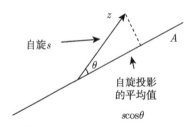

图 F.1 计算 z 方向自旋 s 在 A 方向投影的平均值

取 $\varphi = 0$(限制 A 轴的方向在 x-z 平面内),就有

$$|A+\rangle = \begin{pmatrix} \cos(\theta/2) \\ \sin(\theta/2) \end{pmatrix}$$

$$|A-\rangle = \begin{pmatrix} -\sin(\theta/2) \\ \cos(\theta/2) \end{pmatrix}$$

它们就是

$$|A+\rangle = \cos(\theta/2)\,|z+\rangle + \sin(\theta/2)\,|z-\rangle$$

$$|A-\rangle = -\sin(\theta/2)\,|z+\rangle + \cos(\theta/2)\,|z-\rangle$$

(F.10)

其中 θ 是从 z 轴转到 A 轴的角度。因此得到

$$|z+\rangle = \cos(\theta/2)\,|A+\rangle - \sin(\theta/2)\,|A-\rangle$$

$$|z-\rangle = \sin(\theta/2)\,|A+\rangle + \cos(\theta/2)\,|A-\rangle$$

(F.11)

如果取 x 轴作为 A 轴,则 (F.8) 式中的第三、四两个式子可以看成是 (F.10) 式在 $\theta = \pi/2$ 时的特殊情况。(F.10) 式和 (F.11) 式在自旋理论中经常用到。

3. (5.5) 式的证明

为了推导出第 5 章的 (5.5) 式,可以利用上面 (F.9) 式。电子经过第一个施特恩–格拉赫装置测量后,沿 z 轴的自旋是 $m_z = \pm 1/2$。用 M 记自旋算符,则 $|z-\rangle$ 和 $|z+\rangle$ 是 M 的本征矢量:

$$M\,|z+\rangle = \frac{1}{2}\,|z+\rangle$$

$$M\,|z-\rangle = -\frac{1}{2}\,|z-\rangle$$

如果测量电子沿 A 轴正方向上的自旋,那么电子在 A 轴上的自旋的平均值就是

$$\langle m_A \rangle = \langle A+|\,M\,|A+\rangle$$

把 (F.10) 式代入上面的式子,就可以得到

$$\langle m_A \rangle = [\cos(\theta/2)\,\langle z+| + \sin(\theta/2)\,\langle z-|]\,M\,[\cos(\theta/2)\,|z+\rangle + \sin(\theta/2)\,|z-\rangle]$$

所以,

$$\langle m_A \rangle = [\cos(\theta/2)\,\langle z+| + \sin(\theta/2)\,\langle z-|]\left[\frac{1}{2}\cos(\theta/2)\,|z+\rangle - \frac{1}{2}\sin(\theta/2)\,|z-\rangle\right]$$

因为 $|z-\rangle$ 和 $|z+\rangle$ 正交, 所以上式的计算结果是

$$\langle m_A \rangle = \frac{1}{2}\cos^2(\theta/2) - \frac{1}{2}\sin^2(\theta/2) = \frac{1}{2}\cos\theta$$

也就是说,

$$\langle m_A \rangle = m_z \cos\theta$$

除了 A 轴与 z 轴正方向的夹角的记号不同之外, 它与第 5 章的 (5.5) 式一致。

附录G 光 的 偏 振

假定光沿 z 轴正方向传播。光波是电磁波，电场的方向与磁场的方向是互相垂直的，同时，电场与磁场都垂直于光的传播方向。假设电场强度在 x 和 y 方向的分量分别为

$$E_x(z,t) = E_x^0 \cos(kz - \omega t + \alpha_x)$$

$$E_y(z,t) = E_y^0 \cos(kz - \omega t + \alpha_y)$$

其中 k 是波矢，ω 是圆频率，α_x 和 α_y 分别是电场强度在 x 和 y 方向的分量的初始相位。上面的两个表达式可以写成复数形式：

$$E_x(z,t) = E_x^0 e^{i\alpha_x} e^{i(kz-wt)}$$

$$E_y(z,t) = E_y^0 e^{i\alpha_y} e^{i(kz-wt)}$$

记 $E^0 = \sqrt{(E_x^0)^2 + (E_y^0)^2}$，$\varepsilon_x = E_x^0/E^0$ 和 $\varepsilon_y = E_y^0/E^0$，这三个参数都是实数，而且 $(\varepsilon_x)^2 + (\varepsilon_y)^2 = 1$；但是 $E_x(z,t)$ 和 $E_y(z,t)$ 都是复数。于是就有

$$E_x(z,t)/E^0 = \varepsilon_x e^{i\alpha_x} e^{i(kz-wt)}$$

$$E_y(z,t)/E^0 = \varepsilon_y e^{i\alpha_y} e^{i(kz-wt)}$$

或者写成矩阵形式：

$$\begin{pmatrix} E_x(z,t)/E^0 \\ E_y(z,t)/E^0 \end{pmatrix} = e^{i(kz-wt)} \psi$$

其中 $e^{i(kz-wt)}$ 刻画波动，是随时间变化的因子，而

$$\psi = \begin{pmatrix} \varepsilon_x e^{i\alpha_x} \\ \varepsilon_y e^{i\alpha_y} \end{pmatrix}$$

不随时间变化。x 方向或 y 方向的初始相位并不重要，重要的只是两者相位之差。如果 $\alpha_x \neq 0$，可以把 $e^{i\alpha_x}$ 吸收进波动部分 $e^{i(kz-wt)}$，因此不妨假定 $\alpha_x = 0$，就有

$$\psi = \begin{pmatrix} \varepsilon_x \\ \varepsilon_y e^{i\alpha_y} \end{pmatrix}$$

如果 x 方向与 y 方向相位一致，则 $\alpha_y = 0$。分两种情况讨论。如果 $\varepsilon_y = 0$，则 $\varepsilon_x = 1$，就有

$$\psi = \begin{pmatrix} 1 \\ 0 \end{pmatrix}$$

它是 x 轴方向 (水平方向) 的偏振光。另一方面，如果 $\varepsilon_x = 0$，则 $\varepsilon_y = 1$，就有

$$\psi = \begin{pmatrix} 0 \\ 1 \end{pmatrix}$$

它是 y 轴方向 (垂直方向) 的偏振光。分别用 H 和 V 记水平方向和垂直方向的线偏振态，就是

$$H = \begin{pmatrix} 1 \\ 0 \end{pmatrix}, \quad V = \begin{pmatrix} 0 \\ 1 \end{pmatrix}$$

仍然在 x 方向与 y 方向相位一致的条件下，类似上面的两个偏振态的讨论，可以组成沿 45° 方向偏振的光。用 H' 和 V' 分别记 $\varepsilon_x = \varepsilon_y = 1/\sqrt{2}$ 和 $\varepsilon_x = -\varepsilon_y = 1/\sqrt{2}$ 两个方向的线偏振态，就是

$$H' = \frac{1}{\sqrt{2}} \begin{pmatrix} 1 \\ 1 \end{pmatrix}, \quad V' = \frac{1}{\sqrt{2}} \begin{pmatrix} 1 \\ -1 \end{pmatrix}$$

圆偏振光比线偏振光要复杂一些，因为 x 方向与 y 方向上的相位不一致。用 R 和 L 分别记右旋偏振光和左旋偏振光。对于圆偏振光，总有 $\varepsilon_x = \varepsilon_y = 1/\sqrt{2}$。令 $\alpha_y = \pi/2$，x 方向的分量总比 y 方向超前 90°，则称为右旋偏振光。令 $\alpha_y = -\pi/2$，x 方向的分量总比 y 方向滞后 90°，则称为左旋偏振光。注意 $\mathrm{e}^{\mathrm{i}\pi/2} = \mathrm{i}$ 和 $\mathrm{e}^{-\mathrm{i}\pi/2} = -\mathrm{i}$，就得到

$$R = \frac{1}{\sqrt{2}} \begin{pmatrix} 1 \\ \mathrm{i} \end{pmatrix}, \quad L = \frac{1}{\sqrt{2}} \begin{pmatrix} 1 \\ -\mathrm{i} \end{pmatrix}$$

这些偏振态之间的关系是

$$H = \frac{1}{\sqrt{2}} \left(R + L \right), \quad V = \frac{-\mathrm{i}}{\sqrt{2}} \left(R - L \right)$$

$$H = \frac{1}{\sqrt{2}} \left(H' + V' \right), \quad V = \frac{1}{\sqrt{2}} \left(H' - V' \right)$$

附录H 一个简单的"退相干"模型

考虑下面的实验,把"不完美测量"仪器 D 放在粒子运动的路径上,如图 H.1 所示。这种仪器不同于一维量子势垒问题中的盖革计数器那样的测量仪器。盖革计数器这种测量造成波函数的坍缩。仪器 D 是所谓"非破坏性测量仪器",在理论上它是服从薛定谔方程的某种实验部件,它不造成波函数的坍缩。仪器 D 的结构将在以下逐步描述。

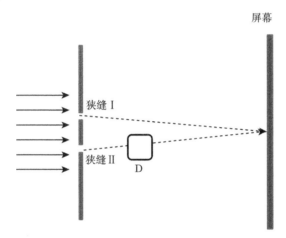

图 H.1 在粒子经过的一条途径上安装"不完美测量"仪器 D

在介绍"退相干"这个概念之前,首先考虑下面的简单例子。暂时假定 D 是一个延长路径的装置,它的作用只是使得通过狭缝 II 的波函数多走几步路。由于多走了几步路,通过狭缝 II 的波函数的相位就比通过狭缝 I 的波函数的相位滞后。当粒子到达屏幕时,仍然会产生干涉条纹,但是干涉条纹的形状将有别于 D 不存在时得到的干涉条纹。如果波函数在 D 中通过时没有损耗 (几率幅不变),那么干涉条纹与没有 D 时相比较,只是波峰和波谷的位置都平移了,而且平移的距离由 D 造成的波函数相位滞后所决定。但是,我们无法知道粒子通过哪条狭缝。

把没有 D 存在时的干涉条纹记为 A(0°),把 D 造成的波函数相位滞后记为 Δ。如果把 D 设计成相位滞后 Δ=360°,那么通过两个狭缝时,波函数的相位仍然一致,所以干涉条纹形状不变,即 A(360°)=A(0°)。如果把 D 设计成相位滞后 Δ=180°,那么通过两个狭缝时,波函数的相位恰好相反,到达屏幕时,原来波峰的位置变成波谷 (相位相反造成几率幅抵消),原来波谷的位置变成波峰 (相位一致造成几率幅增强)。也就是说，A(180°) 和 A(0°) 两种干涉条纹恰好是"互补"的。如果首先在没有 D 存在时发射 100 个粒子，再把能够造成 180° 相移的 D 放在狭缝 II 的前方，发射 100 个粒子，前后两组"互补"的干涉条纹叠加在一起，就看不到干涉条纹了。

在下面的三个实验中，把 D 换成更复杂的装置，讨论"退相干"现象。

实验 1：先假定 D 只是由一个势垒组成。只要这个势垒很窄，穿透系数就很大，大部分波函数可以穿透它，而且相位只有不很大的改变。波函数穿透这个势垒之后，在屏幕上仍然可以形成干涉条纹，但是由于相位的改变，条纹的细节与没有 D 的情况下观察到的结果会不同。如果增加"不完美测量"仪器 D 里面势垒的数目，用一组完全相同而且均匀排列的势垒组成仪器 D，只要每个势垒都很窄，就有大部分波函数穿透它，于是在屏幕上仍然可以看到干涉条纹。也就是说，波函数到达屏幕时，仍然是两个本征态 (经过不同的狭缝) 的叠加态。所以只能预言每一个结果出现的几率而不能预言某一次测量的结果。

实验 2：现在让仪器 D 中的每个势垒都作一点细微的调整，例如，势垒的宽度稍微变化一点，或者势垒中心位置稍微移动一点。调整之后，势垒的宽度及中心位置就固定下来。在发射大量粒子后，屏幕上仍然可以看到干涉条纹。波函数到达屏幕时，两束波函数依然是相干的，它仍然是两个本征态的叠加态。所以只能预言每一个结果出现的几率而不能预言某一次测量的结果。值得一提的是，与仪器 D 中的势垒调整之前相比，在屏幕上看到的干涉条纹是不一样的。

实验 3：最后，在每一次发射粒子时，仪器 D 中的每个势垒都作一点"随机"的改变。对每一个粒子，尽管仪器 D 中的势垒都有一点改变，两束波函数依然是相干的，只是到达屏幕时波函数的干涉条纹就会有改变。如果发射大量粒子，对于每个粒子，波函数到达屏幕时波函数的干涉条纹都不一样，屏幕上先后留下的干涉条纹混在一起，只能显示出统计平均值，不再显示干涉条纹。这个实验很难实现，但是 Namiki 和 Pascazio 于 1990 年作了计算机模拟[37]，一个代表性的结果如图 H.2 所示。在势垒有随机变化的情况下，随着势垒数目的增加，干涉条纹逐渐消失，当势垒数目 N 大于 100 时，干涉条纹几乎看不到了，这就是"退相干"现象。显然，仪器 D 起到退相干的作用。但是，对于每一次测量，仍然只能预言每一个结果出现的几率而不能精确预言某一次测量的结果。

在实验 1 和 2 中，由于仪器 D 没有引进随机性，那么对于不完美测量过程，波函数的状态演化遵守薛定谔方程。尽管不完美测量的仪器 D 具有大量自由度，而且每一个宏观状态可以对应着许多微观态，但是没有随机性。因此，在任何一次测量过程中，粒子都只与测量仪器的同一个特定的微观态相互作用，波函数的演化过程是相同的。对于大量测量的结果，波函数的模的二次方仍然代表着每个粒子出现在该处的几率，而且测量结果仍然会展现干涉条纹。也就是说，没有引进随机性的系统中, 每个粒子依然可以用同样的波函数来描述。

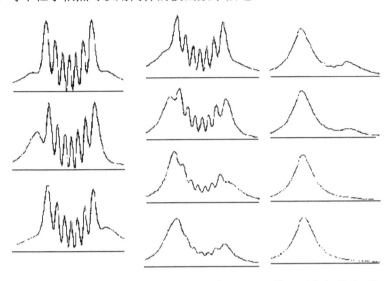

图 H.2 第一列从上到下, 再第二列从上到下, 再第三列从上到下, 势 垒数目 $N = 0, 2, 5, 10, 20, 35, 50, 70, 100, 200, \infty$[37]

在实验 3 中, 因为仪器 D 引进了随机性, 情况就大不相同了。由于每次测量时, 仪器 D 的微观态不相同, 因此波函数不再是相同的。大量测量的结果, 要对仪器 D 的各种微观态求平均才可以得到。宏观仪器 D 将用一个系综 (即大量相同的宏观系统) 来描述, 系综里面的每个系统对应着仪器 D 的一个微观态。图 H.2 中势垒数目 N 很大时描绘的状态, 就是通过计算机模拟所得到的系综平均的结果, 干涉条纹消失了。对于这样一个系综, 需要引入密度矩阵去描述测量后的状态。但是, 密度矩阵的概念超出了本书的范围。在这里只需要指出, 在统计物理中, 系综平均可以用时间平均代替 (各态历经假说), 所以图 H.2 中 N 很大时描绘的状态, 也可以看成是对一个受到随机扰动的宏观系统长时间观察所得到的平均结果。显然, 在实验 3 中, 退相干的发生是因为引进了随机力。

如果通过实验来观察引进了随机性的双缝干涉现象, 就会更容易理解"退相干"。用 $N_R(B)$ 记左边缝被遮挡右边缝打开时在 B 处收集到的粒子数目, 用 $N_L(B)$ 记右边缝被遮挡左边缝打开时在 B 处收集到的粒子数目, 用 $N_T(B)$ 记左右两边缝都打开时在 B 处收集到的粒子数目, 第 2 章讨论双缝干涉实验测量时曾经提到, 会有可能得到 $N_T(B) < N_R(B)$ 并且 $N_T(B) < N_L(B)$ 的测量结果。就是在双缝干涉实验测量之中, 存在"双缝都打开时在某处搜集到的粒子数目可能比任何一个缝打开另一个缝关闭时在该处搜集的粒子数目还要少"这种情况。量子力学计算表明, 如果退相干是"充分"的 (就像上面说的仪器 D 里面引进了随机性而且势垒数目

N 无穷大的情况)，那么测量造成的结果可以是，两个狭缝都打开的时候落在屏幕上每处的粒子数，等于把两个狭缝之一暂时遮挡住的时候分别得到的每个狭缝中通过的粒子落在屏幕上该处的粒子数之和，即 $N_\mathrm{T}(\mathrm{B}) = N_\mathrm{R}(\mathrm{B}) + N_\mathrm{L}(\mathrm{B})$。这说明干涉条纹就看不到了。

附录I 德布罗意–玻姆理论

在德布罗意–玻姆理论中,粒子的状态不仅由波函数来描述,也用位置和动量来描述。在这里,与波函数相比,位置和动量就担当着"隐变量"的角色。德布罗意–玻姆的方法必须首先用薛定谔方程计算波函数,再由波函数计算"量子势"(quantum potential)。我们知道,经典粒子的运动遵守牛顿方程,牛顿方程中粒子受到的力由经典势决定。类似地,在德布罗意–玻姆理论中,粒子的运动遵守"导航波方程"。导航波方程与牛顿方程的区别在于,牛顿方程中的经典势在导航波方程中要用经典势和量子势之和代替。换句话说,在德布罗意–玻姆理论中,粒子所受到的力就由经典势和量子势之和来决定。如果已知粒子初始位置和动量,就可以预言下一时刻粒子的位置和动量。在经典力学中,经典势使粒子受到经典力(机械力、电磁力、万有引力等),在德布罗意–玻姆理论中,除了经典力之外,还有"量子势"使粒子受到"量子力"。在经典力和"量子力"的共同作用下,导航波方程计算出粒子的运动轨道。这个计算过程可以继续下去,直到粒子被测量。图 I.1 描绘了导航波方程计算得到的双缝干涉实验中各种可能的粒子运动轨道。从这个图看出,到达屏幕上半部的粒子都途经上面的狭缝,而到达屏幕下半部的粒子都途经下面的狭缝。由于波函数的干涉作用,波函数在空间的分布是很不均匀的,由此造成量子力在各处的大小和方向差别很大。于是粒子的运动轨道有时会显示速度的大小和方向突然改变。我们从这些轨道可以隐约看到两束波函数互相重叠产生的干涉现象的痕迹。

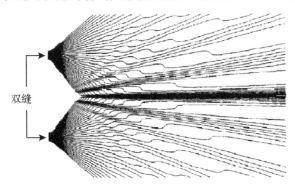

双缝

图 I.1 用于双缝干涉实验,德布罗意–玻姆理论所得到的各种可能的粒子运动轨道

德布罗意–玻姆理论中既有波函数,又有粒子,粒子有自己的轨道。这一点与哥本哈根诠释不一致。以双缝干涉实验为例,在德布罗意–玻姆理论中,每个粒子

只走一条缝，但是波函数总是走两条缝。由于波函数"引导"着粒子的运动，因此粒子的运动仍然显示出干涉现象。由此可见，德布罗意–玻姆理论恢复了经典力学里的确定性。但是，德布罗意–玻姆理论仍然保持了非定域性。"量子力"不是仅由粒子位置附近的波函数决定，而是由波函数的全局决定。换句话说，"量子力"依赖着远距离的波函数的信息。如果把德布罗意–玻姆理论用于双粒子的体系，就会发现一个粒子的轨道依赖于另一个粒子的轨道，即便两个粒子相距甚远，粒子之间完全没有任何经典相互作用，其中一个粒子的运动仍然会立即引起另一个粒子感受到的量子力的变化。这些轨道显得有些不合常理，这样的量子力也相当"诡异"。量子力学没有解决的某些困难，德布罗意–玻姆理论也没有解决。例如，穿过某个狭缝的粒子"知道"另一个狭缝是否打开，在德布罗意–玻姆理论中，是因为粒子"知道"波函数在空间各处的值，所以德布罗意–玻姆理论并没有解答"粒子如何知道另一个狭缝是否打开"的问题，而只是把它转移为另一个同样令人困惑的问题，那就是，"粒子如何知道波函数在空间各处的值"的问题。

德布罗意–玻姆理论恢复了粒子运动"轨道"的概念。由于不需要用波函数的"坍缩"来解释测量的结果，也就在某种意义上避免了所谓"测量"问题。但是这个理论并没有完全摆脱波函数的"坍缩"问题，因为在一个具体过程中的任何瞬间，一旦确认了粒子的"位置"或"动量"，就知道了"粒子走哪条路"，从那一瞬间起的波函数就改变了。所以德布罗意–玻姆理论并没有最终解决测量问题。

附录J 对于纠缠态的讨论

本附录包括三个部分：纠缠态自旋关联函数 (7.3) 式的证明；在 EPR 实验中的两次测量过程；关于处于纠缠态的两个电子总自旋角动量守恒定律。

1. 纠缠态自旋关联函数 (7.3) 式的证明。

在 EPR 实验中，假定处于纠缠态的两个电子出发时自旋沿 z 方向，其初始波函数可以写为

$$|\psi\rangle = \frac{1}{\sqrt{2}}\left(|z1+\rangle\,|z2-\rangle - |z1-\rangle\,|z2+\rangle\right) \tag{J.1}$$

其中 $|z1+\rangle$ 是第一个电子自旋沿 z 轴正方向的状态，其余符号具有类似的含义。在附录 F 曾考虑过一个电子的情况，如果电子自旋平行于 z 方向，那么它与 A 方向自旋的关系可以用 (F.9) 式表达，即

$$
\begin{aligned}
|z+\rangle &= \cos\left(\frac{\theta}{2}\right)|A+\rangle - \sin\left(\frac{\theta}{2}\right)|A-\rangle \\
|z-\rangle &= \sin\left(\frac{\theta}{2}\right)|A+\rangle + \cos\left(\frac{\theta}{2}\right)|A-\rangle
\end{aligned}
\tag{J.2}
$$

其中 θ 是从 z 轴转到 A 轴的角度，见图 J.1。(J.2) 式用于第一个电子时，角度 θ 就是 a，用于第二个电子时，角度 θ 就是 b，所以得到

$$|z1+\rangle = \cos\left(\frac{a}{2}\right)|A+\rangle - \sin\left(\frac{a}{2}\right)|A-\rangle$$

$$|z1-\rangle = \sin\left(\frac{a}{2}\right)|A+\rangle + \cos\left(\frac{a}{2}\right)|A-\rangle$$

$$|z2+\rangle = \cos\left(\frac{b}{2}\right)|B+\rangle - \sin\left(\frac{b}{2}\right)|B-\rangle$$

$$|z2-\rangle = \sin\left(\frac{b}{2}\right)|B+\rangle + \cos\left(\frac{b}{2}\right)|B-\rangle$$

把以上四个式子代入 (J.1) 式，就有

$$
\begin{aligned}
|\psi\rangle = \frac{1}{\sqrt{2}}&\left[-\sin\left(\frac{a-b}{2}\right)|A+\rangle\,|B+\rangle + \cos\left(\frac{a-b}{2}\right)|A+\rangle\,|B-\rangle\right. \\
&\left. - \cos\left(\frac{a-b}{2}\right)|A-\rangle\,|B+\rangle - \sin\left(\frac{a-b}{2}\right)|A-\rangle\,|B-\rangle\right]
\end{aligned}
\tag{J.3}
$$

(J.3) 式反映出系统处于 $|A+\rangle|B+\rangle$，$|A+\rangle|B-\rangle$，$|A-\rangle|B+\rangle$，$|A-\rangle|B-\rangle$ 四个状态的叠加态。这四个状态都是 E 的本征态，本征值 (为了避免分数，取自旋的二倍，见 7.4 节的定义) 分别是 $+1$，-1，-1，$+1$。具体写出来，就是

$$E|A+\rangle|B+\rangle = |A+\rangle|B+\rangle$$
$$E|A+\rangle|B-\rangle = -|A+\rangle|B-\rangle$$
$$E|A-\rangle|B+\rangle = -|A-\rangle|B+\rangle$$
$$E|A-\rangle|B-\rangle = |A-\rangle|B-\rangle$$

由此可以计算 $|\psi\rangle$ 状态下 E 的期望值 $\langle\psi|E|\psi\rangle$。

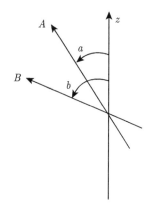

图 J.1   沿 A 和 B 自旋之间关联函数的计算

$\langle\psi|E|\psi\rangle$ 里共有 16 项，其中的 12 个交叉项的贡献是零，这是因为 $|A+\rangle|B+\rangle$，$|A+\rangle|B-\rangle$，$|A-\rangle|B+\rangle$，$|A-\rangle|B-\rangle$ 四个状态互相正交。其余 4 项的贡献合起来，得到

$$\langle E\rangle = \langle\psi|E|\psi\rangle = \sin^2\left(\frac{a-b}{2}\right) - \cos^2\left(\frac{a-b}{2}\right) = -\cos(a-b) \tag{J.4}$$

这个结果与 (7.3) 式一致。

2. 在 EPR 实验中的两次测量过程

第一次测量之前，两个电子处于 (J.3) 式所定义的纠缠态。第一次测量了左边电子沿 A 方向的自旋，假定测量结果左边电子处于 $|A+\rangle$，则波函数坍缩到 (J.3) 式右边方括号内的前两项：

$$|\psi\rangle = |A+\rangle\left[-\sin\left(\frac{a-b}{2}\right)|B+\rangle + \cos\left(\frac{a-b}{2}\right)|B-\rangle\right] \tag{J.5}$$

这已经不再是两个电子的纠缠态了，因为两个电子的波函数已经互相独立。右边电

子的波函数就是

$$|\psi_2\rangle = -\sin\left(\frac{a-b}{2}\right)|B+\rangle + \cos\left(\frac{a-b}{2}\right)|B-\rangle \tag{J.6}$$

在第二次测量中，会发现右边电子沿 B 方向的自旋，得到的结果有 $-1/2$ 或者 $1/2$ 两个结果。电子的波函数相应地坍缩到 $|B+\rangle$ 或 $|B-\rangle$。

3. 关于处于纠缠态的两个电子总自旋角动量守恒定律

在 (J.2) 式中的第二式里，用 B 代替 A，用 A 代替 z，再用 $(b-a)/2$ 代替 θ，就得到

$$|A-\rangle = -\sin\left(\frac{a-b}{2}\right)|B+\rangle + \cos\left(\frac{a-b}{2}\right)|B-\rangle \tag{J.7}$$

比较 (J.6) 式和 (J.7) 式，可以看出，

$$|\psi_2\rangle = |A-\rangle$$

这表明在测量左边的电子并发现自旋沿 A 轴正方向之后，右边电子的状态是 $|A-\rangle$，它是自旋沿 A 轴负方向的本征态。所以第一次测量前后，系统 (两个电子) 总自旋都是零。因为这系统没有轨道角动量，所以总自旋角动量守恒。

但是，第二次测量是对右边电子测量沿 B 方向的自旋，从 (J.7) 式可知，将会得到 $-1/2$ 或者 $1/2$ 这两种结果，两者的几率分别为 $\sin^2[(a-b)/2]$ 和 $\cos^2[(a-b)/2]$。于是对每一个电子测量时得到的总自旋不再守恒。但是对一个系综里的大量样本，在测量得到左边电子自旋为 $1/2$ (二倍为 1) 的条件下，右边电子沿 B 方向自旋二倍的平均值是

$$\sin^2\left(\frac{a-b}{2}\right) - \cos^2\left(\frac{a-b}{2}\right) = -\cos(a-b) \tag{J.8}$$

与 (J.4) 式一致。同理可以推出，在测量得到左边电子自旋为 $-1/2$ (二倍为 -1) 的条件下，右边电子沿 B 方向自旋二倍的平均值是 $\cos(a-b)$。所以，在统计了一个系综里右边所有电子沿 B 方向自旋之后，得到的平均值为零。这就证明了在统计平均的意义上系统的总自旋仍然满足守恒定律。

由于电子在垂直于 A 和 B 的方向 (记为 y 方向) 上自旋平均值为 0，即 $\langle S_y \rangle = 0$，所以广义的不确定度关系是 "平庸的"，电子在 B 方向上的自旋，不论取 $1/2$ 或是 $-1/2$，都在广义不确定度关系的精确度范围之内。

附录K 对"量子橡皮"的解释

在本附录中将讨论两个部分:一是关于 8.3 节简单量子橡皮实验模型的量子力学计算;二是介绍一个基于纠缠态的量子橡皮实验。

1. 简单量子橡皮实验模型的量子力学计算

这个部分将通过量子力学计算,就 8.3 节的简单 "量子橡皮" 的理论模型作出解释。+45° 偏振的状态就是附录 G 中的 $|H'\rangle$,−45° 偏振的状态就是附录 G 中的 $|V'\rangle$。它们与 $|H\rangle$ 和 $|V\rangle$ 的关系是

$$|H'\rangle = \frac{1}{\sqrt{2}}(|H\rangle + |V\rangle)$$

$$|V'\rangle = \frac{1}{\sqrt{2}}(|H\rangle - |V\rangle)$$

根据附录 G,可知

$$|H\rangle = \frac{1}{\sqrt{2}}(|H'\rangle + |V'\rangle)$$

$$|V\rangle = \frac{1}{\sqrt{2}}(|H'\rangle - |V'\rangle)$$

第一步骤的实验装置里 (图 8.3),双缝起到准备初始波函数的作用。在实验装置中已经将一沿 45° 方向的偏振片放在双缝之前,光束到达双缝前处于 +45° 偏振的状态,即 $|H'\rangle$。光子通过双缝,用 $|S1\rangle$ 和 $|S2\rangle$ 分别记通过左缝和右缝的光束,则通过双缝后的波函数可以写成

$$\psi = \frac{1}{\sqrt{2}}|H'\rangle(|S1\rangle + |S2\rangle) \tag{K.1}$$

注意到 $\langle H'|H'\rangle = 1$,容易计算到达屏幕时的几率密度:

$$\langle\psi|\psi\rangle = \frac{1}{2}[\langle S1\,|\,S1\rangle + \langle S2\,|\,S2\rangle + \langle S1\,|\,S2\rangle + \langle S2\,|\,S1\rangle]$$

根据附录 C 的讨论,交叉项 $\langle S1|S2\rangle + \langle S2|S1\rangle$ 意味着有干涉条纹。

第二步骤的实验装置里 (图 8.4),在狭缝 $S1$ 和 $S2$ 的后面紧贴狭缝的地方,分别放置了一个 x 方向的偏振片 h 和一个 y 方向的偏振片 v。在通过这两个偏振片之前的波函数 (K.1) 式可以写成

$$\frac{1}{2}(|H\rangle + |V\rangle)(|S1\rangle + |S2\rangle)$$

它就是

$$\frac{1}{2}\left[|H\rangle|S1\rangle + |H\rangle|S2\rangle + |V\rangle|S1\rangle + |V\rangle|S2\rangle\right]$$

在波函数经过双缝后面的两个偏振片的时候,波函数会发生坍缩:经过左缝 $S1$ 之后,只有 H 分量被保留,而经过右缝 $S2$ 之后,只有 V 分量被保留,所以上面式子右边括号内的四项只有两项会保留下来。把得到的式子重新归一化,就知道到达屏幕的波函数是

$$\psi = \frac{1}{\sqrt{2}}\left[|H\rangle|S1\rangle + |V\rangle|S2\rangle\right] \tag{K.2}$$

所以到达屏幕时的几率密度是波函数模的二次方,即

$$\langle\psi|\psi\rangle = \frac{1}{2}\left[\langle H|\langle S1| + \langle V|\langle S2|\right]\left[|H\rangle|S1\rangle + |V\rangle|S2\rangle\right]$$

注意 $|H\rangle$ 和 $|V\rangle$ 正交,即 $\langle H|V\rangle = 1$ 和 $\langle V|H\rangle = 1$,就得到

$$\langle\psi\,|\,\psi\rangle = \frac{1}{2}\left[\langle S1\,|\,S1\rangle + \langle S2\,|\,S2\rangle\right]$$

其中 $\langle S1|S1\rangle + \langle S2|S2\rangle$ 构成单缝的两个影像之和,没有交叉项,因此没有干涉条纹。

在第三步骤的实验装置 (图 8.5) 里,与第二步骤相比较,这里又多了一个 $45°$ 方向的偏振片 H′。在到达这个偏振片之前的波函数是 (K.2) 式,它可以写成

$$\frac{1}{2}\left[|S1\rangle\left(|H'\rangle + |V'\rangle\right) + |S2\rangle\left(|H'\rangle - |V'\rangle\right)\right]$$

也就是

$$\frac{1}{2}\left[|H'\rangle\left(|S1\rangle + |S2\rangle\right) + |V'\rangle\left(|S1\rangle - |S2\rangle\right)\right] \tag{K.3}$$

经过 $45°$ 方向的偏振片 H′ 的测量,到达屏幕时的波函数就坍缩到

$$\psi = \frac{1}{\sqrt{2}}|H'\rangle\left(|S1\rangle + |S2\rangle\right)$$

所以几率密度是

$$\langle\psi|\psi\rangle = \frac{1}{2}\langle H'\,|\,H'\rangle\left[\langle S1\,|\,S1\rangle + \langle S2\,|\,S2\rangle + \langle S1\,|\,S2\rangle + \langle S2\,|\,S1\rangle\right] \tag{K.4}$$

存在交叉项 $\langle S1|S2\rangle + \langle S2|S1\rangle$,这意味着有干涉条纹出现。

在第四步骤的实验装置 (图 8.6) 里,与第三步骤相比较,就是把 $45°$ 方向的偏振片 H′ 换成 $-45°$ 方向的偏振片 V′。计算过程与上一个步骤类似。经过偏振片的测量,上述波函数就坍缩到

$$\psi = \frac{1}{\sqrt{2}}|V'\rangle\left(|S1\rangle - |S2\rangle\right)$$

就得到屏幕上的几率密度：

$$\langle \psi \mid \psi \rangle = \frac{1}{2} \langle V' \mid V' \rangle \left[\langle S1 \mid S1 \rangle + \langle S2 \mid S2 \rangle - \langle S1 \mid S2 \rangle - \langle S2 \mid S1 \rangle \right] \qquad \text{(K.5)}$$

存在交叉项 $-\langle S1 \mid S2 \rangle - \langle S2|S1 \rangle$，这意味着有干涉条纹出现。

只需注意第三步骤使用 45° 方向的偏振片时的干涉项 $\langle S1|S2 \rangle + \langle S2|S1 \rangle$ 和第四步骤使用 $-45°$ 方向偏振片时的干涉项 $-\langle S1|S2 \rangle - \langle S2|S1 \rangle$ 互为相反数，而且 $\langle H'|H' \rangle = \langle V'|V' \rangle = 1$，就知道两组干涉条纹互补，前者的亮纹恰好与后者的暗纹在同一位置。

2. 一个基于纠缠态的量子橡皮实验

这个部分将介绍的量子橡皮实验方案里，每一次产生一对处于纠缠态的光子，这两个光子分别称为 "信号光子"(signal photons) 和 "闲散光子"(idler photons)。其中的信号光子通过双缝，观察其干涉现象，而对闲散光子测量偏振。由于信号光子与闲散光子处于纠缠态，所以通过对闲散光子偏振的测量就可以知道信号光子的偏振方向。在这个实验设计中，信号光子在屏幕上的位置是通过对信号光子的直接测量实现的，而信号光子携带的 "走哪条路" 的信息是由测量闲散光子的偏振方向得到的。容易理解的是，如果先测量信号光子 "走哪条路"，那么在测量它在屏幕上出现的位置时就不应该出现干涉条纹。但是，如果信号光子到达屏幕之时，它还没有来得及确定 "走哪条路"，干涉条纹能否出现呢？于是出现这样的见解：

在量子橡皮实验中，如果闲散光子的偏振被测量之后，信号光子才到达屏幕，那么信号光子就知道它走哪条路，它在屏幕上就不应该出现干涉条纹。但是，如果信号光子先到达屏幕，闲散光子的偏振才被测量，那么信号光子在到达屏幕时不知道它走了哪条路，屏幕上是否显示干涉条纹，就应当与 "事后是否测量闲散光子的偏振" 有关。如果事后不测量闲散光子的偏振，屏幕上就有干涉条纹。如果事后突然又测量了闲散光子的偏振，干涉条纹就又会消失了。

于是，持这种见解的人就得出 "当前状态可能受到将来行为影响" 的荒唐结果，也就是 "推迟的量子橡皮"(delayed quantum eraser) 佯谬。针对这个佯谬，Yoon-Ho Kim 等五人于 1999 年完成的 "量子橡皮" 实验，在实验中同时观察到干涉图案 (如果不区分走哪条路) 和无干涉图案 (如果区分走哪条路)。这个实验证明，是否可以看到干涉条纹，不是取决于观察信号光子和闲散光子的先后次序，而是取决于数据处理的方法 [59]。

这个实验的设备如图 K.1 所示。氩离子泵激光束在到达双缝时被分开，入射到位于两个区域 A 和 B 的 II 型相位匹配非线性光学晶体 BBO (即 β-BaB$_2$O$_4$ 晶体)。无论入射粒子从 A 或 B 区通过，都会产生一对纠缠态光子。这样的设备保证了初始波函数是 A 区和 B 区的纠缠态光子的叠加态。在双缝附近没有仪器可以确定这一对纠缠态光子是在 A 区产生还是在 B 区产生的。每对纠缠态的光子中,一个称为"信号光子",另一个称为"闲散光子",它们的偏振方向互相垂直。

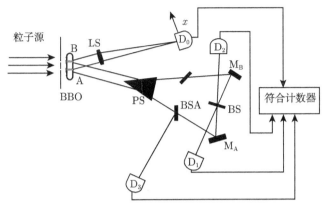

图 K.1 Yoon-Ho Kim 等五人的实验设置示意图。光源产生的光束通过双缝时,分别射到处在 A 和 B 两个区的 BBO 晶体上,于是分别从 A 或 B 区产生一对纠缠态光子。图中 $D_0 \sim D_3$ 都是检测器,LS 是汇聚透镜,BSA 和 BS 都是分光镜,M_A 和 M_B 是反射镜。光子被五个检测器检测,通过符合计数器记录结果。通过对得到的数据进行分析,可以解释量子橡皮现象

信号光子飞往透镜 LS,飞行一段距离之后,被检测器 D_0 俘获。这个检测器可以沿图中所示的 x 方向移动,在某个位置收集到足够数目的信号光子之后,可以移动到其他不同位置,逐一记录每个地方俘获的光子的数目。通过这种方式,最后得到信号光子在 x 轴上的分布。

闲散光子则飞往另外一个方向,经过一个干涉仪。这个干涉仪由一个棱柱 PS、两个 50-50 分光镜 BSA 和 BSB、两个反射镜 M_A 和 M_B、一个 50-50 分光镜 BS,以及四个检测器 D_1,D_2,D_3,D_4 组成。每产生一对纠缠态光子,信号光子都会被检测器 D_0 俘获,而闲散光子会分别被四个检测器 D_1,D_2,D_3,D_4 之一俘获。为了图形简洁,没有标出闲散光子 B 的光路上的分光镜 BSB,也没有画出检测器 D_4,但是通过以下的叙述,读者不难从闲散光子 A 的光路上的分光镜 BSA 和检测器 D_3,识别闲散光子 B 的光路上它们应有的位置。检测器 D_1 和 D_2 分别放置在分光镜 BS 的出口。如果闲散光子被检测器 D_3 俘获,则它必定来自狭缝 A,注意到分光镜 BSA 的存在,就知道来自狭缝 A 的光子只有 50% 几率被检测器 D_3 俘获,另有 50% 几率飞往反射镜 M_A。如果闲散光子被检测器 D_4 俘获,则它必定来自狭缝 B,注意到分光镜 BSB 的存在,就知道来自狭缝 B 的光子只有 50% 几率被检测器 D_4 俘获,另有 50% 几率飞往反射镜 M_B。因为到达检测器 D_3 的光子来自狭缝 A,到达检测器 D_4 的光子来自狭缝 B,它们都保留着"走哪条路"的信息,因此与它

们对应的信号光子在屏幕上不应当显示干涉条纹。

这里需要着重分析 "走哪条路" 的信息是如何被 "量子橡皮" 抹掉的。被 M_A 和 M_B 这两个反射镜反射的光束在分光镜 BS 汇合。分光镜 BS 是个半镀银镜子，来自 M_A 和 M_B 这两个反射镜的光束，每束光都有 50% 穿透分光镜 BS，另外 50% 被反射。如 8.6 节所分析的那样，这两束入射光在到达半镀银镜子的时候，正面射入的光束得到的反射光的波函数和穿透光的波函数之间的相位差 φ_A，与反面射入的光束得到的反射光的波函数和穿透光的波函数之间的相位差 φ_B 相比，区别是半个周期。到达检测器 D_1 的波函数是来自 M_A 的反射部分和来自 M_B 的透射部分，而到达检测器 D_2 的波函数是来自 M_A 的透射部分和来自 M_B 的反射部分。如果到达检测器 D_1 的两部分波函数相位正好相同 (效果就是两个波函数相加)，那么到达检测器 D_2 的两部分波函数的相位就正好相反 (效果就是两个波函数相减)。这样一来，到达检测器 D_1 和 D_2 的光子 "走哪条路" 的信息被分光镜 BS 抹掉了，这里 BS 就起到量子橡皮的作用。

实验中四个检测器得到的结果归纳在图 K.2 里。信号光子到达检测器的光程比闲散光子到达检测器的光程大约短 2.5 米，所以闲散光子比信号光子晚大约 8 纳秒。结果说明，无论量子橡皮如何推迟，联合计数的结果都是一样的。D_0 和 D_1 的联合计数记录的是通过双缝到达屏幕但是不知道走哪条路的光子，所以显示干涉条纹，见图 K.2(a)。D_0 和 D_2 的联合计数显示干涉条纹，见图 K.2(b)。图 K.2(a) 和 (b) 互补，而 D_0 和 D_3 的联合计数记录的是通过双缝到达屏幕但是知道走哪条路的光子，所以不显示干涉条纹，见图 K.2(c)。结论是，由于实验设备使得光子的路径可以被跟踪，所以显示 D_0 观测结果的屏幕上没有干涉图案。是否可以利用量子橡皮观察到干涉条纹，完全取决于数据处理的方法，与 "量子橡皮是否延迟" 毫无关系[60]。

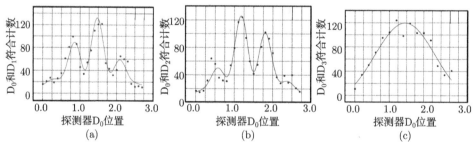

图 K.2   在 Yoon-Ho Kim 等五人实验里量子橡皮的作用[59]。(a) 检测器 D_0 和 D_1 符合计数，显示干涉条纹；(b) 检测器 D_0 和 D_2 符合计数，显示干涉条纹；(c) 检测器 D_0 和 D_3 符合计数，没有干涉条纹。(c) 与 (b) 显示波谷与波峰相抵消，干涉条纹互补

总之，一些人提出 "量子橡皮佯谬"，其原因是没有搞清楚量子橡皮现象。在

8.3 节的简单量子橡皮实验中,不涉及纠缠态,现象就十分清楚,无论用 45° 方向的偏振片还是用 −45° 方向偏振片作为量子橡皮,都过滤了一部分光子,只有 45° 方向的偏振光子或者只有 −45° 方向偏振光子最终可以击中屏幕,因此才在屏幕上出现了干涉条纹。然而,在这里介绍的用纠缠态粒子实施的量子橡皮实验中,实验装置里不会过滤任何信号光子,所有信号光子最终都将击中屏幕,因此屏幕上不会出现干涉条纹。在这种情况下,只有正确处理数据,挑出适当的联合计数,才能呈现干涉条纹。所以量子橡皮现象原本不存在任何"佯谬",也不会发生"未来决定过去"的可能。

附录L 伊利泽－威德曼问题的量子力学计算

在图 8.10 中，如果没有炸弹，在分光镜 BS1，入射光子的波函数分裂为左右两支，入射光的初始状态 $|s\rangle$ 演化为沿左右两条路径运动的叠加态：

$$|s\rangle \to \frac{1}{\sqrt{2}}(|O\rangle + i|I\rangle) \tag{L.1}$$

其中 $|O\rangle$ 是沿左边路径，$|I\rangle$ 是沿右边路径，系数 i 来自半反射镜引起的相移，箭头 $\to$ 可以理解为"演化为"。沿左边路径的光子到达分光镜 BS2 时，会演化为飞往 B 和 D 两种可能状态的叠加：

$$|O\rangle \to \frac{1}{\sqrt{2}}(|D\rangle + i|B\rangle) \tag{L.2}$$

其中 $|B\rangle$ 是检测器 B 亮起的状态，$|D\rangle$ 是检测器 D 亮起的状态。同样地，右边路径的光子到达分光镜 BS2 时，

$$|I\rangle \to \frac{1}{\sqrt{2}}(|B\rangle + i|D\rangle) \tag{L.3}$$

由于左右两边的反射镜所引起的相移是相同的，不会引起两条光路在到达分光镜 BS2 时相位差的变化，可以不必考虑。将 (L.2) 式和 (L.3) 式代入 (L.1) 式，可以得到

$$|s\rangle \to i|B\rangle \tag{L.4}$$

这个结果说明在没有炸弹的时候，检测器 B 亮起的几率为 100%。

再考虑右边路径有炸弹的情况。在分光镜 BS1，光子演化为沿左右两条路径运动的叠加态。所以 (L.1) 式应当改写为

$$|s\rangle \to \frac{1}{\sqrt{2}}(i|I\rangle|A\rangle + |O\rangle) \tag{L.5}$$

其中 $|A\rangle$ 是炸弹波函数。左边路径的光子到达分光镜 BS2 时，(L.2) 式仍然有效。但是右边路径的光子达到分光镜 BS2 前会遭遇炸弹，因此只将 (L.2) 式代入 (L.5) 式，得到

$$|s\rangle \to \frac{1}{\sqrt{2}}\left[i|I\rangle|A\rangle + \frac{i}{\sqrt{2}}(|D\rangle + i|B\rangle)\right] \tag{L.6}$$

化简之后就可以得到

$$|s\rangle \rightarrow \frac{i}{\sqrt{2}}|I\rangle|A\rangle + \frac{i}{2}|D\rangle - \frac{1}{2}|B\rangle \tag{L.7}$$

　　(L.7) 式里每一项系数的二次方表示各测量仪器 (炸弹、检测器 B、检测器 D) 俘获光子的相应几率。第一项表示炸弹爆炸的几率为 50%，第二项表示 D 亮起的几率为 25%，第三项表示 B 亮起的几率也是 25%。

　　按照以上计算，伊利泽–威德曼实验各种可能的结果总结在表 L.1 中。表 L.1 和经典直观逻辑得到的结果 (表 8.2) 是一致的。注意在有炸弹存在的条件下，可以确认炸弹存在而不引起爆炸 (D 亮) 的几率是 25%，引起爆炸 (D 和 B 都不亮) 的几率是 50%，二者之比为 1/2。不妨把这个比例称为成败比。至于 B 亮的盒子，仍然有待确认炸弹是否存在，为此可以对这些状态未定的盒子再次重复以上检测过程。无论重复多少次检测，被确认炸弹存在而不引起爆炸的盒子数目，始终是引起爆炸的炸弹数目的一半左右。不断重复检测，就几乎可以肯定剩下的尚待确认的盒子都是空盒子。

表 L.1　　按照量子力学三阶段论，各种可能结果发生的几率

盒子状态	检测结果		有炸弹时事件的几率
没有炸弹	B 亮		—
炸弹存在	炸弹没有检测到光子	B 亮	25%
		D 亮	25%
	炸弹检测到光子	都不亮	50%

附录M 对哈迪佯谬的量子力学解释

在图 8.11 中，分光镜 BS1p 的作用，是把正电子波函数分成两支，一支走外途径，一支走内途径：

$$|e+\rangle \rightarrow \frac{1}{\sqrt{2}}\left(|O_\mathrm{p}\rangle + i\,|I_\mathrm{p}\rangle\right) \tag{M.1}$$

其中系数 i 来自半反射镜引起的相移。分光镜 BS1e 的作用类似：

$$|e-\rangle \rightarrow \frac{1}{\sqrt{2}}\left(|O_\mathrm{e}\rangle + i\,|I_\mathrm{e}\rangle\right) \tag{M.2}$$

类似地，分光镜 BS2p 和 BS2e 的作用：

$$
\begin{aligned}
|O_\mathrm{p}\rangle &\rightarrow \frac{1}{\sqrt{2}}\left(i\,|B_\mathrm{p}\rangle + |D_\mathrm{p}\rangle\right) \\
|O_\mathrm{e}\rangle &\rightarrow \frac{1}{\sqrt{2}}\left(i\,|B_\mathrm{e}\rangle + |D_\mathrm{e}\rangle\right) \\
|I_\mathrm{p}\rangle &\rightarrow \frac{1}{\sqrt{2}}\left(|B_\mathrm{p}\rangle + i\,|D_\mathrm{p}\rangle\right) \\
|I_\mathrm{e}\rangle &\rightarrow \frac{1}{\sqrt{2}}\left(|B_\mathrm{e}\rangle + i\,|D_\mathrm{e}\rangle\right)
\end{aligned}
\tag{M.3}
$$

由于所有反射镜所引起的相移是相同的，不会引起相位差的变化，所以计算中不必考虑。利用 (M.1) 式和 (M.2) 式，波函数经 BS1p 和 BS1e 后成为

$$|e+\rangle\,|e-\rangle \rightarrow \frac{1}{2}\left(|O_\mathrm{p}\rangle + i\,|I_\mathrm{p}\rangle\right) \cdot \left(|O_\mathrm{e}\rangle + i\,|I_\mathrm{e}\rangle\right)$$

也就是

$$|e+\rangle\,|e-\rangle \rightarrow \frac{1}{2}\left(-\,|I_\mathrm{p}\rangle\,|I_\mathrm{e}\rangle + i\,|O_\mathrm{p}\rangle\,|I_\mathrm{e}\rangle + i\,|O_\mathrm{e}\rangle\,|I_\mathrm{p}\rangle + |O_\mathrm{p}\rangle\,|O_\mathrm{e}\rangle\right) \tag{M.4}$$

正负电子对相遇会湮灭为光子，所以 (M.4) 式右边第一项写为

$$|I_\mathrm{p}\rangle\,|I_\mathrm{e}\rangle \rightarrow |\gamma\rangle$$

利用 (M.3) 式中诸式，可以知道 (M.4) 式右边其余三项经 BS2p 和 BS2e 后成为

$$|O_\mathrm{p}\rangle\,|O_\mathrm{e}\rangle \rightarrow \frac{1}{2}\left(|D_\mathrm{p}\rangle + i|B_\mathrm{p}\rangle\right) \cdot \left(|D_\mathrm{e}\rangle + i|B_\mathrm{e}\rangle\right)$$

$$|I_{\mathrm{p}}\rangle |O_{\mathrm{e}}\rangle \to \frac{1}{2}(|B_{\mathrm{p}}\rangle + i|D_{\mathrm{p}}\rangle) \cdot (i|B_{\mathrm{e}}\rangle + |D_{\mathrm{e}}\rangle)$$

$$|I_{\mathrm{e}}\rangle |O_{\mathrm{p}}\rangle \to \frac{1}{2}(|B_{\mathrm{e}}\rangle + i|D_{\mathrm{e}}\rangle) \cdot (i|B_{\mathrm{p}}\rangle + |D_{\mathrm{p}}\rangle)$$

所以从 (M.4) 式最后得到

$$|\mathrm{e}+\rangle |\mathrm{e}-\rangle \to \frac{1}{4}(-2|\gamma\rangle - 3|B_{\mathrm{p}}\rangle|B_{\mathrm{e}}\rangle + i|B_{\mathrm{p}}\rangle|D_{\mathrm{e}}\rangle + i|B_{\mathrm{e}}\rangle|D_{\mathrm{p}}\rangle - |D_{\mathrm{p}}\rangle|D_{\mathrm{e}}\rangle)$$

右边五项分别代表的五种状态列在表 M.1 中。表 8.3 是表 M.1 内容的一部分。

表 M.1　量子力学计算所预言的五种状态的几率

	状态	量子力学计算的几率幅	量子力学计算的几率
$|B_{\mathrm{p}}\rangle|B_{\mathrm{e}}\rangle$	[B_{e}, B_{p}] 亮	$-3/4$	$9/16$
$|B_{\mathrm{e}}\rangle|D_{\mathrm{p}}\rangle$	[B_{e},D_{p}] 亮	$i/4$	$1/16$
$|B_{\mathrm{p}}\rangle|D_{\mathrm{e}}\rangle$	[B_{p},D_{e}] 亮	$i/4$	$1/16$
$|\gamma\rangle$	都不亮	$-1/2$	$1/4$
$|D_{\mathrm{p}}\rangle|D_{\mathrm{e}}\rangle$	[D_{p},D_{e}] 亮	$-1/4$	$1/16$

附录N 不可克隆定理

如果一个状态已经被测量，它的状态就是已知的，我们可以制备许多这样的状态。例如，在实验中，制备大量初始条件相同的电子。量子不可克隆定理是说，如果不知道粒子的状态，我们就不可能完全复制这个状态。这种状态的一个例子是，电子–正电子对湮灭生成的一对光子分别向相反的方向运动。爱丽丝测量了一个光子沿 z 方向的自旋，得到结果，如 $|z-\rangle$。鲍勃接收到另一个光子时，不知道它的自旋方向，这时鲍勃无法复制这个光子的状态。如果爱丽丝把测量结果告诉鲍勃，鲍勃就知道自己接收到的光子的状态是 $|z+\rangle$，他就可以制造出大量相同状态的光子。

在量子力学三个阶段中，复制第二阶段中的波函数必须在第二阶段完成。否则，一旦进入第三阶段，量子态就被破坏了。

以双–方势阱模型为例。在双–方势阱 A 中的粒子处于状态 ψ_1(具有能量 E_1 的本征态)，在另一个完全相同的双–方势阱 B 中的粒子处于状态 α，它们组成的系统初始状态就是

$$(\psi_1)_A (\alpha)_B$$

如果有一个量子的复印机，它可以把 B 内的粒子复制为 A 内粒子的状态，那么系统的最终状态就是双–方势阱 A 和 B 中的粒子都处在 ψ_1，就是

$$(\psi_1)_A (\psi_1)_B$$

我们可以把这个演化过程写为

$$(\psi_1)_A (\alpha)_B \rightarrow (\psi_1)_A (\psi_1)_B \tag{N.1}$$

同样地，如果双–方势阱 A 中的粒子处于状态 ψ_2(具有能量 E_2 的本征态)，在双–方势阱 B 中的粒子处于状态 α，量子的复印机的行为可以写为

$$(\psi_2)_A (\alpha)_B \rightarrow (\psi_2)_A (\psi_2)_B \tag{N.2}$$

现在要问，如果双–方势阱 A 中的粒子处于状态 ψ_L(粒子初始位置在左边)，在双–方势阱 B 中的粒子处于状态 α，量子的复印机应当做到

$$(\psi_L)_A (\alpha)_B \rightarrow (\psi_L)_A (\psi_L)_B \tag{N.3}$$

但是，我们可以证明这是做不到的。理由是，ψ_L 可以写成 ψ_1 和 ψ_2 的线性组合：

$$\psi_\mathrm{L} = \frac{1}{\sqrt{2}}(\psi_1 + \psi_2) \tag{N.4}$$

所以量子复印机所能做到的是分别复制 ψ_1 和 ψ_2，就是

$$(\psi_\mathrm{L})_\mathrm{A}(\alpha)_\mathrm{B} = \frac{1}{\sqrt{2}}\left[(\psi_1)_\mathrm{A}(\alpha)_\mathrm{B} + (\psi_2)_\mathrm{A}(\alpha)_\mathrm{B}\right] \rightarrow \frac{1}{\sqrt{2}}\left[(\psi_1)_\mathrm{A}(\psi_1)_\mathrm{B} + (\psi_2)_\mathrm{A}(\psi_2)_\mathrm{B}\right] \tag{N.5}$$

但是一个理想的量子复印机应当复制状态 ψ_L 本身：

$$(\psi_\mathrm{L})_\mathrm{A}(\alpha)_\mathrm{B} = (\psi_\mathrm{L})_\mathrm{A}(\psi_\mathrm{L})_\mathrm{B}$$

也就是

$$(\psi_\mathrm{L})_\mathrm{A}(\alpha)_\mathrm{B} \rightarrow \frac{1}{\sqrt{2}}\left[(\psi_1)_\mathrm{A} + (\psi_2)_\mathrm{A}\right]\frac{1}{\sqrt{2}}\left[(\psi_1)_\mathrm{B} + (\psi_2)_\mathrm{B}\right]$$

$$= \frac{1}{2}\left[(\psi_1)_\mathrm{A}(\psi_1)_\mathrm{B} + (\psi_2)_\mathrm{A}(\psi_2)_\mathrm{B} + (\psi_1)_\mathrm{A}(\psi_2)_\mathrm{B} + (\psi_2)_\mathrm{A}(\psi_1)_\mathrm{B}\right] \tag{N.6}$$

比较 (N.5) 式和 (N.6) 式，可以发现两者最终得到的状态不同。这说明，能够同时正确复制 ψ_1，ψ_2 和 ψ_L 的复印机一定不是线性的。由于薛定谔方程是线性的，它就不可能同时正确复制 ψ_1，ψ_2 和 ψ_L。

在量子计算机里，数据是由量子态来记录的。如果要保存一组数据，就需要复制量子态。但是，由于量子态不可克隆，一个粒子的量子态是无法保留下来的。这给量子计算机的研制造成一个大障碍。1995 年，Peter Shor 和 Steane 通过独立设计第一个量子纠错码来规范量子计算的前景，规避了不可克隆定理。

附录O RSA 密钥方案

本附录包括两个部分: 一是建立公钥和私钥的方法; 二是利用 RSA 密码系统实现保密通信。

1. 建立公钥和私钥的方法

现在假定鲍勃要发送代码给爱丽丝, 可以通过以下六步建立公钥和私钥:

(1) 爱丽丝选择两个质数 p 和 q, 计算这两个质数之积 $n = pq$; 这两个质数越大就越安全。目前通信使用的整数 n 的位数可以上千。这里选择两个小的质数说明这种方法, 例如, $p = 5$, $q = 11$, 则 $n = 55$。

(2) 计算 $\phi(n) = (p-1)(q-1)$。在这个例子里, $\phi(n) = 40$。

(3) 选一个正整数 e, 使得 $1 < e < \phi(n)$, 而且 e 与 $\phi(n)$ 互质, 意思是, e 与 $\phi(n)$ 没有大于 1 的公因数; 在这个例子里, $\phi(n) = 40$, 不妨选择 $e = 3$。

(4) 选择正整数 d 和正整数 k, 满足 $ed = 1 + k\phi(n)$; 在这个例子里, 就是要满足 $d = (1 + 40k)/3$。先试 $k = 1$, 可以发现 d 不是整数; 再试 $k = 2$, 得到 $d = 27$。

(5) 公布公钥 (e, n), 但是对外保密其他数 p, q, $\phi(n)$, d, 和 k; 在这个例子里, 公钥是 $(3, 55)$。

(6) (d, n) 为私钥, 由爱丽丝自己保管; 这里 $d = 27$。

所以就建立了公钥 $(e, n) = (3, 55)$ 和私钥 $(d, n) = (27, 55)$。

2. 利用 RSA 密码系统实现保密通信

考虑一个简单的例子。如果鲍勃要发送明码 "$m = 28$" 给爱丽丝。爱丽丝、鲍勃和夏娃都掌握公钥, 但是只有爱丽丝掌握私钥。以下讨论三个问题: A. 鲍勃使用公钥加密; B. 爱丽丝使用私钥解密; C. 夏娃能否破译密码?

A. 鲍勃使用公钥加密。具体做法是, 先计算

$$c = m^e \bmod n$$

这里 mod 是 "同余", 上式的意思是 "c 等于 m^e 在被 n 除的时候所得的余数", 例如 4 mod 3=1, 5 mod 3=2, 6 mod 3=0。由于 $m = 28$, $e = 3$, $n = 55$, 所以

$$c = 28^3 \bmod 55 = 21953 \bmod 55 = 7$$

鲍勃通过计算得把明文 28 加密为密文 7, 发给爱丽丝。注意到鲍勃加密时只用了公钥, 没有用私钥。

B. 爱丽丝使用私钥解密。解密的计算方法是：

爱丽丝收到密文 $c = 7$，她掌握私钥 $(d, n) = (27, 55)$，可以反过来计算明文

$$m = c^d \bmod n$$

这里计算的结果是

$$m = 7^{27} \bmod 55 = 65712362363534280139543 \bmod 55 = 28$$

爱丽丝就使用私钥读出了鲍勃发出的明文代码。

C. 夏娃能否破译密码？

夏娃知道的是密文 $c = 7$ 和公钥 $(e, n) = (3, 55)$。她知道鲍勃利用公钥把明文代码 m 生成密文 $c = 7$ 是通过公式

$$c = m^3 \bmod 55 = 7$$

如果夏娃试图从这个式子求解明码 m（在 1 到 $n = 55$ 之间寻找一个整数，其三次方被 55 除得到余数为 7），这个任务比鲍勃用公钥加密（计算 $m = 28$ 的三次方被 55 除得到的余数）要困难得多。在这里公钥数值很小 $(n = 55)$。可以想象，在公钥 n 大到几百位的时候，破解密文需要消耗大量计算机时间。

如果夏娃能够从公钥计算出私钥，她就可以破译密码。由两个质数求积是很容易的，但是反过来却极端困难。一般认为，如果要在计算机上分解质因数，当整数的位数成倍增长时，分解质因数所耗费的时间就会呈指数增长。

不论夏娃用以上两种方式中的哪一种，只要公钥 n 的位数够大，夏娃在事实上就不可能解密。因此，当前使用 RSA 密码系统，都选择两个极大的质数，计算它们的积作为公钥，同时保留私钥。

附录P 量子隐形传输原理

量子隐形传输可以传送各种微观粒子 (光子或电子) 的状态。为确定起见, 假设爱丽丝处有一个电子 A, 它处于两个量子态的叠加态:

$$|\phi\rangle_A = a|A+\rangle + b|A-\rangle$$

其中 $|A+\rangle$ 和 $|A-\rangle$ 分别表示电子 A 自旋为 1/2 和 −1/2 的状态 (下面用到电子 B 和 C 的符号具有类似的含义), 系数 a 和 b 是复数, 满足归一化条件。但是爱丽丝并不知道这两个复数到底是什么。要提醒读者注意的是, 爱丽丝无法 "测量" 出这两个系数的值, 因为一旦实施测量, 电子的状态就会发生变化, 而且测量的结果只能使得测量者知道电子的波函数坍缩到什么状态, 不会知道电子原来处于什么状态。

在 9.6 节提到, 为了把第一个电子的状态 $|\phi\rangle_A$ 从爱丽丝传给鲍勃, 需要四个步骤。在本附录中进行详细的解释。

第一步, 从某处 (可以就在爱丽丝处, 也可以在另外任何地方) 发出的一对纠缠态电子 B 和 C, 其中电子 B 飞往爱丽丝而电子 C 飞往鲍勃。假定这一对纠缠态电子的波函数是

$$|\xi\rangle_{BC} = \frac{1}{\sqrt{2}}(|B+\rangle|C-\rangle - |B-\rangle|C+\rangle)$$

从量子力学关于纠缠态的理论知道, 在爱丽丝测量了电子 B 的状态之后, 电子 C 的状态就立即确定了。现在, A 电子的状态独立于另外两个电子, 所以 A, B, C 三个电子的波函数可以写为

$$|\psi\rangle_{ABC} = |\phi\rangle_A|\xi\rangle_{BC}$$

第二步, 爱丽丝让电子 A 和 B 相互作用, 使得这两个电子纠缠在一起。这两个电子的纠缠态共有 4 个本征态, 分别记为

$$|\Phi^+\rangle_{AB} = \frac{1}{\sqrt{2}}(|A+\rangle|B+\rangle + |A-\rangle|B-\rangle)$$

$$|\Phi^-\rangle_{AB} = \frac{1}{\sqrt{2}}(|A+\rangle|B+\rangle - |A-\rangle|B-\rangle)$$

$$|\Psi^+\rangle_{AB} = \frac{1}{\sqrt{2}}(|A+\rangle|B-\rangle + |A-\rangle|B+\rangle)$$

$$|\Psi^+\rangle_{AB} = \frac{1}{\sqrt{2}}(|A+\rangle|B-\rangle - |A-\rangle|B+\rangle)$$

在量子力学中称为四个贝尔基。当电子 A 和 B 处于纠缠态时，因为 B 和 C 本来就处于纠缠态，所以三个电子在一起组成 "三电子纠缠态"。把三电子波函数按照这四个本征态展开：

$$|\psi\rangle_{ABC} =_{AB}\langle\Phi^+|\psi\rangle_{ABC}|\Phi^+\rangle_{AB} +_{AB}\langle\Phi^-|\psi\rangle_{ABC}|\Phi^-\rangle_{AB}$$
$$+_{AB}\langle\Psi^+|\psi\rangle_{ABC}|\Psi^+\rangle_{AB} +_{AB}\langle\Psi^-|\psi\rangle_{ABC}|\Psi^-\rangle_{AB}$$

先考虑上式右边的第一项：

$$_{AB}\langle\Phi^+|\psi\rangle_{ABC} = \frac{1}{\sqrt{2}}((\langle A+|\langle B+| + \langle A-|\langle B-|)|\phi\rangle_A|\xi\rangle_{BC}$$
$$= \frac{1}{2}((\langle A+|\langle B+| + \langle A-|\langle B-|)(a|A+\rangle+b|A-\rangle)(|B+\rangle|C-\rangle - |B-\rangle|C+\rangle)$$

注意到 $\langle A+|A+\rangle = 1$，$\langle A+|A-\rangle = 0$，$\langle A-|A-\rangle = 1$，$\langle A-|A+\rangle = 0$ 等正交关系式，就得到

$$_{AB}\langle\Phi^+|\psi\rangle_{ABC} = \frac{1}{2}(a|C-\rangle - b|C+\rangle)$$

类似地，可以得到其余三项：

$$_{AB}\langle\Phi^-|\psi\rangle_{ABC} = \frac{1}{2}(a|C-\rangle + b|C+\rangle)$$

$$_{AB}\langle\Psi^+|\psi\rangle_{ABC} = \frac{1}{2}(-a|C+\rangle + b|C-\rangle)$$

$$_{AB}\langle\Psi^-|\psi\rangle_{ABC} = \frac{1}{2}(-a|C+\rangle - b|C-\rangle)$$

于是得到

$$|\psi\rangle_{ABC} = \frac{1}{2}[|\Phi^+\rangle_{AB}(a|C-\rangle - b|C+\rangle) + |\Phi^-\rangle_{AB}(a|C-\rangle + b|C+\rangle)$$
$$+ |\Psi^+\rangle_{AB}(-a|C+\rangle + b|C-\rangle) + |\Psi^-\rangle_{AB}(-a|C+\rangle - b|C-\rangle)]$$

为了知道电子 A 和 B 处于这四个本征态的哪一个，爱丽丝需要实施测量，测量结果可以是这四个本征态里的任意一个。爱丽丝每次测量得到这四个结果中任何一个的几率都是 25%。在爱丽丝测量的同时，鲍勃处的电子 C 也 "坍缩" 到相应的状态。就是说，如果爱丽丝得到 $|\Phi^+\rangle_{AB}$，鲍勃就得到 $(a|C-\rangle - b|C+\rangle)$；如果爱丽丝得到 $|\Phi^-\rangle_{AB}$，鲍勃就得到 $(a|C-\rangle + b|C+\rangle)$；等等。但是，在爱丽丝通知鲍勃测量结果之前，鲍勃还不知道自己得到的电子 C 处于什么状态。

　　第三步，爱丽丝把得到的关于本征态的信息通过经典通道传给鲍勃。这可以通过事先的约定完成，例如，"00" 表示状态 $|\Phi^+\rangle_{AB}$，"01" 表示状态 $|\Phi^-\rangle_{AB}$，等

等。为确定起见，不妨假设爱丽丝测量结果是 $|\Phi^+\rangle_{AB}$，那么鲍勃得到的电子就处于 $(a|C-\rangle - b|C+\rangle)$。但是，无论爱丽丝还是鲍勃，除了知道系数 a 和 b 是复数之外，仍然一无所知。

第四步，鲍勃根据得到的信息，就知道需要把自己得到的电子 C 从

$$a|C-\rangle - b|C+\rangle$$

变换到

$$|\phi\rangle_C = a|C+\rangle + b|C-\rangle$$

这样，电子 C 的状态与传输之前电子 A 的状态完全相同。在量子力学中，不需要知道这两个系数的值，只要把 $|C+\rangle$ 和 $|C+\rangle$ 的系数互相交换并且改变一个符号，就可以把状态 $(a|C-\rangle - b|C+\rangle)$ 变换到状态 $|\phi\rangle_C = a|C+\rangle + b|C-\rangle$。这种类型的变换在数学上属于"幺正变换"，而这样的"幺正变换"在实验室里是可以实现的。于是，鲍勃就得到了一个与电子 A 的初始状态完全相同的电子 C。也可以说，电子 A 的状态被传输到鲍勃那里了。

附录Q　思考题的参考答案

第1章

在日常生活中说 "某省考生有 64% 的几率被录取, 有 36% 的几率不被录取", 在量子力学中说 "电子有 64% 的几率穿透势垒, 有 36% 的几率被势垒反射", 这两种表述都是在谈论随机性, 它们之间有什么区别吗?

参 考 答 案

在日常生活中, 如果说 "某省考生有 64% 的几率被录取, 有 36% 的几率不被录取", 是该省考生的集体行为, 意思就是说在该省全部考生这个集合中, 将会有 64% 的考生被录取, 36% 的考生不被录取。具体到它的每个地区或每个学校, 其录取几率可以各不相同。例如, 该省内甲校的考生的录取几率可以很高, 而乙校的考生的录取几率却可以很低。在这里, 几率是对大量样本的描述, 而具体到每一个子集, 几率并不一定相同。某个考生被录取, 是因为该考生有某些方面的优势。某个考生没有被录取, 是因为该考生在某些方面处于劣势。所以被录取考生的统计分布依赖于统计时选择了哪一部分样本。

但是, 在量子力学中, 量子势垒实验里的波函数是单个电子的波函数, 它描述单个粒子的行为, 而不是一群粒子的集体行为。"电子有 64% 的几率穿透势垒, 有 36% 的几率被势垒反射" 的说法所强调的是, 在同一个实验装置中 (阈值相同), 使用同一个发射器 (发射的电子初始动能相同), 取任何一组电子进行测量, 总会发现 "穿透势垒" 和 "被势垒反射" 这两个状态将分别占 64% 和 36% 的几率。所有的电子都没有区别。这个电子穿透而那个电子被反射都是随机的, 不是因为电子之间有任何不同。

第2章

(1) 试将经典力学中的粒子性、波动性与量子力学的波动-粒子二象性作一个比较。

(2) 从德布罗意关系知道, 如果降低宏观粒子的速度, 它的德布罗意波长就会增大。利用 C_{60} 的双缝干涉实验的设备, 只要粒子速度足够低, 应当也会看到宏观粒子的干涉条纹。这种做法可行吗?

参 考 答 案

(1) 就单个粒子而言, 经典力学中, 粒子仅仅显示粒子性, 没有波动性。量子力学中, 在三阶段论的第二阶段, 波函数按照薛定谔方程演化, 具有波动性; 在第三阶段, 测量结果显示粒子性。如果测量坐标, 就会在某个位置发现粒子, 不会在两个以上的位置同时发现一个粒子。如果测量动量, 就会发现粒子具有某个动量值, 一个粒子不可能同时具有多个动量值。总之, 测量结果总是显示单个粒子确切的坐标、动量等性质, 体现了粒子性。

就大量粒子而言, 在经典波动现象中, 粒子性和波动性共存。当实验者关注其中的每一个粒子时, 看到的是粒子性, 每一个粒子都在各自的平衡位置附近往复运动, 其平衡位置在空间是确定的。当实验者纵观大量粒子的集体运动时, 看到的是波动性, 它弥散在空间广泛的区域。在量子力学的电子双缝干涉实验中, 既可以观察到电子的粒子性, 也可以观察到电子的波动性。当实验者关注其中的每一个电子时, 看到的是粒子性, 测量时它在屏幕上某个确定的位置出现。当实验者纵观大量电子时, 显示出几率密度 (即波函数模的平方), 看到的是波动性, 当测量时它可以出现在屏幕空间广泛的范围里, 呈现干涉条纹。这个波动性是单粒子内禀的波动性质, 并不是多个粒子之间相互作用的结果。

(2) 初看起来, 这是个不错的主意。但是, 速度要低到什么程度才 "够低" 呢? 2.6 节实验中 C_{60} 分子的德布罗意波长是 $\lambda = 4.7 \times 10^{-10}$ 厘米。如果一个质量为 10^{-13} 克的宏观粒子要达到相同的德布罗意波长, 其速度须降低到 10^{-4} 厘米/秒。再注意到双缝与屏幕之间的距离大约是 120 厘米, 粒子 "飞" 过这段距离就需要 1.2×10^{6} 秒, 即大约 14 天。所以仅仅靠降低粒子的速度是不容易观察到宏观粒子的干涉条纹的。

第 3 章

在经典力学中, 处于双–方势阱中的粒子可以同时具有确定的能量 (如某个低能量或某个高能量) 和位置 (如中央势垒的左边或右边)。在量子力学中, 一个处于双–方势阱中的粒子有可能同时具有近似确定的能量和位置吗?

参 考 答 案

量子力学中, 处于一个双–方势阱里的粒子, 在双态系统近似中不可能同时具有确定的能量和位置, 但是如果摆脱双态系统近似的局限, 就仍然可能同时具有近似确定的能量和位置。(3.4) 式中两个能级极为接近, 可以称它们为 "低能带"。这两个能级叠加可以得到 "初左态" ψ_L 和 "初右态" ψ_R, 它们虽然不是哈密顿算符的本征态, 但是能量差别很小。双-方势阱还有另外两个能级, 其能量 E_3 和 E_4 也互相接近, 它们大约是 (3.4) 式能量 E_1 和 E_2 的 4 倍, 可以称为 "高能带"。把这两个能级的波函数分别记为 ψ_3 和 ψ_4, 用这两个波函数的叠加也可以得到两个空间分布分别集中在中央势垒左右两侧的状态, 可以记为 ψ_L^H(不妨称为 "高能带初左态") 和 ψ_R^H(不妨称为 "高能带初右态")。四个波函数 ψ_L, ψ_R, ψ_L^H 和 ψ_R^H 就分别对应着同时具有近似确定的能量和位置的四个状态。如果在测量能量的时候可以确定粒子 "处于低能带", 紧接着在测量位置的时候又可以确定 "粒子位于中央势垒的左侧", 于是波函数就坍缩为 ψ_L, 该粒子就保持在低能带并且位于左侧。类似地, 可以在测量能量的时候确定粒子 "处于高能带", 然后在测量位置的时候又确定 "粒子位于中央势垒的右侧", 于是波函数就坍缩为 ψ_R^H, 该粒子在位置测量之后就处在高能带并且位于右侧。

所以, 在量子力学中, 双-方势阱里的一个粒子, 在能量大致处于某个能带范围内的同时, 仍然可以发现其位置大约处于某个确定范围之内, 即同时具有近似确定的能量和位置。这里所谓 "近似确定", 就是在 "不确定度关系" 所限定的精确度范围之内 (见第 4 章对 "不确定度关系" 的讨论)。

第 4 章

经常有人问, "量子力学中的物理量有确定的值吗?" 如果回答说 "没有确定的值", 提问者就不理解为什么每次测量都会得到某个确定的结果。如果回答说 "有确定的值", 提问者又会奇怪为什么量子力学会出现一个 "不确定度关系"。量子力学中的物理量究竟有没有确定的值呢?

参 考 答 案

为确定起见, 现在仅讨论一个具体的物理量, "量子力学中粒子有确定的位置吗?" 回答了这个具体问题, 其他许多问题就可以 "触类旁通"。

首先必须明确, 所谓 "有确定的位置", 是指测量之前, 还是测量之时。如果是在测量之前, 状态是用波函数描述的, 粒子没有确定的位置, 除非波函数是坐标算符的本征态。如果是在测量之时, 波函数 "坍缩" 到一个本征态, 就会在某个确定的位置发现该粒子, 因此在每一次位置测量后的瞬间, 粒子就有了确定的位置。

除了明确测量前后的不同之外, 在量子力学中还要考虑到, 对于完全相同的客体、用相同的理想测量仪器、进行相同的测量，所得的结果仍然可能不一致。在测量时，"这个"粒子会出现在"这里"，"那个"粒子却会出现在"那里"，等等。这种不一致的结果，不是由于测量仪器不够完善，也不是由于两个粒子有什么不同，更不是由于实验的操作有任何失误。结果不一致，是因为测量过程从波函数在空间分布的范围内随机地"挑选"出一个位置。所以，测量结果的不确定性，来自波函数在空间的分布。对大量粒子而言，测量发生之后在不同位置测量到的粒子数是按照波函数在每处的模的二次方分布的。

总而言之，这里需要划定两条界限。第一条界限，要区别测量前和测量时，即三阶段论的第二阶段还是第三阶段；第二条界限，对于测量后，要区分是对单个粒子而言，还是对大量粒子而言。划清这两条界限，对于正确理解量子力学中的概念是十分重要的。所以，对于量子力学中的物理量有没有确定值的问题，不能简单地用"是"或"不是"来回答。完整的回答是："在测量之前，粒子通常没有确定的位置，单次测量的结果将是不确定的。测量之后的瞬间，单个粒子有确定的位置；对大量粒子而言，每个粒子的位置可以是不同的，但是波函数模的二次方决定了测量发现的粒子的空间位置的几率分布。"

第 5 章

假定光子沿 z 轴正方向行进，在行进方向上一前一后分别放置两个偏振片 A 和 C，偏振片 A 的光轴沿 x 轴方向，偏振片 C 的光轴沿 y 轴方向，两个光轴的夹角为 90°。光子经过偏振片 A 之后，有多少光子能够穿过偏振片 C？在上面实验的基础上，再把一个偏振片 B 放在偏振片 A 和 C 之间，B 的光轴在 x 轴和 y 轴的角平分线上，所以 A 和 B 的光轴之间的夹角是 45°，B 和 C 的光轴之间的夹角也是 45°。有了偏振片 B 之后，经过偏振片 A 的光子有多少能够穿过偏振片 C？

参 考 答 案

光子经过偏振片 A 之后，沿 x 方向偏振。光子 (波函数) 保持偏振方向不变，运动到偏振片 C，因为光子的偏振方向垂直于 C 的光轴，所以光子不能通过 C。因此，不管有多少光子从偏振片 A 经过，都被偏振片 C 挡住，没有光子能够穿过 A 之后再穿过 C，即穿透的几率是零。

有了偏振片 B 之后，光子一共经历两个三阶段论：在偏振片 A 和 B 之间经历了第一个三阶段论，在偏振片 B 和 C 之间又经历了第二个三阶段论。光子经过偏振片 B 之后，第一个三阶段论结束，光子穿过 B 的几率为 $\cos^2 45°$ =50%。在第二个三阶段论里，在穿过偏振片 B 的光子中仅有 $\cos^2 45°$ =50% 的几率穿过偏振片

C。所以，如果有 100 个光子从偏振片 A 经过，平均会有大约 25 个光子从偏振片 C 穿过，穿透几率是 25%。因此，有了偏振片 B 之后，在光路上虽然多了一层阻挡，但是穿透几率反而增大了。这是一个 "1-2-3-2-3" 的过程，每一个偏振片都是测量仪器，它起到 "坍缩" 波函数的作用，同时也制备了下一个三阶段论的新的初始波函数。

从这个例子可以看出，量子力学中的测量仪器 (偏振片 B) 所起的作用，不是仅仅 "发现" 被测量系统 (光子) 已经存在的状态。偏振片 B 与光子的相互作用，改变了光子的状态。假如光子穿过偏振片 B 时没有改变自己的状态，那么在偏振片 A 和 C 之间插入 B 之后，穿透几率就不会增大。

如果放置更多的偏振片在光路中间，并且适当安排每个偏振片的光轴方向，穿透几率还可以进一步增大。假设整个光路中共有 91 个偏振片，每相邻两片的偏振方向之间夹角都是 $1°$。在这个实验设计中，光路里的 91 个偏振片把全过程分割为 90 个 "2-3" 段落。通过频繁的测量，偏振方向旋转 $90°$ 的过程经过 90 个小步骤逐渐实现了。在无损耗的理想情况，这个装置得到的穿透系数大约是 97%。

第 6 章

电子沿 y 轴正方向行进，在施特恩–格拉赫实验里观察到电子自旋沿 z 轴方向自旋向上。该电子在进入施特恩–格拉赫装置之前自旋是沿 z 轴向上吗?

参 考 答 案

在量子力学中，粒子的状态是在被测量的时刻才确定的，除非它测量之前就处于那个本征态。在施特恩–格拉赫实验里观察到电子自旋沿 z 轴方向自旋向上，该电子在进入施特恩–格拉赫装置之前自旋并不一定沿 z 轴向上。其初始状态可能是自旋沿 z 轴向上的本征态 $|z+\rangle$，也可能是自旋沿 z 轴向上和向下两个本征态的某个叠加态。当电子在施特恩–格拉赫装置的非均匀磁场中运动时，它会维持叠加状态，直到它被测量之时才能够确定它坍缩到沿 z 轴方向自旋向上或向下的状态。

可以推广这个结果。当地面上的实验室接收到宇宙射线时，经测量可以发现粒子的自旋。当它在宇宙中翱翔时，它的自旋都没有被确定。粒子的状态都是在测量的时刻才确定的。认识到这一点，将有助于理解第 7 章里纠缠态和第 8 章里选择推迟实验的量子力学现象。

第 7 章

关于 EPR 实验,有人用这样的故事作通俗的解读。母亲把一副手套分开,放进两个盒子,分别寄给相距很远的两个儿子。在两个儿子都没有打开盒子的时候,哥哥不知道弟弟收到的是左手的还是右手的,弟弟也不知道哥哥收到的是哪只手的。一旦哥哥打开盒子,看到是左手的那一只,立刻就知道弟弟收到的是右手那一只。所以 "即使两个粒子分开,关联依然存在" 的现象丝毫不足为怪。说说你的看法。

参 考 答 案

其实这个故事里的两只手套之间的关联不是纠缠态,因为盒子里的手套是哪一只,虽然打开盒子之前哥哥和弟弟不知道,但是已经是确定的事实。哥哥或弟弟打开盒子,只是 "发现了已经存在的事实"。

在量子力学中,这个故事应当是另外一种样子。母亲准备的是两只 "量子手套",每一只都既不是左手的,也不是右手的,而是处于左右手叠加态。这副 "量子手套" 是看不见的。一旦设法 "看" 它 (也就是被测量) 就会 "坍缩",可以变成左手的一只,也可以变成右手的一只,但是只能变成两者之一。这就是量子力学里所说的 "测量过程参与了测量结果的确定"。这副 "量子手套" 又是互相关联的,而且关联是 "超距" 的:其中任何一只变成了左手的,远方的另一只就立即变成右手的。这就是量子力学里所说的 "纠缠态"。母亲把两只手套分别放进两个盒子,寄给两个儿子。在兄弟二人都没有测量之前,这副量子手套一直处于纠缠态。一旦哥哥设法 "看" 这只手套 (打开盒子测量),手套就不再处于叠加态,而是左手或右手之中的一只。如果哥哥发现自己收到的是左手的那一只,弟弟收到的就会同时成为右手的那一只。"测量" 之后,哥哥知道自己收到的是左手的那一只,也就知道弟弟收到的是右手的那一只,这副手套就不再是纠缠态了。这样的 "纠缠态量子手套" 当然不存在,但是纠缠态的微观粒子却存在。所以,量子力学中的纠缠态并非 "不足为怪",而是 "十分诡异"。

在一些科普读物中还有另外一些对 "纠缠态" 的错误解读。例如,"姐姐在某地生了一个女儿,远在千里之外的妹妹就立即升级为姨妈",就被一些人解读为 "姐姐和妹妹处于纠缠态"。这里不一一列举。这些不恰当解读的出现,也许是科普读物作者的无奈之举,因为日常生活中不存在恰当的例子来比喻量子纠缠现象。"纠缠态" 的概念是量子力学中最深刻的概念之一,仅仅通过与日常生活中观察到的现象做类比,是很难理解其中含义的。

第 8 章

有人认为, 在描述 "量子推迟选择实验" (图 8.9) 时, "移开半反射镜 2" 时只能观察到光子的粒子性, "置入半反射镜 2" 时只能观察到光子的波动性, 这两种行为合起来就是 "波粒二象性"。这样的说法对吗?

参 考 答 案

这种观点把 "波粒二象性" 解释为依赖测量手段的现象, 认为在不同的实验装置或不同测量仪器的条件下, 光子分别表现出 "粒子性" 或 "波动性"。依照这种观点, 在量子力学的第二阶段里, 对于某些实验设置应当关注 "波函数如何演化", 而对于另外一些实验设置则应当讨论 "粒子如何运动"。这种观点仍然属于 "经典直观逻辑"。

关于 "波粒二象性" 的含义, 本书第 2 章已经作了详细的讨论。"波粒二象性" 应当基于量子力学三阶段论来理解。在量子力学第二阶段里, 不论被研究的客体 (包括光子、电子、C_{60} 分子, 甚至宏观粒子) 的行为有什么不同, 其波函数的演化总是满足薛定谔方程的。可以说, 在任何一个量子力学实验中, 波粒二象性都存在。在某一些实验装置的观察结果里, 量子效应十分显著, 波动性表现得比较明显, 但是粒子性仍然存在; 在另一些实验装置的观察结果里, 量子效应不显著, 粒子性表现得比较明显, 但是波动性依然存在。不管哪种现象比较明显, 另一种表现形式仍然存在, 只是观察起来比较困难而已。无论在第二阶段里系统的运动 "好像是粒子" 还是 "好像是波", 都应当用波函数来描述, 波函数都是按照薛定谔方程演化的。即使某些情况下量子力学的计算结果与经典物理几乎一致, 其本质仍然是不同的, 不能用经典物理代替量子力学。

"依赖测量手段的波粒二象性" 的错误说法还被扩大到其他一些量子现象。例如, 在描述电子双缝干涉实验时, 有些科普作品把双缝都打开时观察到干涉条纹解释为电子的波动性, 而在关闭其中一条缝时条纹消失解释为电子的粒子性; 再如, 在量子橡皮实验中, 把探测到走哪条路时客体的行为说成是粒子性, 把量子橡皮擦除走哪条路信息时客体的行为说成是波动性; 等等, 不一而足。但是这些说法都不是对 "波粒二象性" 的正确解读。

第 9 章

(1) 在量子通信的宣传中, 关于通信速度是否可以超过光速, 是许多人所关心的。本章所讨论的各种通信方案可以突破光速的限制吗?

(2) 量子隐形传态与科幻中的隐形传态是一回事吗?

参 考 答 案

(1) 任何通信方案都无法突破光速的限制来传播信息。在 9.3 节讨论的 BB84 协议可以通过纠缠态光子分发密钥, 但是对处于纠缠态的粒子之一所做的测量, 不能将信息发送到另一粒子。BB84 协议也可以通过爱丽丝把光子发送给鲍勃的方式建立密钥, 但是这个方案里, 不仅光子要从一方传送到另一方, 建立密钥还要依赖经典通道的帮助才能完成。所以 BB84 协议传送信息的速度不可能超过光速。9.4 节的 RSA 密码系统, 传播信息完全通过经典通道, 量子计算机仅仅用来建立或破解私钥。9.5 节的乒乓量子通信协议中, 纠缠态光子需要在通信双方传播多次, 配以经典通道才完成通信任务。在 9.6 节讨论的量子隐形传态可以利用纠缠态把一个粒子的未知状态传给另一方, 但是这种方案中的隐形传态仍然要依赖经典通道传送信息才能实现。总之, 除了反事实量子通信方案之外, 本章讨论过的其他所有方案里, 信息传播都需要依靠经典通道的帮助才可以完成, 所以传播的速度都不可能超过光速。至于在 9.7 节讨论的反事实量子通信方案中, 光子波函数要在爱丽丝和鲍勃之间往返多次, 因此信息传播速度只有光速的若干分之一。

(2) 量子隐形传态也许应当译为 "量子远程传态", 它是基于量子力学纠缠态实现量子信息传输的方式, 首先, 科幻小说中的隐形传态是客体或人从某处以不可被观察到的方式穿越到远方, 但是量子隐形传态所传输的不是电子本身 (电子 A 停留在原地未动, 见图 9.3), 而是关于电子的状态。月球上的某甲把一个分子的信息告诉地球上的某乙, 某乙就可以在地球上复制出一模一样的分子, 但是月球上的分子并没有传输到地球上来。其次, 科幻小说中的隐形传态所传输的客体或人, 其状态是已知的, 但是量子隐形传态所传输的电子, 其状态是未知的。如果被传输的电子状态已知, 波函数里每个本征态的系数就是已知的信息, 它们可以用经典通道传输到远处, 远处的实验室就可以按照要求制备出同样状态的电子。由于电子的未知状态一旦测量就会被破坏, 这使得状态的传送不可能通过经典通道完成。量子隐形传态过程中, 原来电子的状态被破坏了; 经由量子通道抵达远方的电子 C 从初始的状态 (是个未知状态) 转变为需要被传输的电子状态 (仍然是个未知状态)。所以, 量子隐形传态与科幻中的隐形传态完全是两回事。

第 10 章

读者可能已经在一些书上读到"没有人真正懂得量子力学"以及"如果一个人说自己懂得量子力学，就说明他不懂量子力学"等说法。这些说法有道理吗？

参 考 答 案

一些人消极地理解这些话，认为既然"没有人真正懂得量子力学"，何必要花费力气去学习量子力学呢？笔者认为，诸如"没有人真正懂得量子力学"以及"如果一个人说自己懂得量子力学，就说明他不懂量子力学"等说法，貌似自相矛盾，实际上反映了量子力学的特殊性，包含着深刻的哲理。这里所说的"懂得量子力学"，应当理解为"懂得量子力学是什么"；而所说的"不懂量子力学"，则是在说"不懂如何解释量子力学"。量子力学作为一门科学，一方面应当说清楚微观世界"是什么"，另一方面应当解释微观世界"为什么是这样"。但是恰恰相反，量子力学创立以来，物理学家对量子力学所描述的微观世界"是什么"了解得越多，关于"如何解释"的困惑也就越多。如果学习量子力学而没有困惑，那只有一种可能，就是连量子力学所描述的微观现象"是什么"都还没有真正了解，也就是说，没有真正懂得量子力学。所以，应当正确解读这些说法。一方面，引导初学者首先关注量子力学"是什么"，而不要过早纠缠在"为什么"上面；另一方面，在正确理解量子力学"是什么"之后，鼓励他们进一步探索量子力学的奥秘。

索　引

后　　记

我从 2016 年开始写这本书，出于两个动机。其一是自学量子力学的过程中走过了一段弯路。后来读研究生期间系统地学习了这门课，慢慢地领会了一些道理，至少自己认为弄清楚了，所以希望与别人分享，让后来人少走些弯路。另外一个动机，可以说是因为黄祖洽先生说过的一句话："对于希望了解物理学的青年人来说，重要的不是知道许多描写现代物理学前沿问题细节的高等数学公式和推导这些公式的数学技巧，而是了解：有关这些问题，我们今天已经从物理上解答了多少？还有些什么问题需要我们继续努力去寻求解答？"于是我就决定面向这些"希望了解物理学的青年人"写一本书，力求准确地向他们介绍量子力学的原理和尚待解答的困惑。

在学习量子力学的过程中，我感到最难以理解的内容是量子力学中的基本概念而不是数学推导。必要的数学基础对于学习量子力学当然是重要的，但是在多数情况下，学习量子力学的主要困难未必是由于数学知识的准备不足，而是由于思想仍然受到"经典直观逻辑"的束缚，没有真正树立起量子力学的观念。所以我写的这本论述量子力学的书，既不打算停留在科普水平上走马观花，也不期待追求严格的数学推导，而是致力于讲解量子力学不同于经典力学的崭新物理观念。

刚开始计划写这本书时，拟定的书名是"量子力学的奥秘"。但是在即将完成初稿的时候，我开始觉得"奥秘"一词应当用在"神奇但是合理"的现象，而揭示这种现象的解说，应当令读者豁然开朗。恰恰相反，本书对于"量子力学三阶段论"的解说除了把读者引进充满奥秘的量子世界之外，同时也会让读者更加困惑：微观世界究竟是什么样子的？量子力学的理论存在那么多的矛盾，为什么物理学家仍然用它来研究微观世界？量子力学的理论有可能改造得更完美吗？因此，书名就改成了"量子力学的奥秘和困惑"。

写好一个初稿之后，分发给朋友们看。北京理工大学的孙雨南教授认为值得出版，就把书稿推荐给科学出版社。出版社的刘凤娟编辑看了书稿之后，立即建议专家评审。北京师范大学的胡岗教授作为评审者，看过书稿并提出许多修改建议。在我修改的过程中，胡岗教授还多次阅读书稿，提出详细的批评意见和有益的建议。最后定稿之前，胡岗教授又写了序言，为本书画龙点睛。在写作遇到困难的时候，我一度产生放弃的念头，是孙雨南教授和刘凤娟编辑持续不懈的鼓励，使我坚持下来，直到完成书稿。我在此衷心感谢胡岗教授、孙雨南教授和刘凤娟编辑的帮助与鼓励。此外还有许多朋友提供了各方面的帮助，包括校对译文、收集资料、纠正笔误、文字润色等，在此一并致谢。

　　本书不妥之处在所难免，也一定有许多观点值得商榷。这种情况的出现，一方面是因为我水平有限，另一方面也是因为当前量子力学理论中存在各种不同的诠释。本书的讨论基于哥本哈根诠释。尽管可能有些老师不赞同我的看法，但是我愿意把自己的体会介绍给读者，希望起到抛砖引玉的作用，同时欢迎读者指正。有些章节的内容涉及已经出版的教科书和发表在学术刊物上的论文，我尽可能忠实转述。如果有哪些地方没有正确地表达原著的观点，还希望得到作者的谅解。

　　最后是关于本书写作的一些技术性的说明。每章的开始有一小段导读，介绍该章的基本内容。每章的末尾都提出一两个与该章内容密切相关的思考题，其中有些思考题未必存在被公认的正确答案。在全书最后的附录 Q 陈述了一管之见，供读者参考。书中外国人名，如果仅出现一两次就不译成中文；如果出现多次就译成中文，读者阅读时便不至于被打断思路。本书不是科普读物。如果读者过去没有学过量子力学，可以把它当作入门书来读，跳过所有附录。如果读者正在学习量子力学，可以把它当作参考书来读。如果读者已经学过量子力学，可以把它当作交流心得体会的书来读。本书不能帮助学生解答习题，但希望可以帮助读者理解量子力学。